普通高等教育"十三五"应用型人才培养规划教材——土建类

土建工程施工安全管理与控制

郑育新 ‖ 编 著

西南交通大学出版社

·成 都·

图书在版编目（ＣＩＰ）数据

土建工程施工安全管理与控制 / 郑育新编著. 一成都：西南交通大学出版社，2019.9
ISBN 978-7-5643-7141-8

Ⅰ. ①土… Ⅱ. ①郑… Ⅲ. ①土木工程 – 工程施工 – 安全管理 Ⅳ. ①TU714.2

中国版本图书馆 CIP 数据核字（2019）第 196395 号

Tujian Gongcheng Shigong Anquan Guanli yu Kongzhi

土建工程施工安全管理与控制

郑育新　编著

责 任 编 辑	杨　勇
封 面 设 计	原谋书装
出 版 发 行	西南交通大学出版社 （四川省成都市金牛区二环路北一段 111 号 西南交通大学创新大厦 21 楼）
发 行 部 电 话	028-87600564　028-87600533
邮 政 编 码	610031
网　　　　址	http://www.xnjdcbs.com
印　　　　刷	四川森林印务有限责任公司
成 品 尺 寸	185 mm × 260 mm
印　　　　张	15.25
字　　　　数	378 千
版　　　　次	2019 年 9 月第 1 版
印　　　　次	2019 年 9 月第 1 次
书　　　　号	ISBN 978-7-5643-7141-8
定　　　　价	42.00 元

课件咨询电话：028-81435775

‖ 前 言 ‖

　　本书是根据教育部、住建部联合制定的高等职业教育建筑工程技术领域技能型紧缺人才培养、培训、指导方案，依据"安全第一、预防为主、综合治理"的安全生产方针及相关的标准规范，并结合我国目前建筑工程施工企业的需求及高等职业的现状编写而成的。

　　本书以最新颁布的法律法规和标准、规范和住建部安全员培训考试大纲为依据，主要介绍了土建施工安全相关的管理规定和标准、工程安全管理的基本知识、建筑工程施工安全管理与控制和工程安全问题的分析预防及处理方法等土建安全员必备知识，具体内容包括建筑工程安全管理、安全生产概述、建筑企业安全生产管理、施工现场环境保护与文明施工、施工现场安全员必备基础知识、地基基础工程施工安全技术、主体结构工程施工安全技术、脚手架工程安全技术、高处作业安全技术、施工现场临时用电安全管理、防火防爆和季节性施工安全措施、建筑施工项目安全性评价等。

　　本书内容全面，针对性和实用性强，对现场施工技术人员、工长、安全员等有一定的参考价值。本书体现了科学性、实用性、系统性和可操作性等特点，既注重了内容的全面性，又突出了重点，做到了理论联系实际。本书的特点是：应用新规范，以住建部颁布实施的《施工企业安全生产管理规范》《建筑施工安全检查标准》等规范为依据进行编写；突出实用性，内容力求简明，以培养技能型质量技术人员为目标，知识以"够用"为度，"实用"为准，力求加强可操作性。

　　本书由新疆交通职业技术学院郑育新等编著，其中新疆轻工职业技术学院李春燕负责全书的统稿工作，并负责第 17 章施工现场安全资料的编制、收集和整理的编写。本书在编写过程中得到了新疆交通职业技术学院毛伟副教授和天津滨海路桥股份有限公司陈国库高级工程师的大力支持与帮助，他们对全书进行了审查。

　　本书可作为高职高专及同类院校建筑工程技术专业及相关专业的教学用书，也可作为建筑施工企业安全员、施工员、质量员等技术岗位的培训用书或从事建筑工程技术人员的参考用书。限于编者的水平和经验，书中难免存在疏漏和不妥之处，敬请读者批评指证。

郑育新

2019 年 4 月

‖ 目 录 ‖

岗位知识篇

1 安全管理相关的管理规定和标准 ……………………………………… 1
  1.1 施工安全生产责任制的管理规定 …………………………………… 1
  1.2 施工安全生产组织保障和安全许可的管理规定 ………………… 5
  1.3 施工现场安全生产的管理规定 …………………………………… 16
  1.4 施工现场临时设施和防护措施的管理规定 ……………………… 32
  1.5 施工安全生产事故应急预案和事故报告的管理规定 …………… 47
2 建筑施工安全技术相关标准规范知识 ……………………………… 53
  2.1 施工安全技术标准知识 …………………………………………… 53
  2.2 落地扣件式脚手架的搭设安全技术与要求 ……………………… 67
  2.3 土方开挖基坑支护工程安全技术与要求 ………………………… 71
  2.4 高处作业安全技术要求 …………………………………………… 76
  2.5 施工现场用电安全技术 …………………………………………… 80
  2.6 建筑起重机械安全技术要求 ……………………………………… 88
  2.7 建筑机械设备使用安全技术 ……………………………………… 98
  2.8 模板安装的安全要求与技术 …………………………………… 105
  2.9 施工现场临时建筑、环境卫生和劳动防护用品标准规范的要求 … 108
  2.10 安全评价标准 ………………………………………………… 115
  附录A 施工企业安全生产评价表 ………………………………… 121
  附录B 施工企业安全生产评价汇总表 …………………………… 125
3 施工现场安全管理知识 ……………………………………………… 126
  3.1 施工现场安全管理的基本要求 ………………………………… 126
  3.2 施工现场安全管理的主要内容 ………………………………… 127
  3.3 施工现场安全管理的主要方式 ………………………………… 129
4 施工项目安全生产管理体系计划的实施持续改进 ………………… 131
  4.1 施工项目安全生产管理体系计划的内容实施 ………………… 131
  4.2 施工项目安全管理体系计划的检查评价 ……………………… 134
  4.3 施工项目安全管理体系计划的持续改进措施 ………………… 135

5 安全专项施工方案的内容和编制办法 ···················· 136
　　5.1 安全专项施工方案的主要内容 ···················· 136
　　5.2 安全专项施工方案的基本编制办法 ················ 137

6 施工现场安全事故的防范知识 ························· 140
　　6.1 施工现场安全事故的主要类型及防范措施 ·········· 140
　　6.2 施工现场安全生产重大隐患及多发性事故 ·········· 145

7 安全事故处理救援相关知识 ························· 147
　　7.1 安全事故的处理程序及要求 ···················· 147
　　7.2 安全事故的主要救援方法 ······················ 150

专业技能篇

8 项目安全技术措施 ································· 152
　　8.1 编制依据 ································· 152
　　8.2 编制要求 ································· 153

9 安全事故应急救援预案与响应 ························· 155
　　9.1 危险源的识别评价和重特大危险源的调查 ·········· 155
　　9.2 建立应急救援组织 ···························· 156
　　9.3 配备应急救援设备、物资 ······················ 159
　　9.4 制定相应的应急救援技术措施 ·················· 159
　　9.5 事故后处理工作 ····························· 163
　　9.6 培训和演练 ································· 163
　　9.7 施工项目应急救援预案的编制要求 ················ 164

10 施工现场安全检查及评分 ························· 165
　　10.1 施工现场安全检查的目的、内容与重点 ············ 165
　　10.2 安全检查的形式 ···························· 165
　　10.3 安全检查的要求 ···························· 167
　　10.4 《建筑施工安全检查标准》（JGJ59—2011） ········ 167

11 安全教育培训 ································· 189
　　11.1 企业安全培训计划 ···························· 189
　　11.2 安全教育的内容 ···························· 190
　　11.3 施工项目安全教育的对象 ······················ 191
　　11.4 施工现场安全教育形式 ······················ 191

12 建筑施工专项安全技术措施 ························· 194
　　12.1 土方开挖安全技术措施 ······················ 194

12.2 人工挖孔桩安全技术措施 ················ 196

12.3 模板支撑、拆除安全技术措施 ············ 197

12.4 脚手架工程安全技术措施 ················ 197

12.5 施工现场临时用电安全技术措施 ·········· 201

12.6 消防安全技术措施 ···················· 205

12.7 雨季施工安全技术措施 ················ 207

12.8 冬季施工安全技术措施 ················ 208

13 安全技术交底 ·························· 209

13.1 安全技术交底制度 ···················· 209

13.2 安全技术交底内容 ···················· 210

13.3 安全技术交底要求 ···················· 210

14 安全管理的 4M 控制 ·················· 211

14.1 控制人的不安全行为 ·················· 211

14.2 控制物的不安全状态 ·················· 212

14.3 安全生产的科学管理 ·················· 213

14.4 改善作业环境 ························ 214

15 绿色施工管理 ························ 216

15.1 绿色施工的定义 ······················ 216

15.2 绿色施工的施工原则 ·················· 216

15.3 绿色施工评价 ························ 220

16 因工伤亡事故的报告、调查和处理 ········ 224

16.1 伤亡事故的定义与分类 ················ 224

16.2 施工伤亡事故处理程序 ················ 226

17 施工现场安全资料的编制、收集和整理 ···· 230

17.1 安全管理资料管理要求 ················ 230

17.2 安全管理资料分类与整理 ·············· 230

17.3 安全管理资料整理及组卷 ·············· 231

17.4 施工现场安全管理资料目录 ············ 231

参考文献 ································ 235

岗位知识篇

1 安全管理相关的管理规定和标准

1.1 施工安全生产责任制的管理规定

1. 施工单位及项目管理部安全生产责任制

（1）施工单位从事建设工程的新建、扩建、改建和拆除等活动，应当具备国家规定的注册资本、专业技术人员、技术装备和安全生产等条件，依法取得相应等级的资质证书，并在其资质等级许可的范围内承揽工程。

（2）施工单位主要负责人依法对本单位的安全生产工作全面负责。施工单位应当建立健全安全生产责任制度和安全生产教育培训制度，制定安全生产规章制度和操作规程，保证本单位安全生产条件所需资金的投入，对所承担的建设工程进行定期和专项安全检查，并做好安全检查记录。

（3）施工单位的项目负责人应当由取得相应执业资格的人员担任，对建设工程项目的安全施工负责，落实安全生产责任制度、安全生产规章制度和操作规程，确保安全生产费用的有效使用，并根据工程的特点组织制定安全施工措施，消除安全事故隐患，及时、如实报告生产安全事故。

（4）施工单位对列入建设工程概算的安全作业环境及安全施工措施所需费用，应当用于施工安全防护用具及设施的采购和更新、安全施工措施的落实、安全生产条件的改善，不得挪作他用。

（5）施工单位应当设立安全生产管理机构，配备专职安全生产管理人员。专职安全生产管理人员负责对安全生产进行现场监督检查。发现安全事故隐患，应当及时向项目负责人和安全生产管理机构报告；对违章指挥、违章操作的，应当立即制止。专职安全生产管理人员的配备办法由国务院建设行政主管部门会同国务院其他有关部门制定。

（6）建设工程实行施工总承包的，由总承包单位对施工现场的安全生产负总责。总承包单位应当自行完成建设工程主体结构的施工。总承包单位依法将建设工程分包给其他单位的，分包合同中应当明确各自的安全生产方面的权利、义务。总承包单位和分包单位对分包工程的安全生产承担连带责任。分包单位应当服从总承包单位的安全生产管理，分包单位不服从管理导致生产安全事故的，由分包单位承担主要责任。

（7）垂直运输机械作业人员、安装拆卸工、爆破作业人员、起重信号工、登高架设作业人员等特种作业人员，必须按照国家有关规定经过专门的安全作业培训，并取得特种作业操作资格证书后，方可上岗作业。

（8）施工单位应当在施工组织设计中编制安全技术措施和施工现场临时用电方案，对下列达到一定规模的危险性较大的分部分项工程编制专项施工方案，并附具安全验算结果，经施工单位技术负责人、总监理工程师签字后实施，由专职安全生产管理人员进行现场监督：

① 基坑支护与降水工程；

② 土方开挖工程；

③ 模板工程；

④ 起重吊装工程；

⑤ 脚手架工程；

⑥ 拆除、爆破工程；

⑦ 国务院建设行政主管部门或者其他有关部门规定的其他危险性较大的工程。对前款所列工程中涉及深基坑、地下暗挖工程、高大模板工程的专项施工方案，施工单位还应当组织专家进行论证、审查。

（9）建设工程施工前，施工单位负责项目管理的技术人员应当对有关安全施工的技术要求向施工作业班组、作业人员做出详细说明，并由双方签字确认。

（10）施工单位应当在施工现场入口处、施工起重机械、临时用电设施、脚手架、出入通道口、楼梯口、电梯井口、孔洞口、桥梁口、隧道口、基坑边沿、爆破物及有害危险气体和液体存放处等危险部位，设置明显的安全警示标志。安全警示标志必须符合国家标准。施工单位应当根据不同施工阶段和周围环境及季节、气候的变化，在施工现场采取相应的安全施工措施。施工现场暂时停止施工的，施工单位应当做好现场防护，所需费用由责任方承担，或者按照合同约定执行。

（11）施工单位应当将施工现场的办公、生活区与作业区分开设置，并保持安全距离；办公、生活区的选址应当符合安全性要求。职工的膳食、饮水、休息场所等应当符合卫生标准。施工单位不得在尚未竣工的建筑物内设置员工集体宿舍。施工现场临时搭建的建筑物应当符合安全使用要求。施工现场使用的装配式活动房屋应当具有产品合格证。

（12）施工单位对因建设工程施工可能造成损害的毗邻建筑物、构筑物和地下管线等，应当采取专项防护措施。施工单位应当遵守有关环境保护法律、法规的规定，在施工现场采取措施，防止或者减少粉尘、废气、废水、固体废物、噪声、振动和施工照明对人和环境的危害和污染。在城市市区内的建设工程，施工单位应当对施工现场实行封闭围挡。

（13）施工单位应当在施工现场建立消防安全责任制度，确定消防安全责任人，制定用火、用电、使用易燃易爆材料等各项消防安全管理制度和操作规程，设置消防通道、消防水源，配备消防设施和灭火器材，并在施工现场入口处设置明显标志。

（14）施工单位应当向作业人员提供安全防护用具和安全防护服装，并书面告知危险岗位的操作规程和违章操作的危害。作业人员有权对施工现场的作业条件、作业程序和作业方式中存在的安全问题提出批评、检举和控告，有权拒绝违章指挥和强令冒险作业。在施工中发生危及人身安全的紧急情况时，作业人员有权立即停止作业或者在采取必要的应急措施后撤离危险区域。

（15）作业人员应当遵守安全施工的强制性标准、规章制度和操作规程，正确使用安全防护用具、机械设备等。

（16）施工单位采购、租赁的安全防护用具、机械设备、施工机具及配件，应当具有生产（制造）许可证、产品合格证，并在进入施工现场前进行查验。施工现场的安全防护用具、机械设备、施工机具及配件必须由专人管理，定期进行检查、维修和保养，建立相应的资料档案，并按照国家有关规定及时报废。

（17）施工单位在使用施工起重机械和整体提升脚手架、模板等自升式架设设施前，应当组织有关单位进行验收，也可以委托具有相应资质的检验检测机构进行验收；使用承租的机械设备和施工机具及配件的，由施工总承包单位、分包单位、出租单位和安装单位共同进行验收。验收合格的方可使用。《特种设备安全监察条例》规定的施工起重机械，在验收前应当经有相应资质的检验检测机构监督检验合格。施工单位应当自施工起重机械和整体提升脚手架、模板等自升式架设设施验收合格之日起 30 日内，向建设行政主管部门或者其他有关部门登记。登记标志应当置于或者附着于该设备的显著位置。

（18）施工单位的主要负责人、项目负责人、专职安全生产管理人员应当经建设行政主管部门或者其他有关部门考核合格后方可任职。施工单位应当对管理人员和作业人员每年至少进行一次安全生产教育培训，其教育培训情况记入个人工作档案。安全生产教育培训考核不合格的人员，不得上岗。

（19）作业人员进入新的岗位或者新的施工现场前，应当接受安全生产教育培训。未经教育培训或者教育培训考核不合格的人员，不得上岗作业。施工单位在采用新技术、新工艺、新设备、新材料时，应当对作业人员进行相应的安全生产教育培训。

（20）施工单位应当为施工现场从事危险作业的人员办理意外伤害保险。意外伤害保险费由施工单位支付。实行施工总承包的，由总承包单位支付意外伤害保险费。意外伤害保险期限自建设工程开工之日起至竣工验收合格止。

2. 总包分包单位安全生产责任制的规定

（1）建筑工程实行总承包的，工程安全由工程总承包单位负责，总承包单位将建筑工程分包给其他单位的，应当对分包工程的安全与分包单位承担连带责任。分包单位应当接受总承包单位的安全管理。

（2）禁止承包单位将其承包的全部建筑工程转包给他人，禁止承包单位将其承包的全部建筑工程肢解以后以分包的名义分别转包给他人。

（3）建筑工程总承包单位可以将承包工程中的部分工程发包给具有相应资质条件的分包单位；但是，除总承包合同中约定的分包外，必须经建设单位认可。施工总承包的，建筑工程主体结构的施工必须由总承包单位自行完成。

（4）建筑工程总承包单位按照总承包合同的约定对建设单位负责；分包单位按照分包合同的约定对总承包单位负责。总承包单位和分包单位就分包工程对建设单位承担连带责任。禁止总承包单位将工程分包给不具备相应资质条件的单位。禁止分包单位将其承包的工程再分包。

（5）建筑施工企业的法定代表人对本企业的安全生产负责。施工现场安全由建筑施工企业负责。实行施工总承包的，由总承包单位负责。分包单位向总承包单位负责，服从总承包单位对施工现场的安全生产管理。

3. 施工现场领导带班制度的规定

为进一步加强建筑施工现场质量安全管理工作，根据《国务院关于进一步加强企业安全生产工作的通知》（国发〔2010〕23号）要求和有关法规规定，制定建筑施工企业负责人及项目负责人施工现场带班暂行办法。

建筑施工企业负责人，是指企业的法定代表人、总经理、主管质量安全和生产工作的副总经理、总工程师和副总工程师。项目负责人，是指工程项目的项目经理。施工现场，是指进行房屋建筑和市政工程施工作业活动的场所。

（1）建筑施工企业应当建立企业负责人及项目负责人施工现场带班制度，并严格考核。施工现场带班制度应明确其工作内容、职责权限和考核奖惩等要求。

（2）施工现场带班包括企业负责人带班检查和项目负责人带班生产。企业负责人带班检查是指由建筑施工企业负责人带队实施对工程项目质量安全生产状况及项目负责人带班生产情况的检查。项目负责人带班生产是指项目负责人在施工现场组织协调工程项目的质量安全生产活动。

（3）建筑施工企业法定代表人是落实企业负责人及项目负责人施工现场带班制度的第一责任人，对落实带班制度全面负责。

（4）建筑施工企业负责人要定期带班检查，每月检查时间不少于其工作日的25%。建筑施工企业负责人带班检查时，应认真做好检查记录，并分别在企业和工程项目存档备查。

（5）工程项目进行超过一定规模的危险性较大的分部分项工程施工时，建筑施工企业负责人应到施工现场进行带班检查。对于有分公司（非独立法人）的企业集团，集团负责人因故不能到现场的，可书面委托工程所在地的分公司负责人对施工现场进行带班检查。"超过一定规模的危险性较大的分部分项工程"详见《关于印发〈危险性较大的分部分项工程安全管理办法〉的通知》（建质〔2009〕87号）的规定。

（6）工程项目出现险情或发现重大隐患时，建筑施工企业负责人应到施工现场带班检查，督促工程项目进行整改，及时消除险情和隐患。

（7）项目负责人是工程项目质量安全管理的第一责任人，应对工程项目落实带班制度负责。项目负责人在同一时期只能承担一个工程项目的管理工作。项目负责人带班生产时，要全面掌握工程项目质量安全生产状况，加强对重点部位、关键环节的控制，及时消除隐患。要认真做好带班生产记录并签字存档备查。

（8）项目负责人每月带班生产时间不得少于本月施工时间的80%。因其他事务需离开施工现场时，应向工程项目的建设单位请假，经批准后方可离开。离开期间应委托项目相关负责人负责其外出时的日常工作。

（9）各级住房城乡建设主管部门应加强对建筑施工企业负责人及项目负责人施工现场带班制度的落实情况的检查。对未执行带班制度的企业和人员，按有关规定处理；发生质量安全事故的，要给予企业规定上限的经济处罚，并依法从重追究企业法定代表人及相关人员的责任。

1.2 施工安全生产组织保障和安全许可的管理规定

1.2.1 施工企业安全生产管理机构、专职安全生产管理人员配备及其职责的规定

为规范建筑施工企业安全生产管理机构的设置，明确建筑施工企业和项目专职安全生产管理人员的配备标准，根据《中华人民共和国安全生产法》《建设工程安全生产管理条例》《安全生产许可证条例》及《建筑施工企业安全生产许可证管理规定》，制定建筑施工企业安全生产管理机构设置及专职安全生产管理人员配备办法。

1. 建筑施工企业安全生产管理机构设置及专职安全生产管理人员配备的基本要求

（1）从事土木工程、建筑工程、线路管道和设备安装工程及装修工程的新建、改建、扩建和拆除等活动的建筑施工企业安全生产管理机构的设置及其专职安全生产管理人员的配备，适用本办法。

（2）安全生产管理机构是指建筑施工企业设置的负责安全生产管理工作的独立职能部门。

专职安全生产管理人员是指经建设主管部门或者其他有关部门安全生产考核合格取得安全生产考核合格证书，并在建筑施工企业及其项目从事安全生产管理工作的专职人员。

（3）建筑施工企业应当依法设置安全生产管理机构，在企业主要负责人的领导下开展本企业的安全生产管理工作。

（4）建筑施工企业安全生产管理机构具有以下职责：① 宣传和贯彻国家有关安全生产法律法规和标准；② 编制并适时更新安全生产管理制度并监督实施；③ 组织或参与企业生产安全事故应急救援预案的编制及演练；④ 组织开展安全教育培训与交流；⑤ 协调配备项目专职安全生产管理人员；⑥ 制订企业安全生产检查计划并组织实施；⑦ 监督在建项目安全生产费用的使用；⑧ 参与危险性较大工程安全专项施工方案专家论证会；⑨ 通报在建项目违规违章查处情况；⑩ 组织开展安全生产评优评先表彰工作；⑪ 建立企业在建项目安全生产管理档案；⑫ 考核评价分包企业安全生产业绩及项目安全生产管理情况；⑬ 参加生产安全事故的调查和处理工作；⑭ 企业明确的其他安全生产管理职责。

（5）建筑施工企业安全生产管理机构专职安全生产管理人员在施工现场检查过程中具有以下职责：

① 查阅在建项目安全生产有关资料、核实有关情况；

② 检查危险性较大工程安全专项施工方案落实情况；

③ 监督项目专职安全生产管理人员履责情况；

④ 监督作业人员安全防护用品的配备及使用情况；

⑤ 对发现的安全生产违章违规行为或安全隐患，有权当场予以纠正或做出处理决定；

⑥ 对不符合安全生产条件的设施、设备、器材，有权当场做出查封的处理决定；

⑦ 对施工现场存在的重大安全隐患有权越级报告或直接向建设主管部门报告；

⑧ 企业明确的其他安全生产管理职责。

（6）建筑施工企业安全生产管理机构专职安全生产管理人员的配备应满足下列要求，并应根据企业经营规模、设备管理和生产需要予以增加：

① 建筑施工总承包资质序列企业：特级资质不少于 6 人；一级资质不少于 4 人；二级和二级以下资质企业不少于 3 人。

② 建筑施工专业承包资质序列企业：一级资质不少于 3 人；二级和二级以下资质企业不少于 2 人。

③ 建筑施工劳务分包资质序列企业：不少于 2 人。

④ 建筑施工企业的分公司、区域公司等较大的分支机构应依据实际生产情况配备不少于 2 人的专职安全生产管理人员。

（7）建筑施工企业应当实行建设工程项目专职安全生产管理人员委派制度。建设工程项目的专职安全生产管理人员应当定期将项目安全生产管理情况报告企业安全生产管理机构。

（8）建筑施工企业应当在建设工程项目组建安全生产领导小组。建设工程实行施工总承包的，安全生产领导小组由总承包企业、专业承包企业和劳务分包企业项目经理、技术负责人和专职安全生产管理人员组成。

安全生产领导小组的主要职责：

① 贯彻落实国家有关安全生产法律法规和标准；

② 组织制定项目安全生产管理制度并监督实施；

③ 编制项目生产安全事故应急救援预案并组织演练；

④ 保证项目安全生产费用的有效使用；

⑤ 组织编制危险性较大工程安全专项施工方案；

⑥ 开展项目安全教育培训；

⑦ 组织实施项目安全检查和隐患排查；

⑧ 建立项目安全生产管理档案；

⑨ 及时、如实报告安全生产事故。

（9）项目专职安全生产管理人员具有以下主要职责：

① 负责施工现场安全生产日常检查并做好检查记录；

② 现场监督危险性较大工程安全专项施工方案实施情况；

③ 对作业人员违规违章行为有权予以纠正或查处；

④ 对施工现场存在的安全隐患有权责令立即整改；

⑤ 对于发现的重大安全隐患，有权向企业安全生产管理机构报告；

⑥ 依法报告生产安全事故情况。

（10）总承包单位配备项目专职安全生产管理人员应当满足下列要求：

① 建筑工程、装修工程按照建筑面积配备：

1 万平方米以下的工程不少于 1 人；

1 万～5 万平方米的工程不少于 2 人；

5 万平方米及以上的工程不少于 3 人，且按专业配备专职安全生产管理人员。

② 土木工程、线路管道、设备安装工程按照工程合同价配备：

5 000 万元以下的工程不少于 1 人；

5 000 万～1 亿元的工程不少于 2 人；

1 亿元及以上的工程不少于 3 人，且按专业配备专职安全生产管理人员。

（11）分包单位配备项目专职安全生产管理人员应当满足下列要求：

① 专业承包单位应当配置至少 1 人，并根据所承担的分部分项工程的工程量和施工危险程度增加。

② 劳务分包单位施工人员在 50 人以下的，应当配备 1 名专职安全生产管理人员；50～200 人的，应当配备 2 名专职安全生产管理人员；200 人及以上的，应当配备 3 名及以上专职安全生产管理人员，并根据所承担的分部分项工程施工危险实际情况增加，不得少于工程施工人员总人数的 5‰。

采用新技术、新工艺、新材料或致害因素多、施工作业难度大的工程项目，项目专职安全生产管理人员的数量应当根据施工实际情况配备增加。

（12）施工作业班组可以设置兼职安全巡查员，对本班组的作业场所进行安全监督检查。建筑施工企业应当定期对兼职安全巡查员进行安全教育培训。

（13）安全生产许可证颁发管理机关颁发安全生产许可证时，应当审查建筑施工企业安全生产管理机构设置及其专职安全生产管理人员的配备情况。

（14）建设主管部门核发施工许可证或者核准开工报告时，应当审查该工程项目专职安全生产管理人员的配备情况。建设主管部门应当随时监督检查建筑施工企业安全生产管理机构及其专职安全生产管理人员履责情况。

（15）为建设工程提供机械设备和配件的单位，应当按照安全施工的要求配备齐全有效的保险、限位等安全设施和装置。出租的机械设备和施工机具及配件，应当具有生产（制造）许可证、产品合格证。出租单位应当对出租的机械设备和施工机具及配件的安全性能进行检测，在签订租赁协议时，应当出具检测合格证明。禁止出租检测不合格的机械设备和施工机具及配件。

（16）在施工现场安装、拆卸施工起重机械和整体提升脚手架、模板等自升式架设设施，必须由具有相应资质的单位承担。安装、拆卸施工起重机械和整体提升脚手架、模板等自升式架设设施，应当编制拆装方案、制定安全施工措施，并由专业技术人员现场监督。

（17）施工起重机械和整体提升脚手架、模板等自升式架设设施安装完毕后，安装单位应当自检，出具自检合格证明，并向施工单位进行安全使用说明，办理验收手续并签字。

（18）施工起重机械和整体提升脚手架、模板等自升式架设设施的使用达到国家规定的检验检测期限的，必须经具有专业资质的检验检测机构检测。经检测不合格的，不得继续使用。检验检测机构对检测合格的施工起重机械和整体提升脚手架、模板等自升式架设设施，应当出具安全合格证明文件，并对检测结果负责。

2. 施工安全生产责任制的基本要求

（1）公司和项目部必须建立健全安全生产责任制，制定各级人员和部门的安全生产职责，并要打印成文。

（2）各级管理部门及各类人员均要各要认真执行责任制。公司及项目部应制定与安全生产责任制相应的检查和考核办法，执行情况的考核结果应有记录。

（3）经济承包合同中必须要有具体的安全生产指标和要求。在企业与业主、企业与项目部、总包单位与分包单位、项目部与劳务队的承包合同中都应确定安全生产指标、要求和安全生产责任。

（4）项目部应为项目的主要工种印制相应的安全技术操作规程，并应将安全技术操作规程列为日常安全活动和安全教育的主要内容，并悬挂在操作岗位前。

（5）施工现场应按规定配备专（兼）职安全员。建筑工程、建筑装饰、装修工程的专职安全员应按规定配置足够的专职安全员（一般，建筑面积 1 万平方米以及以下的工程至少 1 人；1 万～5 万平方米的工程至少 2 人；5 万平方米以上的工程至少 3 人。并应设置安全主管，按土建、机电设备等专业设置专职安全生产管理人员。不论是兼职或是专职安全员都必须有安全员证。

（6）管理人员责任制考核要合格。企业或项目部要根据责任制的考核办法定期进行考核，督促和要求各级管理人员的责任制考核都要达到合格。各级管理人员也必须清楚了解自己的安全生产工作职责。

3. 施工项目相关管理人员的安全职责

（1）项目经理的职责：

项目经理是本项目安全生产的第一责任者，负责整个项目的安全生产工作，对所管辖工程项目的安全生产负直接领导责任。

① 对合同工程项目生产经营过程中的安全生产负全面领导责任。

② 在项目施工生产全过程中，认证贯彻落实安全生产方针政策、法律法规和各项规章制度，结合项目工程特点及施工全过程的情况，制定本项目工程各项安全生产管理办法，或有针对性地提出安全管理要求，并监督其实施。严格履行安全考核指标和安全生产奖惩办法。

③ 在组织项目工程业务承包，聘用业务人员时，必须本着安全工作只能加强的原则，根据工程特点确定安全工作的管理制度、配备人员，并明确各业务承包人的安全责任和考核指标，支持、指导安全管理人员的工作。

④ 健全和完善用工管理手续，录用外包队必须及时向有关部门申报，严格用工制度与管理，适时组织上岗安全教育，要对外包工队的健康与安全负责，加强劳动保护工作。

⑤ 认真落实施工组织设计中的安全技术措施及安全技术管理的各项措施，严格执行安全技术审批制度，组织并监督项目工程施工中的安全技术交底制度和设备、设施验收制度的实施。

⑥ 领导、组织施工现场定期的安全生产检查，发现施工生产中不安全问题，组织采取措施，及时解决。对上级提出的安全生产与管理方面的问题，要定时、定人、定措施予以解决。

⑦ 发生事故，及时上报，保护好现场、做好抢救工作，积极配合事故的调查，认真落实纠正核防范措施，吸取事故教训。

（2）项目技术负责人职责：

① 对项目工程生产经营中的安全生产负技术责任。

② 贯彻、落实安全生产方针、政策，严格执行安全技术规程、规范、标准，结合项目工程特点，主持项目工程的安全技术交底。

③ 参加或组织编制施工组织设计；编制、审查施工方案时，要制定、审查安全技术措施，保证其可行性与针对性，并随时检查、监督、落实。

④ 主持制定专项施工方案、技术措施计划和季节性施工方案的同时，制定相应的安全技术措施并监督执行，及时解决执行中出现的问题。

⑤ 及时组织使用项目工程应用新材料、新技术、新工艺及相关人员的安全技术培训。认

真执行安全技术措施与安全操作规程，预防施工中因化学物品引起的火灾、中毒或其新工艺实施中可能造成的事故。

⑥ 主持安全防护设施和设备的检查验收，发现设备、设施的不正常情况应及时采取措施，严格控制不符合标准要求的防护设备、设施拖入使用。

⑦ 参加安全生产检查，对施工中存在的不安全因素，从技术方面提出整改意见和办法及时予以消除。

⑧ 参加、配合因工伤及重大未遂事故的调查，从技术上分析事故的原因，提出防范措施、意见。

（3）施工员的职责：

① 严格执行安全生产各项规章制度，对所管辖单位工程的安全生产负直接领导责任。

② 认证落实施工组织设计中安全技术措施，针对生产任务特点，向作业班组进行详细的书面安全技术交底，履行签认手续并对规程、措施、交底要求执行情况随时检查，随时纠正违章作业。

③ 随时检查作业内的各项防护设施、设备的安全状况，随时消除不安全因素，不违章指挥。

④ 配合项目安全员定期和不定期地组织班组学习安全操作规程，开展安全生产活动，督促、检查工人正确使用个人防护用品。

⑤ 对分管工程项目应用的新材料、新工艺、新技术严格执行申报和审批制度，发现问题，及时停止使用，并报有关部门或领导。

⑥ 发生工伤事故，未遂事故要立即上报，保护好现场；参与工伤及其他事故的调查处理。

（4）安全员的职责：

① 认真贯彻执行劳动保护、安全生产的方针、政策、法令、法规、规范标准，做好安全生产的宣传教育和管理工作，推广先进经验。对本项目的安全生产负检查、监督的责任。

② 深入施工现场，负责施工现场生产巡视督查，并做好记录，指导下级安全技术人员工作，掌握安全生产情况，调查研究生产中的不安全问题，提出改进意见和措施，并对执行情况进行监督检查。

③ 协助项目经理组织安全活动和安全检查。

④ 参加审查施工组织设计和安全技术措施计划，并对执行情况进行监督检查。

⑤ 组织本项目新工人的安全技术培训、考核工作。

⑥ 制止违章指挥、违章作业，发现现场存在安全隐患时，应及时向企业安全生产管理机构和工程项目经理报告，遇有险情有权暂停生产，并报告领导处理。

⑦ 进行工伤事故统计分析和报告，参加工伤事故调查、处理。

⑧ 负责本项目部的安全生产、文明施工、劳务手续的办理及治安保卫的管理工作。

（5）班组长的职责：

① 认真执行安全生产规章制度及安全操作规程，合理安排班组人员工作，对本班组人员在生产中的安全和健康负责。

② 经常组织班组人员学习安全操作规程，监督班组人员正确使用个人劳保用品，不断提高自保能力。

③ 认真落实安全技术交底，做好班前教育工作，不违章指挥、冒险蛮干。

④ 随时检查班组作业现场安全生产状况，发现问题及时解决并上报有关领导。

⑤ 认真做好新工人的岗位教育。

⑥ 发生因工伤及未遂事故，保护好现场，立即上报有关领导。

1.2.2　施工安全生产许可证管理的规定

建设部根据《安全生产许可证条例》《建设工程安全生产管理条例》等有关行政法规，2004年7月发布建设部令第128号《建筑施工企业安全生产许可证管理规定》（以下简称《规定》）。国家对建筑施工企业实行安全生产许可制度。施工企业未取得安全生产许可证的，不得从事建筑施工生产活动。

1.　安全生产许可证的申请必备条件

建筑施工企业取得安全生产许可证，应当具备下列安全生产条件：

（1）建立、健全安全生产责任制，制定完备的安全生产规章制度和操作规程。

（2）保证本单位安全生产条件所需资金的投入。

（3）设备安全生产管理机构，按照国家有关规定配备专职安全生产管理人员。

（4）主要负责人、项目负责人、专职安全生产管理人员经建设主管部门或者其他有关部门考核合格。

（5）特种作业人员经有关业务主管部门考核合格，取得特种操作资格证书。

（6）管理人员和作业人员每年至少进行一次安全生产教育培训并考核合格。

（7）依法参加工伤保险，依法为施工现场从事危险作业的人员办理以外伤害保险，为从业人员交纳保险费。

（8）施工现场的办公、生活区作业场所和安全防护用具、机械设备、施工机具及配件符合有关安全生产法律、法规、标准和规程的要求。

（9）有职业危害防止措施，并为作业人员配备符合国家标准或者行业标准的安全防护用具和安全防护服装。

（10）依法进行安全评价。

（11）有对危险性较大的分部分项工程及施工现场易发生重大事故的部位、环节的预防、监控措施和应急预案。

（12）有安全事故应急救援预案、应急救援组织或者应急救援人员，配备必要的应急救援器材、设备。

（13）法律、法规规定的其他条件。

2.　国家对安全生产许可证管理的基本要求

（1）安全生产许可证的申请与颁发：

① 建筑施工企业从事建筑施工活动前，应当依照《规定》向省级以上建设主管部门申请领取安全生产许可证。中央管理的建筑施工企业（集团公司、总公司）应当向国务院建设主管部门申请领取安全生产许可证，其他的建筑施工企业，包括中央管理的建筑施工企业（集

团公司、总公司）下属的建筑施工企业，应当向企业注册所在地省、自治区、直辖市人民政府建设主管部门申请领取安全生产许可证。

② 建设主管部门应当自受理建筑施工企业的申请之日起 45 日内审查完毕；经审查符合安全生产条件的，颁布安全生产许可证；不符合安全生产条件的，不予颁发安全生产许可证，书面通知企业并说明理由。企业自接到通知之日起应当进行整改，整改合格后方可再次提出申请。

③ 建筑施工企业变更名称、住址、法定代表人等，应当在变更后 10 日内，到原安全生产许可证颁发管理机关办理安全生产许可证变更手续。建筑施工企业破产、倒闭、撤销的，应当将安全生产许可证交回原安全生产许可证颁发管理机关予以注销。

④ 建筑施工企业遗失安全生产许可证，应当立即向原安全生产许可证颁发管理机关报告，并在公众媒体上声明作废后，方可申请补办。

⑤ 安全生产许可证申请表采用建设部规定的统一样式。安全生产许可证采用国务院安全生产监督管理部门规定的统一式样。安全生产许可证分正本和副本，正、副本具有同等法律效应。

⑥ 企业取得安全生产许可证后，不得降低安全生产条件，并应当加强日常安全生产管理，接受安全生产许可证颁发管理机关的监督检查。安全生产许可证颁发管理机关应当加强对取得安全生产许可证的企业的监督检查，发现其不再具备本条例规定的安全生产条件的，应当暂扣或者吊销安全生产许可证。

（2）安全生产许可证的监督管理：

① 县级以上人民政府建设主管部门应当加强对建筑施工企业安全生产许可证的监督管理。建设主管部门在审核发放施工许可证时，应当对已经确定的建筑施工企业是否有安全生产许可证进行审查，对没有取得安全生产许可证的，不得颁发施工许可证。

② 跨省从事建筑施工活动的建筑施工企业有违反本规定行为的，由工程所在地的省级人民政府建设主管部门将建筑施工企业在本地区的违法事实、处理结果和处理建议抄告远安全生产许可证颁发管理机关。

③ 安全生产许可证的有效期为 3 年。安全生产许可证有效期满需要延期的，企业应当于期满前 3 个月向原安全生产许可证颁发管理机关办理延期手续。企业在安全生产许可证有效期内，严格遵守有关安全生产的法律法规，未发生死亡事故的，安全生产许可证有效期届满时，经原安全生产许可证颁发管理机关同意，不再审查，安全生产许可证有效期延期 3 年。

④ 企业不得转让、冒用安全生产许可证或者使用伪造的安全生产许可证。企业取得安全生产许可证后，不得降低安全生产条件，并应当加强日常安全生产管理，接受安全生产许可证颁发管理机关的监督检查。安全生产许可证颁发管理机关应当加强对取得安全生产许可证的企业的监督检查，发现其不再具备本条例规定的安全生产条件的，应当暂扣或者吊销安全生产许可证。

（3）违反规定的法律责任：

① 安全生产许可证颁发管理机关或者其上级行政机关发现有下列情形之一的，可以撤销已经颁发的安全生产许可证。

安全生产许可证颁发管理机关工作人员滥用职权、玩忽职守颁发安全生产许可证的；

超越法定职权颁发安全生产许可证的；

违反法定规程颁发安全生产许可证的；

对不具备安全生产条件的建筑施工企业颁发安全生产许可证的；

依法可以撤销已经颁发的安全生产许可证的其他情形。

② 违反规定，安全生产许可证颁发管理机关工作人员有下列之一的，给予降级或者撤职的行政处分；构成犯罪的，依法追究刑事责任：

向不符合安全生产条件的建筑施工企业颁发安全生产许可证的；

发现建筑施工企业未依法缺德安全生产许可证擅自从事建筑施工活动，不依法处理的；

发现取得安全生产许可证的建筑施工企业不再具备安全生产条件，不依法处理的；

接到对违反本规定行为的举报后，不及时处理的；

在安全生产许可证颁发、管理和监督检查工作中，索取或者接受建筑施工企业的财务，或者谋取其他利益的。

1.2.3 施工企业的主要负责人、项目负责人、专职安全生产管理人员安全生产考核的规定

1. 三类人员考核任职制度的对象

（1）建筑施工企业的主要负责人、项目负责人、专职安全生产管理人员。

（2）建筑施工企业主要负责人包括企业法定代表人、经理、企业分管安全生产工作的副经理等。

（3）建筑施工企业项目负责人，是指经企业法人授权的项目管理的负责人等。

（4）建筑施工企业专职安全生产管理人员，是指在企业专职从事安全生产管理工作的人员，包括企业安全生产管理机构的负责人及其工作人员和施工现场专职安全生产管理人员。

2. 三类人员考核任职的主要内容

（1）考核的目的和依据：根据《安全生产法》《建筑工程安全生产管理条例》《安全生产许可证条例》等法律法规，旨在提高建筑施工企业主要负责人、项目责任人和专职安全生产管理人员的安全生产知识水平和管理能力，保证建筑施工安全生产。

（2）考核范围：在中华人民共和国境内从事建设工程施工活动的建筑施工企业管理人员，以及实施和参与安全生产考核管理的人员，建筑施工企业管理人员必须经建设行政主管部门或者其他有关部门安全生产考核，考核合格取得安全生产考核合格证书后，方可担任相应职务。建筑施工企业管理人员安全生产考核内容包括安全生产知识和管理能力。

（3）考核要求：

① 建筑施工企业管理人员必须经建设行政主管部门或者其他有关部门安全生产考核，考核合格取得安全生产考核合格证书后，方可担任相应职务。

② 国务院建设行政主管部门负责全国建筑施工企业管理人员安全生产的考核工作，并负责中央管理的建筑施工企业管理人员安全生产考核和发证工作。省、自治区、直辖市人民政府建设行政主管部门负责本行政区域内中央管理以外的建筑施工企业管理人员安全生产考核和发证工作。

③ 建筑施工企业管理人员应当具备相应文化程度、专业技术职称和一定安全生产工作经历，并经企业年度安全生产教育培训合格后，方可参加建设行政主管部门组织的安全生产考核。

④ 对建筑施工企业主要负责人、项目负责人和专职安全生产管理人员安全生产的考核要点内容包括安全生产知识和管理能力。

⑤ 建设行政主管部门对建筑施工企业管理人员进行安全生产考核，不得收取考核费用，不得组织强制培训。

⑥ 安全生产考核合格的，由建设行政主管部门在 20 日内核发建筑施工企业管理人员安全生产考核合格证书；对不合格的，应通知本人并说明理由，限期重新考核。

⑦ 建筑施工企业管理人员安全生产考核合格证书由国务院建设行政主管部门规定统一的式样。

⑧ 建筑施工企业管理人员变更姓名和所在法人单位等的，应在 1 个月内到原安全生产考核合格证书发证机关办理变更手续。

⑨ 任何单位和个人不得伪造、转让、冒用建筑施工企业管理人员安全生产考核合格证书。

⑩ 建筑施工企业管理人员遗失安全生产考核合格证书，应在公共媒体上声明作废，并在 1 个月内到原安全生产考核合格证书发证机关办理补证手续。

⑪ 建筑施工企业管理人员安全生产考核合格证书有效期为 3 年。有效期满需要延期的，应当于期满前 3 个月内向原发证机关申请办理延期手续。

⑫ 建筑施工企业管理人员在安全生产考核合格证书有效期内，严格遵守安全生产法律法规，认真履行安全生产职责，按规定接受企业年度安全生产教育培训。未发生死亡事故的，安全生产考核合格证书有效期届满时，经原安全生产考核合格证书发证机关同意，不再考核，安全生产考核合格证书有效期延期 3 年。

⑬ 建设行政主管部门应当建立、健全建筑施工企业管理人员安全生产考核档案管理制度，并定期向社会公布建筑施工企业管理人员取得安全生产考核合格证书的情况。

⑭ 建筑施工企业管理人员取得安全生产考核合格证书后，应当认真履行安全生产管理职责，接受建设行政主管部门的监督检查。

⑮ 建设行政主管部门应当加强对建筑施工企业管理人员履行安全生产管理职责情况的监督检查，发现有违反安全生产法律法规、未履行安全生产管理职责、不按规定接受企业年度安全生产教育培训、发生死亡事故，情节严重的，应当收回安全生产考核合格证书，并限期改正，重新考核。

1.2.4 建筑施工特种作业人员管理的规定

1. 建筑施工特种作业人员基本要求

（1）建筑施工特种作业人员是指在房屋建筑和市政工程施工活动中，从事可能对本人、他人及周围设备设施的安全造成重大危害作业的人员。

（2）建筑施工特种作业包括：建筑电工；建筑架子工；建筑起重信号司索工；建筑起重机械司机；建筑起重机械安装拆卸工；高处作业吊篮安装拆卸工；经省级以上人民政府建设主管部门认定的其他特种作业。

（3）建筑施工特种作业人员必须经建设主管部门考核合格，取得建筑施工特种作业人员操作资格证书，方可上岗从事相应作业。

（4）国务院建设主管部门负责全国建筑施工特种作业人员的监督管理工作。省、自治区、直辖市人民政府建设主管部门负责本行政区域内建筑施工特种作业人员的监督管理工作。

2. 建筑施工特种作业人员的考核规定

（1）建筑施工特种作业人员的考核发证工作，由省、自治区、直辖市人民政府建设主管部门或其委托的考核发证机构负责组织实施。考核发证机关应当在办公场所公布建筑施工特种作业人员申请条件、申请程序、工作时限、收费依据和标准等事项。考核发证机关应当在考核前在机关网站或新闻媒体上公布考核科目、考核地点、考核时间和监督电话等事项。

（2）申请从事建筑施工特种作业的人员，应当具备下列基本条件：

① 年满18周岁且符合相关工种规定的年龄要求；

② 经医院体检合格且无妨碍从事相应特种作业的疾病和生理缺陷；

③ 初中及以上学历；

④ 符合相应特种作业需要的其他条件。

（3）符合本规定4人员应当向本人户籍所在地或者从业所在地考核发证机关提出申请，并提交相关证明材料。考核发证机关应当自收到申请人提交的申请材料之日起5个工作日内依法做出受理或者不予受理决定。对于受理的申请，考核发证机关应当及时向申请人核发准考证。

（4）建筑施工特种作业人员的考核内容应当包括安全技术理论和实际操作。考核大纲由国务院建设主管部门制定。考核发证机关应当自考核结束之日起10个工作日内公布考核成绩。

（5）考核发证机关对于考核合格的，应当自考核结果公布之日起10个工作日内颁发资格证书；对于考核不合格的，应当通知申请人并说明理由。

（6）资格证书应当采用国务院建设主管部门规定的统一样式，由考核发证机关编号后签发。资格证书在全国通用。

3. 建筑施工特种作业人员的从业规定

（1）持有资格证书的人员，应当受聘于建筑施工企业或者建筑起重机械出租单位（以下简称用人单位），方可从事相应的特种作业。用人单位对于首次取得资格证书的人员，应当在其正式上岗前安排不少于3个月的实习操作。

（2）建筑施工特种作业人员应当严格按照安全技术标准、规范和规程进行作业，正确佩戴和使用安全防护用品，并按规定对作业工具和设备进行维护保养。

（3）建筑施工特种作业人员应当参加年度安全教育培训或者继续教育，每年不得少于24小时。

（4）在施工中发生危及人身安全的紧急情况时，建筑施工特种作业人员有权立即停止作业或者撤离危险区域，并向施工现场专职安全生产管理人员和项目负责人报告。

（5）用人单位应当履行下列职责：

① 与持有效资格证书的特种作业人员订立劳动合同；

② 制定并落实本单位特种作业安全操作规程和有关安全管理制度；

③ 书面告知特种作业人员违章操作的危害；

④ 向特种作业人员提供齐全、合格的安全防护用品和安全的作业条件；

⑤ 按规定组织特种作业人员参加年度安全教育培训或者继续教育，培训时间不少于 24 小时；

⑥ 建立本单位特种作业人员管理档案；

⑦ 查处特种作业人员违章行为并记录在档；

⑧ 法律法规及有关规定明确的其他职责。

（6）任何单位和个人不得非法涂改、倒卖、出租、出借或者以其他形式转让资格证书。建筑施工特种作业人员变动工作单位，任何单位和个人不得以任何理由非法扣押其资格证书。

4. 建筑施工特种作业人员从业资格的延期复核

（1）资格证书有效期为 2 年。有效期满需要延期的，建筑施工特种作业人员应当于期满前 3 个月内向原考核发证机关申请办理延期复核手续。延期复核合格的，资格证书有效期延期 2 年。

（2）建筑施工特种作业人员申请延期复核，应当提交下列材料：

① 身份证（原件和复印件）；

② 体检合格证明；

③ 年度安全教育培训证明或者继续教育证明；

④ 用人单位出具的特种作业人员管理档案记录；

⑤ 考核发证机关规定提交的其他资料。

（3）建筑施工特种作业人员在资格证书有效期内，有下列情形之一的，延期复核结果为不合格：

① 超过相关工种规定年龄要求的；

② 身体健康状况不再适应相应特种作业岗位的；

③ 对生产安全事故负有责任的；

④ 2 年内违章操作记录达 3 次（含 3 次）以上的；

⑤ 未按规定参加年度安全教育培训或者继续教育的；

⑥ 考核发证机关规定的其他情形。

5. 建筑施工特种作业人员的监督管理

（1）考核发证机关应当制定建筑施工特种作业人员考核发证管理制度，建立本地区建筑施工特种作业人员档案。

（2）县级以上地方人民政府建设主管部门应当监督检查建筑施工特种作业人员从业活动，查处违章作业行为并记录在档。

（3）考核发证机关应当在每年年底向国务院建设主管部门报送建筑施工特种作业人员考核发证和延期复核情况的年度统计信息资料。

（4）有下列情形之一的，考核发证机关应当撤销资格证书：

① 持证人弄虚作假骗取资格证书或者办理延期复核手续的；

② 考核发证机关工作人员违法核发资格证书的；

③ 考核发证机关规定应当撤销资格证书的其他情形。

（5）有下列情形之一的，考核发证机关应当注销资格证书：

① 依法不予延期的；

② 持证人逾期未申请办理延期复核手续的；

③ 持证人死亡或者不具有完全民事行为能力的；

④ 考核发证机关规定应当注销的其他情形。

1.3 施工现场安全生产的管理规定

1.3.1 施工作业人员安全生产权利和义务的规定

1. 从业人员的权利

（1）知情权：有权了解其作业场所和工伤岗位的危险因素、防范措施和事故应急措施。

（2）建议权：有权对本单位的安全生产管理工作提出建议。

《安全生产法》第五十条规定，生产经营单位的从业人员有权了解其作业场所和工作岗位存在的危险因素、防范措施及事故应急措施，有权对本单位的安全生产工作提出建议。

《建设工程安全生产管理条例》第三十二条规定，施工单位应当向作业人员提供安全防护用品和安全防护服装，并书面告知危险岗位的操作规程和违章操作的危害。

（3）批评权和检举、控告权：有权对本单位的安全生产管理工作中存在的问题提出批评、检举、控告。

（4）拒绝权：有权拒绝违章作业指挥和冒险作业。

《安全生产法》五十一条规定，从业人员有权对本单位安全生产工作中存在的问题提出批评、检举、控告，有权拒绝违章指挥和强令冒险作业。

生产经营单位不得因从业人员对本单位安全生产工作提出批评、检举、控告或者拒绝违章指挥、强令冒险作业而降低其工资、福利等待遇或者解除与其订立的劳动合同。

（5）紧急避险权：发现直接危及人身安全的紧急情况时，有权停止作业或者在采取可能的应急措施后撤离作业场所。

《安全生产法》第四十七条规定，从业人员发现直接危及人身安全的紧急情况时，有权停止作业或者在采取可能的应急措施后撤离作业场所。

生产经营单位不得因从业人员在前款紧急情况下停止作业或者采取紧急撤离措施而降低其工资、福利等待遇或者解除与其订立的劳动合同。

（6）获得工伤保险权：有权获得本单位为其办理工伤保险。

《安全生产法》第四十四条规定，生产经营单位与从业人员订立的劳动合同，应当载明有关保障从业人员劳动安全、防止职业危害的事项，以及依法为从业人员办理工伤社会保险的事项。生产经营单位不得以任何形式与从业人员订立协议，免除或者减轻其对从业人员因生产安全事故伤亡依法应承担的责任。

《建设工程安全生产管理条例》第三十八条规定，施工单位应当为施工现场人事危险作业的人员办理意外伤害保险。

（7）要求赔偿权：因生产安全事故受到损害时，有权向本单位提出赔偿要求。

《安全生产法》第四十八条规定，因生产安全事故受到损害的从业人员，除依法享有工伤社会保险外，依照有关民事法律尚有获得赔偿的权利的，有权向本单位提出赔偿要求。

（8）劳动保护权：有权获得符合国家标准或者行业标准的劳动防护用品。

《建筑法》第四十七条规定，作业人员有权对影响人身健康的作业程序和作业条件提出改进意见，有权获得安全生产所需的防护用品。

《安全生产法》第三十七条规定，生产经营单位必须为从业人员提供符合国家标准或者行业标准的劳动防护，并监督、教育从业人员按照使用规则佩戴、使用。

2. 从业人员的义务

（1）自觉遵守的义务：从业人员在作业过程中，应当遵守本单位的安全生产规章制度和操作规程，服从管理，正确佩戴和使用劳动防护用品。

《安全生产法》第四十九条规定，从业人员在作业过程中，应当严格遵守本单位的安全生产规章制度和操作规程，服从管理，正确佩戴和使用劳动防护用品。

（2）自觉学习安全生产知识的义务：要求从业人员掌握本职工作所需的安全生产知识，提高安全生产技能，增强事故预防和应急处理能力。

《安全生产法》第五十条规定，从业人员应当接受安全生产教育和培训，掌握本职工作所需的安全生产知识，提高安全生产技能，增强事故预防和应急处理能力。

《建设工程安全生产管理条例》第三十七条规定，作业人员进入新的岗位或者新的施工现场前，应当接受安全生产教育培训。未经教育培训或者教育培训考核不合格的人员，不得上岗作业。

（3）危险报告义务：从业人员发现事故隐患或者其他不安全因素时，应当立即向现场安全生产管理人员或者本单位负责人报告。

《安全生产法》第五十一条规定，从业人员发现事故隐患或者其他不安全因素，应当立即向现场安全生产管理人员或者本单位负责人报告；接到报告的人员应当及时予以处理。

（4）参加应急抢险的义务。

3. 从业人员的法律责任

（1）《安全生产法》第九十条规定：员工如不服从管理，违反安全生产规章制度或者操作规程的，由公司给予批评教育，依照有关规章制度给予处分；造成重大事故，构成犯罪的，依照刑法有关规定追究刑事责任。

（2）《建设工程安全生产管理条例》第五十八条规定：注册执业人员未执行法律、法规和工程建设强制性标准的，责令停止执业 3 个月以上 1 年以下；情节严重的，吊销执业资格证书，5 年内不予注册；造成重大安全事故的，终身不予注册；构成犯罪的，依照刑法有关规定追究刑事责任。

（3）《建设工程安全生产管理条例》第六十二条规定：违反本条例的规定，施工单位有下列行为之一的，责令限期改正；逾期未改正的，责令停业整顿，依照《安全生产法》的有关规定处以罚款；造成重大安全事故，构成犯罪的，对直接责任人员，依照刑法有关规定追究刑事责任。施工单位的主要负责人、项目负责人、专职安全生产管理人员、作业人员或者特种作业人员，未经安全教育培训或者经考核不合格即从事相关工作的。

（4）《建设工程安全生产管理条例》第六十六条规定，作业人员不服管理、违反规章制度和操作规程冒险作业造成重大伤亡事故或者其他严重后果，构成犯罪的，依照刑法有关规定追究刑事责任。

（5）《刑法》第一百三十四条规定：在生产、作业中违反有关安全管理的规定，因而发生重大伤亡事故或者造成其他严重后果的，处 3 年以下有期徒刑或者拘役；情节特别恶劣的，处 3 年以上 7 年以下有期徒刑。

强令他人违章冒险作业，因而发生重大伤亡事故或者造成其他严重后果的，处 5 年以下有期徒刑或者拘役；情节特别恶劣的，处 5 年以上有期徒刑。

（6）《刑法》第一百三十五条规定：安全生产设施或者安全生产条件不符合国家规定，因而发生重大伤亡事故或者造成其他严重后果的，对直接负责的主管人员和其他直接责任人员，处 3 年以下有期徒刑或者拘役；情节特别恶劣的，处 3 年以上 7 年以下有期徒刑。

（7）《刑法》第一百三十九条规定：违反消防管理法规，经消防监督机构通知采取改正措施而拒绝执行，造成严重后果的，对直接责任人员，处 3 年以下有期徒刑或者拘役；后果特别严重的，处 3 年以上 7 年以下有期徒刑。

1.3.2　安全技术措施、专项施工方案和安全技术交底的规定

1.　编制安全技术措施和施工现场临时用电方案

《建设工程安全生产管理条例》规定，施工单位应当在施工组织设计中编制安全技术措施和施工现场临时用电方案。

施工组织设计是规划和指导施工全过程的综合性技术经济文件，是施工准备工作的重要组成部分。它要保证施工准备阶段各项工作的顺利进行，各分包单位、各工种的有序衔接，以及各类材料、构件、机具等供应时间和顺序，并对一些关键部位和需要控制的部位提出相应的安全技术措施。

1）安全技术措施

（1）安全技术措施通常包括：根据基坑、地下室深度和地质资料，保证土石方边坡稳定的措施；脚手架、吊篮、安全网、各类洞口防止人员坠落的技术措施；外用电梯、井架以及塔吊等垂直运输机具的拉结要求及防倒塌的措施；安全用电和机电防短路、防触电的措施；有毒有害、易燃易爆作业的技术措施；施工现场周围通行道路及居民防护隔离等措施。

（2）安全技术措施可分为防止事故发生的安全技术措施和减少事故损失的安全技术措施。

① 常用的防止事故发生的安全技术措施有：消除危险源、限制能量或危险物质、隔离、故障-安全设计、减少故障和失误等。

② 减少事故损失的安全技术措施是在事故发生后，迅速控制局面，防止事故扩大，避免引起二次事故发生，从而减少事故造成的损失。常用的减少事故损失的安全技术措施有隔离、个体防护、设置薄弱环节、避难与救援等。

2）施工现场临时用电方案

（1）《施工现场临时用电安全技术规范》（JGJ46—2005）规定，施工现场临时用电设备在5台及以上或设备总容量在50 kW及以上者，应编制用电组织设计。施工现场临时用电设备5台以下或设备总容量在50 kW以下者，应制定安全用电和电气防火措施。

（2）施工现场临时用电组织设计应包括下列内容：

① 现场勘测；

② 确定电源进线、变电所或配电室、配电装置、用电设备位置及线路走向；

③ 进行负荷计算；

④ 选择变压器；

⑤ 设计配电系统；

⑥ 设计防雷装置；

⑦ 确定防护措施；

⑧ 制定安全用电措施和电气防火措施。

临时用电工程图纸应单独绘制，临时用电工程应按图施工。

2. 编制安全专项施工方案

（1）安全专项施工方案编审的一般规定：

《建设工程安全生产管理条例》规定，对下列达到一定规模的危险性较大的分部分项工程编制专项施工方案，并附具安全验算结果，经施工单位技术负责人、总监理工程师签字后实施，由专职安全生产管理人员进行现场监督：

① 基坑支护与降水工程；

② 土方开挖工程；

③ 模板工程；

④ 起重吊装工程；

⑤ 脚手架工程；

⑥ 拆除、爆破工程；

⑦ 国务院建设行政主管部门或者其他有关部门规定的其他危险性较大的工程。

对以上所列工程中涉及深基坑、地下暗挖工程、高大模板工程的专项施工方案，施工单位还应当组织专家进行论证、审查。对于危险性较大的分部分项工程范围和超过一定规模的危险性较大的分部分项工程范围，可查阅《危险性较大的分部分项工程安全管理办法》。

（2）安全专项施工方案的编制内容：

工程概况；

编制依据；

施工计划；

施工工艺技术；

施工安全保证措施；

劳动力计划；

计算书及相关图纸。

（3）安全专项施工方案的审核：

① 专项方案应当由施工单位技术部门组织本单位施工技术、安全、质量等部门的专业技术人员进行审核。经审核合格的，由施工单位技术负责人签字。实行施工总承包的，专项方案应当由总承包单位技术负责人及相关专业承包单位技术负责人签字。不需专家论证的专项方案，经施工单位审核合格后报监理单位，由项目总监理工程师审核签字。

② 超过一定规模的危险性较大的分部分项工程专项方案应当由施工单位组织召开专家论证会。实行施工总承包的，由施工总承包单位组织召开专家论证会。

（4）安全专项施工方案的实施：

① 施工单位应当严格按照专项方案组织施工，不得擅自修改、调整专项方案。如因设计、结构、外部环境等因素发生变化确需修改的，修改后的专项方案应当按规定重新审核。对于超过一定规模的危险性较大工程的专项方案，施工单位应当重新组织专家进行论证。

② 施工单位应当指定专人对专项方案实施情况进行现场监督和按规定进行监测。发现不按照专项方案施工的，应当要求其立即整改；发现有危及人身安全紧急情况的，应当立即组织作业人员撤离危险区域。施工单位技术负责人应当定期巡查专项方案实施情况。

3. 安全施工技术交底

（1）安全施工技术交底的程序：

《建设工程安全生产管理条例》规定，建设工程施工前，施工单位负责项目管理的技术人员应当对有关安全施工的技术要求，逐级按顺序由公司向项目部交底、由项目部技术负责人向相关管理技术人员工长及施工作业班组长交底、相关技术人员及工长班组长向操作工人作业人员作出技术交底详细说明，并逐级由交底双方签字确认。

（2）安全施工技术交底的分类：

安全技术交底通常包括：施工工种安全技术交底、分部分项工程施工安全技术交底、大型特殊工程单项安全技术交底、设备安装工程技术交底以及使用新工艺、新技术、新材料施工的安全技术交底等。

（3）安全施工技术交底的签认：

施工单位负责项目管理的技术人员与作业班组、作业人员进行安全技术交底后，应当由双方确认。确认的方式是填写安全技术措施交底单，主要内容应当包括工程名称、分部分项工程名称、安全技术措施交底内容、交底时间以及施工单位负责项目管理的技术人员签字、接受任务负责人签字等。

1.3.3 危险性较大的分部分项工程安全管理规定

为加强对危险性较大的分部分项工程安全管理，明确安全专项施工方案编制内容，规范专家论证程序，确保安全专项施工方案实施，积极防范和遏制建筑施工生产安全事故的发生，依据《建设工程安全生产管理条例》及相关安全生产法律法规制定危险性较大的分部分项工程安全管理办法。

1. 危险性较大的分部分项工程基本要求

危险性较大的分部分项工程是指建筑工程在施工过程中存在的、可能导致作业人员群死群伤或造成重大不良社会影响的分部分项工程。

危险性较大的分部分项工程安全专项施工方案（以下简称"专项方案"），是指施工单位在编制施工组织（总）设计的基础上，针对危险性较大的分部分项工程单独编制的安全技术措施文件。

建设单位在申请领取施工许可证或办理安全监督手续时，应当提供危险性较大的分部分项工程清单和安全管理措施。施工单位、监理单位应当建立危险性较大的分部分项工程安全管理制度。

适用于房屋建筑和市政基础设施工程（以下简称"建筑工程"）的新建、改建、扩建、装修和拆除等建筑安全生产活动及安全管理。

2. 危险性较大的分部分项工程的分类和范围

危险性较大的分部分项工程的分类和范围见表 1-1。

表 1-1　危险性较大的分部分项工程范围表

序号	分部分项工程名称	危险性较大的分部分项工程，应当编制专项施工方案	超过一定规模的危险性较大的分部分项工程，应当编制专项施工方案且专家论证审查
1	基坑支护降水工程	开挖深度超过 3 m（含 3 m）或虽未超过 3 m 但地质条件和周边环境复杂的基坑（槽）支护、降水工程	开挖深度超过 5 m（含 5 m）的基坑（槽）的土方开挖、支护、降水工程
2	土方开挖工程	开挖深度超过 3 m（含 3 m）的基坑（槽）的土方开挖工程	开挖深度虽未超过 5 m，但地质条件、周围环境和地下管线复杂，或影响毗邻建筑（构筑）物安全的基坑（槽）的土方开挖、支护、降水工程
3	模板工程及支撑体系	1. 各类工具式模板工程：包括大模板、滑模、爬模、飞模等工程。 2. 混凝土模板支撑工程：搭设高度 5 m 及以上；搭设跨度 10 m 及以上；施工总荷载 10 kN/m² 及以上；集中线荷载 15 kN/m 及以上；高度大于支撑水平投影宽度且相对独立无联系构件的混凝土模板支撑工程。 3. 承重支撑体系：用于钢结构安装等满堂支撑体系	1. 工具式模板工程：包括滑模、爬模、飞模工程。 2. 混凝土模板支撑工程：搭设高度 8 m 及以上；搭设跨度 18 m 及以上，施工总荷载 15 kN/m² 及以上；集中线荷载 20 kN/m 及以上。 3. 承重支撑体系：用于钢结构安装等满堂支撑体系，承受单点集中荷载 700 kg 以上

序号	分部分项工程名称	危险性较大的分部分项工程，应当编制专项施工方案	超过一定规模的危险性较大的分部分项工程，应当编制专项施工方案且专家论证审查
4	起重吊装及安装拆卸工程	1. 采用非常规起重设备、方法，且单件起吊重量在 10 kN 及以上的起重吊装工程。 2. 采用起重机械进行安装的工程。 3. 起重机械设备自身的安装、拆卸	1. 采用非常规起重设备、方法，且单件起吊重量在 100 kN 及以上的起重吊装工程。 2. 起重量 300 kN 及以上的起重设备安装工程；高度 200 m 及以上内爬起重设备的拆除工程
5	脚手架工程	1. 搭设高度 24 m 及以上的落地式钢管脚手架工程。 2. 附着式整体和分片提升脚手架工程。 3. 悬挑式脚手架工程。 4. 吊篮脚手架工程。 5. 自制卸料平台、移动操作平台工程。 6. 新型及异型脚手架工程	1. 搭设高度 50 m 及以上落地式钢管脚手架工程。 2. 提升高度 150 m 及以上附着式整体和分片提升脚手架工程。 3. 架体高度 20 m 及以上悬挑式脚手架工程
6	拆除、爆破工程	1. 建筑物、构筑物拆除工程。 2. 采用爆破拆除的工程	1. 采用爆破拆除的工程。 2. 码头、桥梁、高架、烟囱、水塔或拆除中容易引起有毒有害气（液）体或粉尘扩散、易燃易爆事故发生的特殊建、构筑物的拆除工程。 3. 可能影响行人、交通、电力设施、通讯设施或其他建、构筑物安全的拆除工程。 4. 文物保护建筑、优秀历史建筑或历史文化风貌区控制范围的拆除工程
7	其他	1. 建筑幕墙安装工程。 2. 钢结构、网架和索膜结构安装工程。 3. 人工挖扩孔桩工程。 4. 地下暗挖、顶管及水下作业工程。 5. 预应力工程。 6. 采用新技术、新工艺、新材料、新设备及尚无相关技术标准的危险性较大的分部分项工程	1. 施工高度 50 m 及以上的建筑幕墙安装工程。 2. 跨度大于 36 m 及以上的钢结构安装工程；跨度大于 60 m 及以上的网架和索膜结构安装工程。 3. 开挖深度超过 16 m 的人工挖孔桩工程。 4. 地下暗挖工程、顶管工程、水下作业工程。 5. 采用新技术、新工艺、新材料、新设备及尚无相关技术标准的危险性较大的分部分项工程

3. 危险性较大的分部分项工程专项方案编制内容

施工单位应当在危险性较大的分部分项工程施工前编制专项方案；对于超过一定规模的危险性较大的分部分项工程，施工单位应当组织专家对专项方案进行论证。

建筑工程实行施工总承包的，专项方案应当由施工总承包单位组织编制。其中，起重机械安装拆卸工程、深基坑工程、附着式升降脚手架等专业工程实行分包的，其专项方案可由专业承包单位组织编制。

专项方案编制应当包括以下内容：

（1）工程概况：危险性较大的分部分项工程概况、施工平面布置、施工要求和技术保证条件。

（2）编制依据：相关法律、法规、规范性文件、标准、规范及图纸（国标图集）、施工组织设计等。

（3）施工计划：包括施工进度计划、材料与设备计划。

（4）施工工艺技术：技术参数、工艺流程、施工方法、检查验收等。

（5）施工安全保证措施：组织保障、技术措施、应急预案、监测监控等。

（6）劳动力计划：专职安全生产管理人员、特种作业人员等。

（7）计算书及相关图纸。

4. 危险性较大的分部分项工程专项方案审核要求

（1）专项方案应当由施工单位技术部门组织本单位施工技术、安全、质量等部门的专业技术人员进行审核。经审核合格的，由施工单位技术负责人签字。实行施工总承包的，专项方案应当由总承包单位技术负责人及相关专业承包单位技术负责人签字。

（2）不需专家论证的专项方案，经施工单位审核合格后报监理单位，由项目总监理工程师审核签字。

（3）超过一定规模的危险性较大的分部分项工程专项方案应当由施工单位组织召开专家论证会。实行施工总承包的，由施工总承包单位组织召开专家论证会。

下列人员应当参加专家论证会：

① 专家组成员；

② 建设单位项目负责人或技术负责人；

③ 监理单位项目总监理工程师及相关人员；

④ 施工单位分管安全的负责人、技术负责人、项目负责人、项目技术负责人、专项方案编制人员、项目专职安全生产管理人员；

⑤ 勘察、设计单位项目技术负责人及相关人员。

（4）专家组成员应当由5名及以上符合相关专业要求的专家组成。本项目参建各方的人员不得以专家身份参加专家论证会。

（5）专家论证的主要内容：

① 专项方案内容是否完整、可行；

② 专项方案计算书和验算依据是否符合有关标准规范；

③ 安全施工的基本条件是否满足现场实际情况。

专项方案经论证后，专家组应当提交论证报告，对论证的内容提出明确的意见，并在论证报告上签字。该报告作为专项方案修改完善的指导意见。

5. 危险性较大的分部分项工程专项方案的执行实施

（1）施工单位应当根据论证报告修改完善专项方案，并经施工单位技术负责人、项目总监理工程师、建设单位项目负责人签字后，方可组织实施。实行施工总承包的，应当由施工总承包单位、相关专业承包单位技术负责人签字。

（2）专项方案经论证后需做重大修改的，施工单位应当按照论证报告修改，并重新组织专家进行论证。

（3）施工单位应当严格按照专项方案组织施工，不得擅自修改、调整专项方案。如因设计、结构、外部环境等因素发生变化确需修改的，修改后的专项方案应当按本办法第八条重新审核。对于超过一定规模的危险性较大工程的专项方案，施工单位应当重新组织专家进行论证。

（4）专项方案实施前，编制人员或项目技术负责人应当向现场管理人员和作业人员进行安全技术交底。

（5）施工单位应当指定专人对专项方案实施情况进行现场监督和按规定进行监测。发现不按照专项方案施工的，应当要求其立即整改；发现有危及人身安全紧急情况的，应当立即组织作业人员撤离危险区域。施工单位技术负责人应当定期巡查专项方案实施情况。

（6）对于按规定需要验收的危险性较大的分部分项工程，施工单位、监理单位应当组织有关人员进行验收。验收合格的，经施工单位项目技术负责人及项目总监理工程师签字后，方可进入下一道工序。

（7）监理单位应当将危险性较大的分部分项工程列入监理规划和监理实施细则，应当针对工程特点、周边环境和施工工艺等，制定安全监理工作流程、方法和措施。

（8）监理单位应当对专项方案实施情况进行现场监理；对不按专项方案实施的，应当责令整改，施工单位拒不整改的，应当及时向建设单位报告；建设单位接到监理单位报告后，应当立即责令施工单位停工整改；施工单位仍不停工整改的，建设单位应当及时向住房城乡建设主管部门报告。

（9）建设单位未按规定提供危险性较大的分部分项工程清单和安全管理措施，未责令施工单位停工整改的，未向住房城乡建设主管部门报告的；施工单位未按规定编制、实施专项方案的；监理单位未按规定审核专项方案或未对危险性较大的分部分项工程实施监理的；住房城乡建设主管部门应当依据有关法律法规予以处罚。

1.3.4　建筑起重机械安全监督管理规定

为了加强建筑起重机械的安全监督管理，防止和减少生产安全事故，保障人民群众生命和财产安全，依据《建设工程安全生产管理条例》《特种设备安全监察条例》《安全生产许可证条例》，制定建筑起重机械安全监督管理规定。

建筑起重机械，是指纳入特种设备目录，在房屋建筑工地和市政工程工地安装、拆卸、使用的起重机械。适用建筑起重机械的租赁、安装、拆卸、使用及其监督管理。国务院建设主管部门对全国建筑起重机械的租赁、安装、拆卸、使用实施监督管理。县级以上地方人民政府建设主管部门对本行政区域内的建筑起重机械的租赁、安装、拆卸、使用实施监督管理。

1.　建筑起重机械出租单位使用单位的职责

（1）出租单位出租的建筑起重机械和使用单位购置、租赁、使用的建筑起重机械应当具有特种设备制造许可证、产品合格证、制造监督检验证明。

（2）出租单位在建筑起重机械首次出租前，自购建筑起重机械的使用单位在建筑起重机械首次安装前，应当持建筑起重机械特种设备制造许可证、产品合格证和制造监督检验证明到本单位工商注册所在地县级以上地方人民政府建设主管部门办理备案。

（3）出租单位应当在签订的建筑起重机械租赁合同中，明确租赁双方的安全责任，并出具建筑起重机械特种设备制造许可证、产品合格证、制造监督检验证明、备案证明和自检合格证明，提交安装使用说明书。

（4）有下列情形之一的建筑起重机械，不得出租、使用：

① 属国家明令淘汰或者禁止使用的；

② 超过安全技术标准或者制造厂家规定的使用年限的；

③ 经检验达不到安全技术标准规定的；

④ 没有完整安全技术档案的；

⑤ 没有齐全有效的安全保护装置的。

（5）出租单位、自购建筑起重机械的使用单位，应当建立建筑起重机械安全技术档案。建筑起重机械安全技术档案应当包括以下资料：

① 购销合同、制造许可证、产品合格证、制造监督检验证明、安装使用说明书、备案证明等原始资料；

② 定期检验报告、定期自行检查记录、定期维护保养记录、维修和技术改造记录、运行故障和生产安全事故记录、累计运转记录等运行资料；

③ 历次安装验收资料。

（6）从事建筑起重机械安装、拆卸活动的单位应当依法取得建设主管部门颁发的相应资质和建筑施工企业安全生产许可证，并在其资质许可范围内承揽建筑起重机械安装、拆卸工程。

（7）建筑起重机械使用单位和安装单位应当在签订的建筑起重机械安装、拆卸合同中明确双方的安全生产责任。实行施工总承包的，施工总承包单位应当与安装单位签订建筑起重机械安装、拆卸工程安全协议书。

2. 建筑起重机械安装单位的职责

（1）安装单位应当履行下列安全职责：

① 按照安全技术标准及建筑起重机械性能要求，编制建筑起重机械安装、拆卸工程专项施工方案，并由本单位技术负责人签字；

② 按照安全技术标准及安装使用说明书等检查建筑起重机械及现场施工条件；

③ 组织安全施工技术交底并签字确认；

④ 制定建筑起重机械安装、拆卸工程生产安全事故应急救援预案；

⑤ 将建筑起重机械安装、拆卸工程专项施工方案，安装、拆卸人员名单，安装、拆卸时间等材料报施工总承包单位和监理单位审核后，告知工程所在地县级以上地方人民政府建设主管部门。

（2）安装单位应当按照建筑起重机械安装、拆卸工程专项施工方案及安全操作规程组织安装、拆卸作业。安装单位的专业技术人员、专职安全生产管理人员应当进行现场监督，技术负责人应当定期巡查。

（3）建筑起重机械安装完毕后，安装单位应当按照安全技术标准及安装使用说明书的有关要求对建筑起重机械进行自检、调试和试运转。自检合格的，应当出具自检合格证明，并向使用单位进行安全使用说明。

（4）安装单位应当建立建筑起重机械安装、拆卸工程档案。

建筑起重机械安装、拆卸工程档案应当包括以下资料：

① 安装、拆卸合同及安全协议书；

② 安装、拆卸工程专项施工方案；

③ 安全施工技术交底的有关资料；

④ 安装工程验收资料；

⑤ 安装、拆卸工程生产安全事故应急救援预案。

3. 建筑起重机械的验收检查备案登记

（1）建筑起重机械安装完毕后，使用单位应当组织出租、安装、监理等有关单位进行验收，或者委托具有相应资质的检验检测机构进行验收。建筑起重机械经验收合格后方可投入使用，未经验收或者验收不合格的不得使用。

（2）实行施工总承包的，由施工总承包单位组织验收。

（3）建筑起重机械在验收前应当经有相应资质的检验检测机构监督检验合格。检验检测机构和检验检测人员对检验检测结果、鉴定结论依法承担法律责任。

（4）使用单位应当自建筑起重机械安装验收合格之日起 30 日内，将建筑起重机械安装验收资料、建筑起重机械安全管理制度、特种作业人员名单等，向工程所在地县级以上地方人民政府建设主管部门办理建筑起重机械使用登记。登记标志置于或者附着于该设备的显著位置。

4. 施工监理单位建筑起重机械的安全使用要求

（1）施工单位使用时应当履行下列安全职责：

① 根据不同施工阶段、周围环境以及季节、气候的变化，对建筑起重机械采取相应的安全防护措施；

② 制定建筑起重机械生产安全事故应急救援预案；

③ 在建筑起重机械活动范围内设置明显的安全警示标志，对集中作业区做好安全防护；

④ 设置相应的设备管理机构或者配备专职的设备管理人员；

⑤ 指定专职设备管理人员、专职安全生产管理人员进行现场监督检查；

⑥ 建筑起重机械出现故障或者发生异常情况的，立即停止使用,消除故障和事故隐患后，方可重新投入使用。

（2）施工单位应当对在用的建筑起重机械及其安全保护装置、吊具、索具等进行经常性和定期的检查、维护和保养，并做好记录。在建筑起重机械租期结束后，应当将定期检查、维护和保养记录移交出租单位。建筑起重机械租赁合同对建筑起重机械的检查、维护、保养另有约定的，从其约定。

（3）建筑起重机械在使用过程中需要附着的，施工单位应当委托原安装单位或者具有相应资质的安装单位按照专项施工方案实施，并按照法定程序组织验收。验收合格后方可投入使用。

（4）建筑起重机械在使用过程中需要顶升的，施工单位委托原安装单位或者具有相应资质的安装单位按照专项施工方案实施后，即可投入使用。禁止擅自在建筑起重机械上安装非原制造厂制造的标准节和附着装置。

（5）施工总承包单位应当履行下列安全职责：

① 向安装单位提供拟安装设备位置的基础施工资料，确保建筑起重机械进场安装、拆卸所需的施工条件；

② 审核建筑起重机械的特种设备制造许可证、产品合格证、制造监督检验证明、备案证明等文件；

③ 审核安装单位、使用单位的资质证书、安全生产许可证和特种作业人员的特种作业操作资格证书；

④ 审核安装单位制定的建筑起重机械安装、拆卸工程专项施工方案和生产安全事故应急救援预案；

⑤ 审核使用单位制定的建筑起重机械生产安全事故应急救援预案；

⑥ 指定专职安全生产管理人员监督检查建筑起重机械安装、拆卸、使用情况；

⑦ 施工现场有多台塔式起重机作业时，应当组织制定并实施防止塔式起重机相互碰撞的安全措施。

（6）监理单位应当履行下列安全职责：

① 审核建筑起重机械特种设备制造许可证、产品合格证、制造监督检验证明、备案证明等文件；

② 审核建筑起重机械安装单位、使用单位的资质证书、安全生产许可证和特种作业人员的特种作业操作资格证书；

③ 审核建筑起重机械安装、拆卸工程专项施工方案；

④ 监督安装单位执行建筑起重机械安装、拆卸工程专项施工方案情况；

⑤ 监督检查建筑起重机械的使用情况；

⑥ 发现存在生产安全事故隐患的，应当要求安装单位、使用单位限期整改，对安装单位、使用单位拒不整改的，及时向建设单位报告。

（7）依法发包给两个及两个以上施工单位的工程，不同施工单位在同一施工现场使用多台塔式起重机作业时，建设单位应当协调组织制定防止塔式起重机相互碰撞的安全措施。安装单位、使用单位拒不整改生产安全事故隐患的，建设单位接到监理单位报告后，应当责令安装单位、使用单位立即停工整改。

5. 建筑起重机械特种作业人员的安全职责

（1）建筑起重机械特种作业人员应当遵守建筑起重机械安全操作规程和安全管理制度，在作业中有权拒绝违章指挥和强令冒险作业，有权在发生危及人身安全的紧急情况时立即停止作业或者采取必要的应急措施后撤离危险区域。

（2）建筑起重机械安装拆卸工、起重信号工、起重司机、司索工等特种作业人员应当经建设主管部门考核合格，并取得特种作业操作资格证书后，方可上岗作业。省、自治区、直辖市人民政府建设主管部门负责组织实施建筑施工企业特种作业人员的考核。特种作业人员的特种作业操作资格证书由国务院建设主管部门规定统一的样式。

6. 建设行政主管部门的安全监管职责

（1）建设主管部门履行安全监督检查职责时，有权采取下列措施：

① 要求被检查的单位提供有关建筑起重机械的文件和资料。

② 进入被检查单位和被检查单位的施工现场进行检查。

③ 对检查中发现的建筑起重机械生产安全事故隐患，责令立即排除；重大生产安全事故隐患排除前或者排除过程中无法保证安全的，责令从危险区域撤出作业人员或者暂时停止施工。

（2）负责办理备案或者登记的建设主管部门应当建立本行政区域内的建筑起重机械档案，按照有关规定对建筑起重机械进行统一编号，并定期向社会公布建筑起重机械的安全状况。

（3）违反规定，出租单位、自购建筑起重机械的使用单位，有下列行为之一的，由县级以上地方人民政府建设主管部门责令限期改正，予以警告，并处以 5 000 元以上 1 万元以下罚款：

① 未按照规定办理备案的；

② 未按照规定办理注销手续的；

③ 未按照规定建立建筑起重机械安全技术档案的。

（4）违反规定，安装单位有下列行为之一的，由县级以上地方人民政府建设主管部门责令限期改正，予以警告，并处以 5 000 以上 3 万元以下罚款：

① 未履行安装单位安全职责的；

② 未按照规定建立建筑起重机械安装、拆卸工程档案的；

③ 未按照建筑起重机械安装、拆卸工程专项施工方案及安全操作规程组织安装、拆卸作业的。

（5）违反规定，使用单位有下列行为之一的，由县级以上地方人民政府建设主管部门责令限期改正，予以警告，并处以 5 000 元以上 3 万元以下罚款：

① 未履行使用单位安全职责的；

② 未指定专职设备管理人员进行现场监督检查的；

③ 擅自在建筑起重机械上安装非原制造厂制造的标准节和附着装置的。

（6）违反规定，施工总承包单位安全职责的，由县级以上地方人民政府建设主管部门责令限期改正，予以警告，并处以 5 000 元以上 3 万元以下罚款。

（7）违反规定，监理单位未履行安全职责的，由县级以上地方人民政府建设主管部门责令限期改正，予以警告，并处以 5 000 元以上 3 万元以下罚款。

（8）违反规定，建设单位有下列行为之一的，由县级以上地方人民政府建设主管部门责令限期改正，予以警告，并处以 5 000 元以上 3 万元以下罚款；逾期未改的，责令停止施工：

① 未按照规定协调组织制定防止多台塔式起重机相互碰撞的安全措施的；

② 接到监理单位报告后，未责令安装单位、使用单位立即停工整改的。

（9）违反规定，建设主管部门的工作人员有下列行为之一的，依法给予处分；构成犯罪的，依法追究刑事责任：

① 发现违反本规定的违法行为不依法查处的；

② 发现在用的建筑起重机械存在严重生产安全事故隐患不依法处理的；

③ 不依法履行监督管理职责的其他行为。

1.3.5 高大模板支撑系统施工安全监督管理的规定

为预防建设工程高大模板支撑系统（以下简称高大模板支撑系统）坍塌事故，保证施工安全，依据《建设工程安全生产管理条例》及相关安全生产法律法规、标准规范，制定建设工程高大模板支撑系统施工安全监督管理导则。

高大模板支撑系统是指建设工程施工现场混凝土构件模板支撑高度超过 8 m，或搭设跨度超过 18 m，或施工总荷载大于 15 kN/m²，或集中线荷载大于 20 kN/m 的模板支撑系统。适用于房屋建筑和市政基础设施建设工程高大模板支撑系统的施工安全监督管理。

高大模板支撑系统施工应严格遵循安全技术规范和专项方案规定，严密组织，责任落实，确保施工过程的安全。

1. 高大模板支撑系统专项方案管理

1）专项方案编制

（1）施工单位应依据国家现行相关标准规范，由项目技术负责人组织相关专业技术人员，结合工程实际，编制高大模板支撑系统的专项施工方案。

（2）专项施工方案应当包括以下内容：

① 编制说明及依据：相关法律、法规、规范性文件、标准、规范及图纸（国标图集）、施工组织设计等。

② 工程概况：高大模板工程特点、施工平面及立面布置、施工要求和技术保证条件，具体明确支模区域、支模标高、高度、支模范围内的梁截面尺寸、跨度、板厚、支撑的地基情况等。

③ 施工计划：施工进度计划、材料与设备计划等。

④ 施工工艺技术：高大模板支撑系统的基础处理、主要搭设方法、工艺要求、材料的力学性能指标、构造设置以及检查、验收要求等。

⑤ 施工安全保证措施：模板支撑体系搭设及混凝土浇筑区域管理人员组织机构、施工技术措施、模板安装和拆除的安全技术措施、施工应急救援预案、模板支撑系统在搭设、钢筋安装、混凝土浇捣过程中及混凝土终凝前后模板支撑体系位移的监测监控措施等。

⑥ 劳动力计划：包括专职安全生产管理人员、特种作业人员的配置等。

⑦ 计算书及相关图纸：验算项目及计算内容包括模板、模板支撑系统的主要结构强度和截面特征及各项荷载设计值及荷载组合，梁、板模板支撑系统的强度和刚度计算，梁板下立杆稳定性计算，立杆基础承载力验算，支撑系统支撑层承载力验算，转换层下支撑层承载力验算等。每项计算列出计算简图和截面构造大样图，注明材料尺寸、规格、纵横支撑间距。

附图包括支模区域立杆、纵横水平杆平面布置图，支撑系统立面图、剖面图，水平剪刀撑布置平面图及竖向剪刀撑布置投影图，梁板支模大样图，支撑体系监测平面布置图及连墙件布设位置及节点大样图等。

2）专项方案审核论证

（1）高大模板支撑系统专项施工方案，应先由施工单位技术部门组织本单位施工技术、安全、质量等部门的专业技术人员进行审核，经施工单位技术负责人签字后，再按照相关规定组织专家论证。下列人员应参加专家论证会：

① 专家组成员；

② 建设单位项目负责人或技术负责人；

③ 监理单位项目总监理工程师及相关人员；

④ 施工单位分管安全的负责人、技术负责人、项目负责人、项目技术负责人、专项方案编制人员、项目专职安全管理人员；

⑤ 勘察、设计单位项目技术负责人及相关人员。

（2）专家组成员应当由 5 名及以上符合相关专业要求的专家组成。本项目参建各方的人员不得以专家身份参加专家论证会。

（3）专家论证的主要内容包括：

① 方案是否依据施工现场的实际施工条件编制；方案、构造、计算是否完整、可行。

② 方案计算书、验算依据是否符合有关标准规范。

③ 安全施工的基本条件是否符合现场实际情况。

（4）施工单位根据专家组的论证报告，对专项施工方案进行修改完善，并经施工单位技术负责人、项目总监理工程师、建设单位项目负责人批准签字后，方可组织实施。

（5）监理单位应编制安全监理实施细则，明确对高大模板支撑系统的重点审核内容、检查方法和频率要求。

2. 高大模板支撑系统验收管理

（1）高大模板支撑系统搭设前，应由项目技术负责人组织对需要处理或加固的地基、基础进行验收，并留存记录。

（2）高大模板支撑系统的结构材料应按以下要求进行验收、抽检和检测，并留存记录、资料。

① 施工单位应对进场的承重杆件、连接件等材料的产品合格证、生产许可证、检测报告进行复核，并对其表面观感、重量等物理指标进行抽检。

② 对承重杆件的外观抽检数量不得低于搭设用量的 30%，发现质量不符合标准、情况严重的，要进行 100% 的检验，并随机抽取外观检验不合格的材料（由监理见证取样）送法定专业检测机构进行检测。

③ 采用钢管扣件搭设高大模板支撑系统时，还应对扣件螺栓的紧固力矩进行抽查，抽查数量应符合《建筑施工扣件式钢管脚手架安全技术规范》（JGJ130—2011）的规定，对梁底扣件应进行 100% 检查。

（3）高大模板支撑系统应在搭设完成后，由项目负责人组织验收，验收人员应包括施工单位和项目两级技术人员、项目安全、质量、施工人员，监理单位的总监和专业监理工程师。验收合格，经施工单位项目技术负责人及项目总监理工程师签字后，方可进入后续工序的施工。

3. 高大模板支撑系统施工管理

1）一般规定

（1）高大模板支撑系统应优先选用技术成熟的定型化、工具式支撑体系。

（2）搭设高大模板支撑架体的作业人员必须经过培训，取得建筑施工脚手架特种作业操作资格证书后方可上岗。其他相关施工人员应掌握相应的专业知识和技能。

（3）高大模板支撑系统搭设前，项目工程技术负责人或方案编制人员应当根据专项施工方案和有关规范、标准的要求，对现场管理人员、操作班组、作业人员进行安全技术交底，并履行签字手续。

安全技术交底的内容应包括模板支撑工程工艺、工序、作业要点和搭设安全技术要求等内容，并保留记录。

（4）作业人员应严格按规范、专项施工方案和安全技术交底书的要求进行操作，并正确配戴相应的劳动防护用品。

2）搭设管理

（1）高大模板支撑系统的地基承载力、沉降等应能满足方案设计要求。如遇松软土、回填土，应根据设计要求进行平整、夯实，并采取防水、排水措施，按规定在模板支撑立柱底部采用具有足够强度和刚度的垫板。

（2）对于高大模板支撑体系，其高度与宽度相比大于两倍的独立支撑系统，应加设保证整体稳定的构造措施。

（3）高大模板工程搭设的构造要求应当符合相关技术规范要求，支撑系统立柱接长严禁搭接；应设置扫地杆、纵横向支撑及水平垂直剪刀撑，并与主体结构的墙、柱牢固拉接。

（4）搭设高度 2 m 以上的支撑架体应设置作业人员登高措施。作业面应按有关规定设置安全防护设施。

（5）模板支撑系统应为独立的系统，禁止与物料提升机、施工升降机、塔吊等起重设备钢结构架体机身及其附着设施相连接；禁止与施工脚手架、物料周转料平台等架体相连接。

3）使用与检查

（1）模板、钢筋及其他材料等施工荷载应均匀堆置，放平放稳。施工总荷载不得超过模板支撑系统设计荷载要求。

（2）模板支撑系统在使用过程中，立柱底部不得松动悬空，不得任意拆除任何杆件，不得松动扣件，也不得用作缆风绳的拉接。

（3）施工过程中检查项目应符合下列要求：

① 立柱底部基础应回填夯实；

② 垫木应满足设计要求；

③ 底座位置应正确，顶托螺杆伸出长度应符合规定；

④ 立柱的规格尺寸和垂直度应符合要求，不得出现偏心荷载；

⑤ 扫地杆、水平拉杆、剪刀撑等设置应符合规定，固定可靠；

⑥ 安全网和各种安全防护设施符合要求。

4）混凝土浇筑

（1）混凝土浇筑前，施工单位项目技术负责人、项目总监确认具备混凝土浇筑的安全生产条件后，签署混凝土浇筑令，方可浇筑混凝土。

（2）框架结构中，柱和梁板的混凝土浇筑顺序，应按先浇筑柱混凝土，后浇筑梁板混凝土的顺序进行。浇筑过程应符合专项施工方案要求，并确保支撑系统受力均匀，避免引起高大模板支撑系统的失稳倾斜。

（3）浇筑过程应有专人对高大模板支撑系统进行观测，发现有松动、变形等情况，必须立即停止浇筑，撤离作业人员，并采取相应的加固措施。

5）拆除管理

（1）高大模板支撑系统拆除前，项目技术负责人、项目总监应核查混凝土同条件试块强度报告，浇筑混凝土达到拆模强度后方可拆除，并履行拆模审批签字手续。

（2）高大模板支撑系统的拆除作业必须自上而下逐层进行，严禁上下层同时拆除作业，分段拆除的高度不应大于两层。设有附墙连接的模板支撑系统，附墙连接必须随支撑架体逐层拆除，严禁先将附墙连接全部或数层拆除后再拆支撑架体。

（3）高大模板支撑系统拆除时，严禁将拆卸的杆件向地面抛掷，应有专人传递至地面，并按规格分类均匀堆放。

（4）高大模板支撑系统搭设和拆除过程中，地面应设置围栏和警戒标志，并派专人看守，严禁非操作人员进入作业范围。

4．高大模板支撑系统监督管理

（1）施工单位应严格按照专项施工方案组织施工。高大模板支撑系统搭设、拆除及混凝土浇筑过程中，应有专业技术人员进行现场指导，设专人负责安全检查，发现险情，立即停止施工并采取应急措施，排除险情后，方可继续施工。

（2）监理单位对高大模板支撑系统的搭设、拆除及混凝土浇筑实施巡视检查，发现安全隐患应责令整改。对施工单位拒不整改或拒不停止施工的，应当及时向建设单位报告。

（3）建设主管部门及监督机构应将高大模板支撑系统作为建设工程安全监督重点，加强对方案审核论证、验收、检查、监控程序的监督。

1.4 施工现场临时设施和防护措施的管理规定

1.4.1 施工现场临时设施和封闭管理的规定

1．施工现场场容管理

1）施工现场的平面布置与划分

施工现场按照功能可划分为施工作业区、辅助作业区、材料堆放区和办公生活区。施工现场的办公生活区应当与作业区分开设置，并保持安全距离。办公生活区应当设置于在建筑物坠落半径之外，与作业区之间设置防护措施，进行明显的划分隔离，以免人员误入危险区域；办公生活区如果设置在建筑物坠落半径之内时，必须采取可靠的防砸措施。功能区的规划设置时还应考虑交通、水电、消防和卫生、环保等因素。

2）场容场貌

（1）施工场地：

① 施工现场的场地应当整平，清除障碍物，无坑洼和凹凸不平，雨季不积水，暖季应适当绿化；

② 施工现场应具有良好的排水系统，设置排水沟及沉淀池，不应有跑、冒、滴、漏等现象，现场废水不得直接排入市政污水管网和河流；

③ 现场存放的油料、化学溶剂等应设有专门的库房，地面应进行防渗漏处理；

④ 地面应当经常洒水，对粉尘源进行覆盖遮挡；

⑤ 施工现场应设置密闭式垃圾站，建筑垃圾、生活垃圾应分类存放，并及时清运出场；

⑥ 建筑物内外的零散碎料和垃圾渣土应及时清理；

⑦ 楼梯踏步、休息平台、阳台等处不得堆放料具和杂物；

⑧ 建筑物内施工垃圾的清运必须采用相应容器或管道运输，严禁凌空抛掷；

⑨ 施工现场严禁焚烧各类垃圾及有毒有害物质；

⑩ 禁止将有毒、有害废弃物作土方回填；

⑪ 施工机械应按照施工总平面图规定的位置和线路布置，不得侵占场内外道路，保持车容机貌整洁，及时清理油污和施工造成的污染；

⑫ 施工现场应设吸烟处，严禁在现场随意吸烟。

（2）道路：

① 施工现场的道路应畅通，应当有循环干道，满足运输、消防要求。

② 主干道应当平整坚实，且有排水措施，硬化材料可以采用混凝土、预制块或用石屑、焦渣、砂头等压实整平，保证不沉陷，不扬尘，防止泥土带入市政道路。

③ 道路应当中间起拱，两侧设排水设施，主干道宽度不宜小于 3.5 m，载重汽车转弯半径不宜小于 15 m，如因条件限制，应当采取措施。

④ 道路的布置要与现场的材料、构件、仓库等料场、吊车位置相协调、配合；施工现场主要道路应尽可能利用永久性道路，或先建好永久性道路的路基，在土建工程结束之前再铺路面。

（3）现场围挡：

① 施工现场必须设置封闭围挡，围挡高度不得低于 1.8 m，其中各地级市区主要路段和市容景观道路及机场、码头、车站广场的工地围挡的高度不得低于 2.5 m。

② 围挡须沿施工现场四周边连续设置，不得留有缺口，做到坚固、平直、整洁、美观。

③ 围挡应采用砌体、金属板材等硬质材料，禁止使用彩条布、竹笆、石棉瓦、安全网等易变形材料。

④ 围挡应根据施工场地地质、周围环境、气象、材料等进行设计，确保围挡的稳定性、安全性。围挡禁止用于挡土、承重，禁止依靠围挡堆放物料、器具等。

⑤ 砌筑围墙厚度不得小于 180 mm，应砌筑基础大放脚和墙柱，基础大放脚埋地深度不小于 500 mm（在混凝土或沥青路上有坚实基础的除外），墙柱间距不大于 4 m，墙顶应做压顶。墙面应采用砂浆批光抹平、涂料刷白。

⑥ 板材围挡底里侧应砌筑 300 mm 高、不小于 180 mm 厚砖墙护脚，外立压型钢板或镀

锌钢板通过钢立柱与地面可靠固定，并刷上与周围环境协调的油漆和图案。围挡应横不留隙、竖不留缝，底部用直角扣牢。

⑦ 施工现场设置的防护栏杆应牢固、整齐、美观，并应涂上红白或黄黑相间警戒油漆。

⑧ 雨后、大风后以及春融季节应当检查围挡的稳定性，发现问题及时处理。

（4）封闭管理：

① 施工现场应有 1 个以上的固定出入口，出入口应设置大门，门高度不得低于 2 m。

② 大门应庄重美观，门扇应做成密闭不透式。主门口应立门柱，门头设置企业标志。

③ 大门处应设门卫室，实行人员出入登记和门卫人员交接班制度，禁止无关人员进入施工现场。

④ 施工现场人员均应佩戴证明其身份的证卡，管理人员和施工作业人员应戴（穿）分颜色区别的安全帽（工作服）。

（5）临建设施：

临建设施指施工期间临时搭建、租赁的各种房屋临时设施。

临时设施的种类主要有办公设施、生活设施、生产设施、辅助设施，包括道路、现场排水设施、围墙、大门、供水处、吸烟处。

① 临时设施的选址。

办公生活临时设施的选址首先应考虑与作业区相隔离，保持安全距离，其次位置的周边环境必须具有安全性，例如不得设置在高压线下，也不得设置在沟边、崖边、河流边、强风口处、高墙下以及滑坡、泥石流等灾害地质带上和山洪可能冲击到的区域。

安全距离是指，在施工坠落半径和高压线防电距离之外。建筑物高度 2～5 m，坠落半径为 2 m；高度 30 m，坠落半径为 5 m（如因条件限制，办公和生活区设置在坠落半径区域内，必须有防护措施）。1 kV 以下裸露输电线，安全距离为 4 m；330～550 kV，安全距离为 15 m（最外线的投影距离）。

② 临时设施的布置方式。

a. 生活性临时房屋布置在工地现场以外，生产性临时设施按照生产的需要在工地选择适当的位置，行政管理的办公室等应靠近工地或是工地现场出入口。

b. 生活性临时房屋设在工地现场以内时，一般布置在现场的四周或集中于一侧。

c. 生产性临时房屋，如混凝土搅拌站、钢筋加工厂、木材加工厂等，应全面分析比较确定位置。

③ 临时设施搭设的一般要求。

a. 施工现场的办公区、生活区和施工区须分开设置，并采取有效隔离防护措施，保持安全距离；办公区、生活区的选址应符合安全性要求。尚未竣工的建筑物内禁止用于办公或设置员工宿舍。

b. 施工现场临时用房应进行必要的结构计算，符合安全使用要求，所用材料应满足卫生、环保和消防要求。宜采用轻钢结构拼装活动板房，或使用砌体材料砌筑，搭建层数不得超过 2 层。严禁使用竹棚、油毡、石棉瓦等柔性材料搭建。

装配式活动房屋应具有产品合格证，应符合国家和本地的相关规定要求。

c. 临时用房应具备良好的防潮、防台风、通风、采光、保温、隔热等性能。室内净高不得低于 2.6 m，墙壁应批光抹平刷白，顶棚应抹灰刷白或吊顶，办公室、宿舍、食堂等窗地面积比不应小于 1：8，厕所、淋浴间窗地面积比不应小于 1：10。

d. 临建设施内应按《施工现场临时用电安全技术规范》JGJ46—2005 要求架设用电线路，配线必须采用绝缘导线或电缆，应根据配线类型采用瓷瓶、瓷（塑料）夹、嵌绝缘槽、穿管或钢索敷设。过墙处应穿管保护，非埋地明敷干线距地面高度不得小于 2.5 m，低于 2.5 m 的必须采取穿管保护措施。室内配线必须有漏电保护、短路保护和过载保护，用电应达到"三级配电两级保护"，未使用安全电压的灯具距地高度应不低于 2.4 m。

e. 生活区和施工区应设置饮水桶（或饮水器），供应符合卫生要求的饮用水，饮水器具应定期消毒。饮水桶（或饮水器）应加盖、上锁、有标志，并由专人负责管理。

2. 临时设施的搭设与使用管理

1）办公室

办公室应建立卫生值日制度，保持卫生整洁、明亮美观，文件、图纸、用品、图表摆放整齐。

2）职工宿舍

（1）不得在尚未竣工的建筑物内设置员工集体宿舍。

（2）宿舍应当选择在通风、干燥的位置，防止雨水、污水流入。

（3）宿舍在炎热季节应有防暑降温和防蚊虫叮咬措施，设有盖垃圾桶，不乱泼乱倒，保持卫生清洁。房屋周围道路平整，排水沟涵畅通。

（4）宿舍必须设置可开启式窗户，设置外开门。

（5）宿舍内应保证有必要的生活空间，室内净高不得小于 2.4 m，通道宽度不得小于 0.9 m，每间宿舍居住人员不应超过 16 人。

（6）宿舍内的单人铺不得超过 2 层，严禁使用通铺，床铺应高于地面 0.3 m，人均床铺面积不得小于 1.9 m×0.9 m，床铺间距不得小于 0.3 m。

（7）宿舍内应设置生活用品专柜，有条件的宿舍宜设置生活用品储藏室；宿舍内严禁存放施工材料、施工机具和其他杂物。

（8）宿舍周围应当搞好环境卫生，应设置垃圾桶、鞋柜或鞋架。生活区内应为作业人员提供晾晒衣物的场地，房屋外应道路平整，晚间有充足的照明。

（9）寒冷地区冬季宿舍应有保暖措施、防煤气中毒措施，火炉应当统一设置、管理，炎热季节应有消暑和防蚊虫叮咬措施。

（10）应当制定宿舍管理使用责任制，轮流负责卫生和使用管理或安排专人管理。

（11）宿舍区内严禁私拉乱接电线，严禁使用电炉、电饭锅、热得快等大功率设备和使用明火。

3）食 堂

（1）食堂应当选择在通风、干燥的位置，防止雨水、污水流入，应当保持环境卫生，远离厕所、垃圾站、有毒有害场所等污染源的地方，装修材料必须符合环保、消防要求。

（2）食堂应设置独立的制作间、储藏间。

（3）食堂应配备必要的排风设施和冷藏设施，安装纱门纱窗，室内不得有蚊蝇，门下方应设不低于 0.2 m 的防鼠挡板。

（4）食堂的燃气罐应单独设置存放间，存放间应通风良好并严禁存放其他物品。

（5）食堂制作间灶台及其周边应贴瓷砖，瓷砖的高度不宜小于 1.5m；地面应做硬化和防滑处理，按规定设置污水排放设施。

（6）食堂制作间的刀、盆、案板等炊具必须生熟分开。食品必须有遮盖，遮盖物品应有正反面标识，炊具宜存放在封闭的橱柜内。

（7）食堂内应有存放各种佐料和副食的密闭器皿，并应有标识，粮食存放台距墙和地面应大于 0.2 m。

（8）食堂外应设置密闭式潜水捅，并应及时清运，保持清洁。

（9）应当制定并在食堂张挂食堂卫生责任制，责任落实到人，加强管理。

4）厕 所

（1）厕所大小应根据施工现场作业人员的数量设置。

（2）高层建筑施工超过 8 层以后，每隔 4 层宜设置临时厕所。

（3）施工现场应设置水冲式或移动式厕所，厕所地面应硬化，门窗齐全。蹲坑间宜设置搁板，搁板高度不宜低于 0.9 m。

（4）厕所应设置三级化粪池，化粪池必须进行抗渗处理，污水通过化粪池后方可接入市政污水管线。

（5）施工现场应保持卫生，不准随地大小便。高层建筑施工超过 8 层以上的，每隔 4 层宜设置临时厕所。

（6）厕所卫生应有专人负责清扫、消毒，化粪池应及时清掏。

（7）厕所应设置洗手盆，厕所的进出口处应设有明显标志。

5）淋浴间

（1）施工现场应设置男女淋浴间与更衣间，淋浴间地面应做防滑处理，淋浴喷头数量应按不少于住宿人员数量的 5% 设置，排水、通风良好，寒冷季节应供应热水。更衣间应与淋浴间隔离，设置挂衣架、橱柜等。

（2）淋浴间照明器具应采用防水灯头、防水开关，并设置漏电保护装置。

（3）淋浴室应专人管理，经常清理，保持清洁。

6）料具管理

（1）施工现场外临时存放施工材料，必须经有关部门批准，并应按规定办理临时占地手续。

（2）建设工程现场施工材料（包括料具和构配件）必须严格按照平面图确定的场地码放，并设立标志牌。材料码放整齐，不得妨碍交通和影响市容，堆放散料时应进行围挡，围挡高度不得低于 0.5 m。

（3）施工现场各种料具应分规格码放整齐、稳固，做到一头齐、一条线。砖应成丁、成行，高度不得超过 1.5 m；砌块材码放高度不得超过 1.8 m；砂、石和其他散料应成堆，界限清楚，不得混杂。

（4）预制圆孔板、大楼板、外墙板等大型构件和大模板存放时，场地应平整夯实，有排水措施，并设 1.2 m 高的围栏进行防护。

（5）施工大模板需要搭插放架时，插放架的两个侧面必须做剪刀撑。清扫模板或刷隔离剂时，必须将模板支撑牢固，两模板之间有不少于 60 cm 的走道。

（6）施工现场的材料保管，应依据材料性能采取必要的防雨、防潮、防晒、防冻、防火、防爆、防损坏等措施。贵重物品、易燃、易爆和有毒物品应及时入库，专库专管，加设明显标志，并建立严格的领退料手续。

（7）施工中使用的易燃易爆材料，严禁在结构内部存放，并严格以当日的需求量发放。

（8）施工现场应有用料计划，按计划进料，使材料不积压，减少退料。同时做到钢材、木材等料具合理使用，长料不短用，优材不劣用。

（9）材料进、出现场应有查验制度和必要手续。现场用料应实行限额领料，领退料手续齐全。

（10）施工组织设计（方案）应有节约能源技术措施。施工现场应节约用水用电，消灭长流水和长明灯。

（11）施工现场剩余料具、包括容器应及时回收，堆放整齐并及时清退。水泥库内外散落灰必须及时清用，水泥袋认真打包、回收。

（12）砖、砂、石和其他散料应随用随清，不留料底。工人操作应做到活完料净脚下清。

（13）搅拌机四周、拌料处及施工现场内无废弃砂浆和混凝土。运输道路和操作面落地料及时清用。砂浆、混凝土倒运时，应用容器或铺垫板。浇筑混凝土时，应采取防撒落措施。

（14）施工现场应设垃圾站，及时集中分拣、回收、利用、清运。垃圾清运出现场必须到批准的消纳场地倾倒，严禁乱倒乱卸。

1.4.2　建筑施工现场消防安全管理规定

1.　施工现场的防火要求

（1）各单位在编制施工组织设计时，施工总平面图、施工方法和施工技术均要符合消防安全要求。

（2）施工现场应明确划分用火作业、易燃可燃材料堆场、仓库、易燃废品集中站和生活区等区域。

（3）施工现场夜间应有照明设备；保持消防车通道畅通无阻，并要安排力量加强值班巡逻。

（4）施工作业期间需搭设临时性建筑物，必须经施工企业技术负责人批准，施工结束应及时拆除。但不得在高压架空下面搭设临时性建筑物或堆放可燃物品。

（5）施工现场应配备足够的消防器材，指定专人维护、管理、定期更新，保证完整好用。

（6）在土建施工时，应先将消防器材和设施配备好，有条件的，应敷设好室外消防水管和消防栓。

（7）焊、割作业点与氧气瓶、电石桶和乙炔发生器等危险物品的距离不得少于 10 m，与易燃易爆物品的距离不得少于 30 m；如达不到上述要求的，应执行动火审批制度，并采取有效的安全隔离措施。

（8）乙炔发生器和氧气瓶的存放之间距离不得小于 2 m；使用时，二者的距离不得小于 5 m。

（9）氧气瓶、乙炔发生器等焊割设备上的安全附件应完整有效，否则不准使用。

（10）施工现场的焊、割作用，必须符合防火要求，严格执行"十不烧"规定。

（11）冬季施工采用保温加热措施时，应符合以下要求：

① 采用电热器加温，应设电压调整器控制电压；导线应绝缘良好，连接牢固，并在现场设置多处测量点。

② 采用锯末生石灰蓄热，应选择安全配方比，并经工程技术人员同意后方可使用。

③ 采用保温或加热措施前，应进行安全教育；施工过程中，应安排专人巡逻检查，发现隐患及时处理。

（12）施工现场的动火作业，必须执行审批制度。

① 一级动火作业由所在单位行政负责人填写动火申请表，编制安全技术措施方案，报公司保卫部门及消防部门审查批准后，方可动火。

② 二级动火作业由所在工地、车间的负责人填写动火申请表，编制安全技术措施方案，报本单位主管部门审查批准后，方可动火。

③ 三级动火作业由所在班组填写动火申请表，经工地、车间负责人及主管人员审查批准后，方可动火。

④ 古建筑和重要文物单位等场所动火作业，按一级动火手续上报审批。

2．施工现场平面布置的消防安全要求

1）防火间距要求

（1）禁火作业区距离生活区应不小于 15 m，距离其他区域应不小于 25 m。

（2）易燃、可燃材料的堆料场及仓库距离修建的建筑物和其他区域应不小于 20 m。

（3）易燃废品的集中场地距离修建的建筑物和其他区域应不小于 30 m。

（4）防火间距内，不应堆放易燃、可燃材料。

（5）临时设施最小防火间距，要符合《建筑设计防火规范》和国务院《关于工棚临时宿舍和卫生设施的暂行规定》。

2）现场道路及消防要求

（1）施工现场的道路，夜间要有足够的照明设备。

（2）施工现场必须建立消防车通道，其宽度应不小于 3.5 m，禁止占用场内通道堆放材料，在工程施工的任何阶段都必须通行无阻。施工现场的消防水源处，还要筑有消防车能驶入的道路，如果不可能修建通道时，应在水源（池）一边铺砌停车和回车空地。

（3）临时性建筑物、仓库以及正在修建的建（构）筑物的道路旁，都应该配置适当种类和一定数量的灭火器，并布置在明显和便于取用的地点。冬期施工还应对消防水池、消火栓和灭火器等做好防冻工作。

3）临时设施要求

（1）临时生活设施应尽可能搭建在距离正在修建的建筑物 20 m 以外的地区，禁止搭设在高压架空电线的下面，距离高压架空电线的水平距离不应小于 6 m。

（2）临时宿舍与厨房、锅炉房、变电所和汽车库之间的防火距离应不小于 15 m。

（3）临时宿舍等生活设施，距离铁路的中心线以及小量易燃品贮藏室的间距不小于 30 m。

（4）临时宿舍距离火灾危险性大的生产场所不得小于 30 m。

（5）为贮存大量的易燃物品、油料、炸药等所修建的临时仓库，与永久工程或临时宿舍之间的防火间距应根据所贮存的数量，按照有关规定来确定。

（6）在独立的场地上修建成批的临时宿舍时，应当分组布置，每组最多不超过 2 幢，组与组之间的防火距离，在城市市区不小于 20 m，在农村应不小于 10 m。作为临时宿舍的简易楼房的层高应当控制在 2 层以内，且每层应当设置 2 个安全通道。

（7）生产工棚包括仓库，无论有无用火作业或取暖设备，室内最低高度一般不应小于 2.8 m，其门的宽度要大于 1.2 m，并且要双扇向外。

4）消防用水要求

施工现场要设有足够的消防水源（给水管道或蓄水池），对有消防给水管道设计的工程，应在施工时，先敷设好室外消防给水管道与消火栓。

现场应设消防水管网，配备消防栓。进水干管直径不小于 100 mm。较大工程要分区设置消防栓；施工现场消防栓处日夜要设明显标志，配备足够水带，周围 3m 内，不准存放任何物品。消防泵房应用非燃材料建造，设在安全位置，消防泵专用配电线路，应引自施工现场总断路器的上端，要保证连续不间断供电。

3. 消防设施、器材的布置

1）消防器材的配备

（1）一般临时设施区域内，每 100 m² 配备 2 只 10 L 灭火器。

（2）大型临时设施总面积超过 1 200 m²，应备有专供消防用的积水桶（池）、黄砂池等器材、设施，上述设施周围不得堆放物品，并留有消防车道。

（3）临时木工间、油漆间，木、机具间等每 25 m² 配备 1 只种类合适的灭火器，油库、危险品仓库应配备足够数量、种类合适的灭火器。

（4）仓库或堆料场内，应根据灭火对象的特征，分组布置酸碱、泡沫、清水、二氧化碳等灭火器。每组灭火器不应少于 4 个，每组灭火器之间的距离不应大于 30 m。

（5）24 m 高度以上高层建筑施工现场，应设置具有足够扬程的高压水泵或其他防火设备和设施。

（6）施工现场的临时消火栓应分设于各明显且便于使用的地点，并保证消火栓的充实水柱能达到工程内任何部位。

（7）室外消火栓应沿消防车道或堆料场内交通道路的边缘设置，消火栓之间的距离不应大于 50 m。

（8）采用低压给水系统，管道内的压力在消防用水量达到最大时，不低于 0.1 MPa；采用高压给水系统，管道内的压力应保证两支水枪同时布置在堆场内最远和最高处的要求，水枪充实水柱不小于 13 m，每支水枪的流量不应小于 5 L/s。

2）灭火器的设置地点

灭火器不得设置在环境温度超出其使用温度范围的地点，其使用温度范围见表 1-2。

表 1-2　灭火器类型

灭火器类型	使用温度范围/°C	灭火器类型		使用温度范围/°C
清水灭火器	+4 ～ +55	干粉灭火器	贮气瓶式	−10 ～ +55
酸碱灭火器	+4 ～ +55		贮压式	−20 ～ +55
化学泡沫灭火器	+4 ～ +55	卤代烷式灭火器		−20 ～ +55
二氧化碳灭火器	−10 ～ +55			

3）消防器材的日常管理

（1）各种消防梯经常保持完整完好。

（2）水枪经常检查，保持开关灵活、畅通，附件齐全无锈蚀。

（3）水带冲水防骤然折弯，不被油脂球污染。用后清洗晒干，收藏时单层卷起，竖直放在架上。

（4）各种管接头上和阀盖应接装灵便，松紧适度，无渗漏，不得与酸碱等化学品混放，使用时不得撞压。

（5）消防栓按室内外（地上、地下）的不同要求定期进行检查和及时加注润滑液，消防栓上应经常清理。

（6）工地设有火灾控测和自动报警灭火系统时，应设专人管理，保持处于完好状态。

（7）消防水池与建筑物之间的距离，一般不得小于 10m，在水池的周围留有消防车道。在冬季或寒冷地区，消防水池应有可靠的防冻措施。

1.4.3　建筑工地集体食堂食品卫生管理规定

1.　建立健全的卫生管理组织和卫生档案管理制度

（1）施工单位负责人为工地食堂的卫生责任人，全面负责工地食堂的食品卫生工作。每个工地食堂还要设立专职或兼职的卫生管理人，负责工地食堂的日常食品卫生管理工作和卫生档案的管理工作。

（2）档案应每年进行一次整理。档案内容包括申请卫生许可的基础资料、卫生管理组织机构、各项制度、各种卫生检查记录、个人健康证明、卫生知识培训证明、食品原料和有关用品索证资料、餐具消毒自检记录、检验报告等。

2.　严格做好从业人员卫生管理工作

（1）从业人员上岗前必须到卫生行政部门确定的体检单位进行体检，取得健康证明才能上岗。发现痢疾、伤寒、病毒性肝炎等消化道传染病（包括病原携带者），活动性肺结核、化脓性或者渗出性皮肤病，以及其他有碍食品卫生的疾病患者应及时调离。从业人员每年体检 1 次。

（2）切实做好从业人员卫生知识培训工作。上岗前必须取得卫生知识培训合格证明才能上岗。从业人员卫生知识培训每 2 年复训 1 次。

（3）应严格执行食品生产经营从业人员卫生管理制度，建立本食堂的从业人员卫生管理制度，加强人员管理。

3. 落实卫生检查制度，勤检查，保卫生

（1）卫生管理人员每天进行卫生检查；各部门每周进行一次卫生检查；单位负责人每月组织一次卫生检查。各类检查应有检查记录，发现严重问题应有改进及奖惩记录。

（2）检查内容包括食品加工、储存、销售的各种防护设施、设备及运输食品的工具，冷藏、冷冻和食具用具洗消设施，损坏应维修并有记录，确保正常运转和使用。

4. 建立健全的食品采购、验收卫生制度，把好食品采购关

（1）采购的食品原料及成品必须色、香、味、形正常，不采购腐败变质、霉变及其他不符合卫生标准要求的食品。

（2）采购肉类食品必须索取卫生检验合格证明；采购定型包装食品，商标上应有品名、厂名、厂址、生产日期、保存期（保质期）等内容；采购酒类、罐头、饮料、乳制品、调味品等食品，应向供方索取本批次的检验合格证或检验单；采购进口食品必须有中文标识。

5. 建立健全的食品储存卫生制度，保证食品质量

（1）食品仓库实行专用，并设置能正常使用的防鼠、防蝇、防潮、防霉、通风设施。食品分类、分架、隔墙离地存放，各类食品有明显标志，有异味或易吸潮的食品应密封保存或分库存放，易腐食品要及时冷藏、冷冻保存。

（2）食品进出库应有专人登记，设立台账制度。做到食品勤进勤出，先进先出；要定期清仓检查，防止食品过期、变质、霉变、生虫，及时清理不符合卫生要求的食品。

（3）食品成品、半成品及食品原料应分开存放，食品不得与药品、杂品等物品混放。

（4）冰箱、冰柜和冷藏设备及控温设施必须正常运转。冷藏设备、设施不能有滴水，结霜厚度不能超过 1 cm。冷冻温度必须低于 − 18 ℃，冷藏温度必须保持在 0 ~ 10 ℃。

6. 做好粗加工卫生管理，把好食品筛选第一关

（1）工地食堂应设有专用初（粗）加工场地，清洗池做到荤、素分开，有明显标志。加工后食品原料要放入清洁容器内（肉禽、鱼类要用不透水容器），不落地，有保洁、保鲜设施。加工场所防尘、防蝇设施齐全并正常使用。

（2）初（粗）加工的择洗、解冻、切配、加工工艺流程必须合理，各工序必须严格按照操作规程和卫生要求进行操作，确保食品不受污染。

（3）加工后肉类必须无血、无毛、无污物、无异味；水产品无鳞、无内脏；蔬菜瓜果必须无泥沙、杂物、昆虫。蔬菜瓜果加工时必须浸泡半小时。

7. 做好加工制作过程卫生管理，确保出品卫生安全

（1）不选用、不切配、不烹调且不出售腐败、变质、有毒有害的食品。

（2）块状食品必须充分加热，烧熟煮透，防止外熟内生；食物中心温度必须高于 70℃。

（3）隔夜、隔餐及外购熟食回锅彻底加热后供应。炒、烧食品要勤翻动。

（4）刀、砧板、盆、抹布用后清洗消毒；不用勺品味；食品容器不落地存放。

（5）工作结束后，调料加盖，做好工具、容器、灶上灶下、地面墙面的清洁卫生工作。

8. 强化售饭间卫生管理，把好出品关，使用食品包装材料符合卫生要求

（1）售饭间必须做到房间专用、售饭专人、工具容器专用、冷藏设施专用、洗手设施专用。

（2）售饭间内配置装有非手接触式水龙头、脚踏式污物容器、紫外线杀菌灯、通风排气空调系统等设施，室内做到无蝇，保持室内温度 25 ℃以下。

（3）售饭间内班前紫外线灯照射 30 min，进行空气消毒；工具、贴板、容器、抹布、衡器每次使用前进行清洁消毒；贴板做到面、底、边三面保持光洁。

（4）工作人员穿戴整洁工作衣帽、口罩，保持个人卫生，操作前洗手消毒。

（5）过夜隔夜食品回锅加热销售，不出售变质食品，当餐（天）未售完熟食品在 0～10 ℃冷藏保存或 60 ℃以上加热保存。

（6）非直接入口的食品和需重新加工的食品及其他物品，不得在售饭间存放。

9. 餐具用具必须清洗消毒，防止交叉污染

（1）洗碗消毒必须有专间、专人负责，食（饮）具有足够数量周转。

（2）食（饮）具清洗必须做到一刮、二洗、三冲、四消毒、五保洁。

① 一刮：将剩余在食（饮）具上的残留食品倒入垃圾桶内并刮干净。

② 二洗：将刮干净的食（饮）具用加洗涤剂的水或 2%的热碱水洗干净。

③ 三冲：将经清洗的食（饮）具用流动水冲去残留在食（饮）具上的洗涤剂或碱液。

④ 四消毒：将洗净的食（饮）具按要求进行消毒。

⑤ 五保洁：将消毒后的食（饮）具放入清洁、有门的食（饮）具保洁柜存放。

（3）加工用工具、容器、设备必须经常清洗，保持清洁，直接接触食品的加工用具、容器必须消毒。

（4）餐具常用的消毒方式：

① 煮沸、蒸气消毒，保持 100 ℃作用 10 min。

② 远红外线消毒一般控制温度 120 ℃，作用 15～20 min。

③ 洗碗机消毒一般水温控制 85 ℃，冲洗消毒 40 s 以上。

④ 消毒剂如含氯制剂，一般使用含有效氯 250 mg/L 的浓度，食具全部浸泡入液体中，作用 5 min 以上。洗消剂必须符合卫生要求，有批准文号、保质期。

（5）消毒后餐具感官指标必须符合卫生要求。物理消毒（包括蒸气等热消毒）：食具必须表面光洁、无油渍、无水渍、无异味；化学（药物）消毒：食具表面必须无泡沫、无洗消剂的味道，无不溶性附着物。

（6）保洁柜必须专用、清洁、密闭，有明显标记，每天使用前清洗消毒。保洁柜内无杂物，无蟑螂、老鼠活动的痕迹。已消毒与未消毒的餐具不能混放。

10. 注意保持室内外环境卫生清洁，建立环境卫生管理制度

（1）厨房内外环境整洁，上、下水通畅。废弃物盛放容器必须密闭，外观清洁；设置能盛装一个餐次垃圾的密闭容器，并做到班产班清。

（2）废弃油脂应由专业的公司回收，并应与该公司签订写有"废弃油脂不能用于食品加

工"的合同。

（3）加强除四害卫生工作，发现老鼠、蟑螂及其他害虫应即时杀灭。发现鼠洞、蟑螂滋生穴应即时投药、清理，并用硬质材料进行封堵。

（4）操作间及库房门应设立高 50 cm、表面光滑、门框及底部严密的防鼠板。

1.4.4　建筑工程安全防护、文明施工措施费用的规定

为加强建筑工程安全生产、文明施工管理，保障施工从业人员的作业条件和生活环境，防止施工安全事故发生，根据《中华人民共和国安全生产法》《中华人民共和国建筑法》《建设工程安全生产管理条例》《安全生产许可证条例》等法律法规，制定建筑工程安全防护、文明施工措施费用及使用管理规定。适用于各类新建、扩建、改建的房屋建筑工程（包括与其配套的线路管道和设备安装工程、装饰工程）、市政基础设施工程和拆除工程。

1. 安全防护、文明施工措施费用的定义组成

（1）安全防护、文明施工措施费用，是指按照国家现行的建筑施工安全、施工现场环境与卫生标准和有关规定，购置和更新施工安全防护用具及设施、改善安全生产条件和作业环境所需要的费用。建设单位对建筑工程安全防护、文明施工措施有其他要求的，所发生费用一并计入安全防护、文明施工措施费。

（2）建筑工程安全防护、文明施工措施费用是由《建筑安装工程费用项目组成》（建标〔2003〕206 号）中措施费所含的文明施工费、环境保护费、临时设施费、安全施工费组成。其中安全施工费由临边、洞口、交叉、高处作业安全防护费，危险性较大工程安全措施费及其他费用组成。危险性较大工程安全措施费及其他费用项目组成由各地建设行政主管部门结合本地区实际自行确定。建设单位、设计单位在编制工程概（预）算时，应当依据工程所在地工程造价管理机构测定的相应费率，合理确定工程安全防护、文明施工措施费。

2. 安全防护、文明施工措施费用的使用管理规定

（1）依法进行工程招投标的项目，招标方或具有资质的中介机构编制招标文件时，应当按照有关规定并结合工程实际单独列出安全防护、文明施工措施项目清单。

（2）投标方应当根据现行标准规范，结合工程特点、工期进度和作业环境要求，在施工组织设计文件中制定相应的安全防护、文明施工措施，并按照招标文件要求结合自身的施工技术水平、管理水平对工程安全防护、文明施工措施项目单独报价。投标方安全防护、文明施工措施的报价，不得低于依据工程所在地工程造价管理机构测定费率计算所需费用总额的 90%。

（3）建设单位与施工单位应当在施工合同中明确安全防护、文明施工措施项目总费用，以及费用预付、支付计划，使用要求、调整方式等条款。

建设单位与施工单位在施工合同中对安全防护、文明施工措施费用预付、支付计划未作约定或约定不明的，合同工期在 1 年以内的，建设单位预付安全防护、文明施工措施项目费用不得低于该费用总额的 50%；合同工期在 1 年以上的（含 1 年），预付安全防护、文明施工措施费用不得低于该费用总额的 30%，其余费用应当按照施工进度支付。

实行工程总承包的，总承包单位依法将建筑工程分包给其他单位的，总承包单位与分包单位应当在分包合同中明确安全防护、文明施工措施费用由总承包单位统一管理。安全防护、文明施工措施由分包单位实施的，由分包单位提出专项安全防护措施及施工方案，经总承包单位批准后及时支付所需费用。

（4）建设单位申请领取建筑工程施工许可证时，应当将施工合同中约定的安全防护、文明施工措施费用支付计划作为保证工程安全的具体措施提交建设行政主管部门。未提交的，建设行政主管部门不予核发施工许可证。建设单位应当按照本规定及合同约定及时向施工单位支付安全防护、文明施工措施费，并督促施工企业落实安全防护、文明施工措施。

（5）工程监理单位应当对施工单位落实安全防护、文明施工措施情况进行现场监理。对施工单位已经落实的安全防护、文明施工措施，总监理工程师或者造价工程师应当及时审查并签认所发生的费用。监理单位发现施工单位未落实施工组织设计及专项施工方案中安全防护和文明施工措施的，有权责令其立即整改；对施工单位拒不整改或未按期限要求完成整改的，工程监理单位应当及时向建设单位和建设行政主管部门报告，必要时责令其暂停施工。

（6）施工单位应当确保安全防护、文明施工措施费专款专用，在财务管理中单独列出安全防护、文明施工措施项目费用清单备查。施工单位安全生产管理机构和专职安全生产管理人员负责对建筑工程安全防护、文明施工措施的组织实施进行现场监督检查，并有权向建设主管部门反映情况。

（7）工程总承包单位对建筑工程安全防护、文明施工措施费用的使用负总责。总承包单位应当按照本规定及合同约定及时向分包单位支付安全防护、文明施工措施费用。总承包单位不按本规定和合同约定支付费用，造成分包单位不能及时落实安全防护措施导致发生事故的，由总承包单位负主要责任。

（8）建设行政主管部门应当按照现行标准规范对施工现场安全防护、文明施工措施落实情况进行监督检查，并对建设单位支付及施工单位使用安全防护、文明施工措施费用情况进行监督。

（9）建设单位未按本规定支付安全防护、文明施工措施费用的，由县级以上建设行政主管部门依据《建设工程安全生产管理条例》第五十四条规定，责令限期整改；逾期未改正的，责令该建设工程停止施工。

（10）施工单位挪用安全防护、文明施工措施费用的，由县级以上建设主管部门依据《建设工程安全生产管理条例》第六十三条规定，责令限期整改，处挪用费用20%以上50%以下的罚款；造成损失的，依法承担赔偿责任。

（11）建设行政主管部门的工作人员有下列行为之一的，由其所在单位或者上级主管机关给予行政处分；构成犯罪的，依照刑法有关规定追究刑事责任：

① 对没有提交安全防护、文明施工措施费用支付计划的工程颁发施工许可证的；

② 发现违法行为不予查处的；

③ 不依法履行监督管理职责的其他行为。

3. 建设工程安全防护、文明施工措施项目清单项目及要求

建设工程安全防护、文明施工措施项目清单见表 1-3。

表 1-3 建设工程安全防护、文明施工措施项目清单表

类别	项目名称		具体要求
文明施工与环境保护	安全警示标志牌		在易发伤亡事故（或危险）处设置明显的、符合国家标准要求的安全警示标志牌
	现场围挡		（1）现场采用封闭围挡，高度不小于 1.8 m； （2）围挡材料可采用彩色、定型钢板，砖、混凝土砌块等墙体
	五板一图		在进门处悬挂工程概况、管理人员名单及监督电话、安全生产、文明施工、消防保卫五板；施工现场总平面图
	企业标志		现场出入的大门应设本企业标识或企业标志
	场容场貌		（1）道路畅通；（2）排水沟、排水设施通畅； （3）工地地面硬化处理；（4）绿化
	材料堆放		（1）材料、构件、料具等堆放时，悬挂有名称、品种、规格等标牌； （2）水泥和其他易飞扬细颗粒建筑材料应密闭存放或采取覆盖等措施； （3）易燃、易爆和有毒有害物品分类存放
	现场防火		消防器材配置合理，符合消防要求
	垃圾清运		施工现场应设置密闭式垃圾站，施工垃圾、生活垃圾应分类存放。施工垃圾必须采用相应容器或管道运输
临时设施	施工现场临时用电	现场办公	（1）施工现场办公、生活区与作业区分开设置，保持安全距离； （2）工地办公室
		生活设施	现场宿舍、食堂、厕所、饮水、休息场所符合卫生和安全要求
		配电线路	（1）按照 TN-S 系统要求配备五芯电缆、四芯电缆和三芯电缆； （2）按要求架设临时用电线路的电杆、横担、瓷夹、瓷瓶等，或电缆埋地的地沟； （3）对靠近施工现场的外电线路，设置木质、塑料等绝缘体的防护设施
		配电箱开关箱	（1）按三级配电要求，配备总配电箱、分配电箱、开关箱三类标准电箱。开关箱应符合一机、一箱、一闸、一漏。三类电箱中的各类电器应是合格品。 （2）按两级保护的要求，选取符合容量要求和质量合格的总配电箱和开关箱中的漏电保护器
		接地保护装置	施工现场保护零线的重复接地应不少于 3 处
安全施工	临边洞口交叉高处作业防护	楼板、屋面、阳台等临边防护	用密目式安全立网全封闭，作业层另加两边防护栏杆和 18 cm 高的踢脚板
		通道口防护	设防护棚，防护棚应为不小于 5 cm 厚的木板或两道相距 50 cm 的竹笆。两侧应沿栏杆架用密目式安全网封闭
		预留洞口防护	用木板全封闭；短边超过 1.5 m 长的洞口，除封闭外四周还应设有防护栏杆
		电梯井口防护	设置定型化、工具化、标准化的防护门；在电梯井内每隔两层（不大于 10 m）设置一道安全平网
		楼梯边防护	设 1.2 m 高的定型化、工具化、标准化的防护栏杆，18 cm 高的踢脚板
		垂直方向交叉作业防护	设置防护隔离棚或其他设施
		高空作业防护	有悬挂安全带的索或其他设施；有操作平台；有上下的梯子或其他形式的通道
其他（由各地自定）			

注：本表所列建筑工程安全防护、文明施工措施项目，是依据现行法律法规及标准规范确定。如修订法律法规和标准规范，本表所列项目应按照修订后的法律法规和标准规范进行调整。

1.4.5　建筑施工人员个人劳动保护用品使用管理规定

为加强对建筑施工人员个人劳动保护用品的使用管理，保障施工作业人员安全与健康，根据《中华人民共和国建筑法》《建设工程安全生产管理条例》《安全生产许可证条例》等法律法规，制定建筑施工人员个人劳动保护用品使用管理暂行规定。

1. 个人劳动保护用品的的定义

个人劳动保护用品，是指在建筑施工现场，从事建筑施工活动的人员使用的安全帽、安全带以及安全（绝缘）鞋、防护眼镜、防护手套、防尘（毒）口罩等个人劳动保护用品（以下简称"劳动保护用品"）。凡从事建筑施工活动的企业和个人，劳动保护用品的采购、发放、使用、管理等必须遵守规定。

2. 个人劳动保护用品的采购验收规定

（1）劳动保护用品的发放和管理，坚持"谁用工，谁负责"的原则。施工作业人员所在企业（包括总承包企业、专业承包企业、劳务企业等，下同）必须按国家规定免费发放劳动保护用品，更换已损坏或已到使用期限的劳动保护用品，不得收取或变相收取任何费用。劳动保护用品必须以实物形式发放，不得以货币或其他物品替代。

（2）企业应建立完善劳动保护用品的采购、验收、保管、发放、使用、更换、报废等规章制度。同时应建立相应的管理台账，管理台账保存期限不得少于 2 年，以保证劳动保护用品的质量具有可追溯性。

（3）企业采购、个人使用的安全帽、安全带及其他劳动防护用品等，必须符合《安全帽》（GB2811）、《安全带》（GB6095）及其他劳动保护用品相关国家标准的要求。企业、施工作业人员，不得采购和使用无安全标记或不符合国家相关标准要求的劳动保护用品。企业应当按照劳动保护用品采购管理制度的要求，明确企业内部有关部门、人员的采购管理职责。

企业在一个地区组织施工的，可以集中统一采购；对企业工程项目分布在多个地区，集中统一采购有困难的，可由各地区或项目部集中采购。

（4）企业采购劳动保护用品时，应查验劳动保护用品生产厂家或供货商的生产、经营资格，验明商品合格证明和商品标识，以确保采购劳动保护用品的质量符合安全使用要求。企业应当向劳动保护用品生产厂家或供货商索要法定检验机构出具的检验报告或由供货商签字盖章的检验报告复印件，不能提供检验报告或检验报告复印件的劳动保护用品不得采购。

3. 个人劳动保护用品发放使用规定

（1）企业应加强对施工作业人员的教育培训，保证施工作业人员能正确使用劳动保护用品。工程项目部应有教育培训的记录，有培训人员和被培训人员的签名和时间。

（2）企业应加强对施工作业人员劳动保护用品使用情况的检查，并对施工作业人员劳动保护用品的质量和正确使用负责。实行施工总承包的工程项目，施工总承包企业应加强对施工现场内所有施工作业人员劳动保护用品的监督检查。督促相关分包企业和人员正确使用劳动保护用品。

（3）施工作业人员有接受安全教育培训的权利，有按照工作岗位规定使用合格的劳动保护用品的权利；有拒绝违章指挥、拒绝使用不合格劳动保护用品的权利。同时，也负有正确使用劳动保护用品的义务。

4. 个人劳动保护用品监督管理规定

（1）监理单位要加强对施工现场劳动保护用品的监督检查。发现有不使用或使用不符合要求的劳动保护用品，应责令相关企业立即改正。对拒不改正的，应当向建设行政主管部门报告。

（2）建设单位应当及时、足额向施工企业支付安全措施专项经费，并督促施工企业落实安全防护措施，使用符合相关国家产品质量要求的劳动保护用品。

（3）各级建设行政主管部门应当加强对施工现场劳动保护用品使用情况的监督管理。发现有不使用或使用不符合要求的劳动保护用品的违法违规行为的，应当责令改正；对因不使用或使用不符合要求的劳动保护用品造成事故或伤害的，应当依据《建设工程安全生产管理条例》和《安全生产许可证条例》等法律法规，对有关责任方给予行政处罚。

（4）各级建设行政主管部门应将企业劳动保护用品的发放、管理情况列入建筑施工企业《安全生产许可证》条件的审查内容之一；施工现场劳动保护用品的质量情况作为认定企业是否降低安全生产条件的内容之一；施工作业人员是否正确使用劳动保护用品情况作为考核企业安全生产教育培训是否到位的依据之一。

（5）各地建设行政主管部门可建立合格劳动保护用品的信息公告制度，为企业购买合格的劳动保护用品提供信息服务。同时依法加大对采购、使用不合格劳动保护用品的处罚力度。

1.5 施工安全生产事故应急预案和事故报告的管理规定

1.5.1 施工生产安全事故应急救援预案的基本要求

《建设工程安全生产管理条例》规定，施工单位应当制定本单位生产安全事故应急救援预案，建立应急救援组织或者配备应急救援人员，配备必要的应急救援器材、设备，并定期组织演练。

（1）施工生产安全事故应急救援预案的主要作用：
① 事故预防；
② 应急处理；
③ 抢险救援。
（2）施工生产安全事故应急救援预案的类型：
① 施工单位的生产安全事故应急救援预案；
② 施工现场的生产安全事故应急救援预案。
（3）应急救援组织和应急救援器材设备施工单位应当建立应急救援组织或者配备应急救援人员，配备必要的应急救援器材、设备，进行经常性的维护、保养，保证正常运转，并定期组织演练。
（4）总分包单位的职责分工实行施工总承包的，由总承包单位统一编制建设工程生产安全事故应急救援预案，工程总承包单位和分包单位按照应急救援预案，各自建立应急救援组织或者配备应急救援人员，配备救援器材、设备，并定期组织演练。

《安全生产法》还规定，生产经营单位的主要负责人具有组织制定并实施本单位的生产安全事故应急救援预案的职责。

1.5.2 生产安全事故应急救援预案的编制评审

《突发事件应对法》规定，应急预案应对根据本法和其他有关法律、法规的规定，针对突发事件的性质、特点和可能造成的社会危害，具体规定突发事件应急管理工作的组织指挥体系与职责和突发事件的预防与预警机制、处置程序、应急保障措施以及事后恢复与重建措施等内容。

（1）应急预案的编制生产经营单位的应急预案按照针对情况的不同，分为综合应急预案、专项应急预案和现场处置方案。

综合应急预案，应当包括本单位的应急组织机构及其职责、预案体系及响应程序、事故预防及应急保障、应急培训及预案演练等主要内容。

专项应急预案，应当包括危险性分析、可能发生的事故特征、应急组织机构与职责、预防措施、应急处置程序和应急保障等内容。

现场处置方案，应当包括危险性分析、可能发生的事故特征、应急处置程序、应急处置要点和注意事项等内容。

应急预案的编制应当符合下列基本要求：

① 符合有关法律、法规、规章和标准的规定；

② 结合本地区、本部门、本单位的安全生产实际情况；

③ 结合本地区、本部门、本单位的危险性分析情况；

④ 应急组织和人员的职责分工明确，并有具体的落实措施；

⑤ 有明确、具体的事故预防措施和应急程序，并与其应急能力相适应；

⑥ 有明确的应急保障措施，并能满足本单位的应急工作要求；

⑦ 预案基本要素齐全、完整，预案附件提供的信息准确；

⑧ 预案内容与相关应急预案相互衔接。应急预案应当包括应急组织机构和人员的联系方式、应急物资储备清单等附件信息。

（2）应急预案的评审《生产安全事故应急救援预案管理办法》规定，建筑施工单位应当组织专家对本单位编制的应急预案进行评审。评审应当形成书面纪要并附有专家名单。

应急预案的评审应当注重应急预案的实用性、基本要素的完整性、预防措施的针对性、组织体系的科学性、响应程序的操作性、应急保障措施的可行性、应急预案的衔接性等内容。施工单位的应急预案经评审后，由施工单位主要负责人签署公布。

（3）应急预案的备案中央管理的总公司（总厂、集团公司、上市公司）的综合应急预案和专项应急预案，报国务院国有资产监督管理部门、国务院安全生产监督管理部门和国务院有关主管部门备案；其所属单位的应急预案分别抄送所在地的省、自治区、直辖市或者设区的市人民政府安全生产监督管理部门和有关主管部门备案。

其他生产经营单位中涉及实行安全生产许可的，其综合应急预案和专项应急预案，按照隶属关系报所在地县级以上地方人民政府安全生产监督管理部门和有关主管部门备案。生产经营单位申请应急预案备案，应当提交以下材料：

① 应急预案备案申请表；

② 应急预案评审或者论证意见；

③ 应急预案文本及电子文档。对于实行安全生产许可的生产经营单位，已经进行应急预案备案登记的，在申请安全生产许可证时，可以不提供相应的应急预案，仅提供应急预案备案登记表。

（4）应急预案的培训生产经营单位应当采取多种形式开展应急预案的宣传教育，普及生产安全事故预防、避险、自救和互救知识，提高从业人员安全意识和应急处置技能。

生产经营单位应当组织开展本单位的应急预案培训活动，使有关人员了解应急预案内容，熟悉应急职责、应急程序和岗位应急处置方案。应急预案的要点和程序应当张贴在应急地点和应急指挥场所，并设有明显的标志。

（5）应急预案的演练生产经营单位应当制定本单位的应急预案演练计划，根据本单位的事故预防重点，每年至少组织一次综合应急预案演练或者专项应急预案演练，每半年至少组织一次现场处置方案演练。

应急预案演练结束后，应急预案演练组织单位应当对应急预案演练效果进行评估，撰写应急预案演练评估报告，分析存在的问题，并对应急预案提出修订意见。

（6）应急预案的修订生产经营单位制定的应急预案应当至少每3年修订一次，预案修订情况应有记录并归档。有下列情形之一的，应急预案应当及时修订：

① 生产经营单位因兼并、重组、转制等导致隶属关系、经营方式、法定代表人发生变化的；

② 生产经营单位生产工艺和技术发生变化的；

③ 周围环境发生变化，形成新的重大危险源的；

④ 应急组织指挥体系或者职责已经调整的；

⑤ 依据的法律、法规、规章和标准发生变化的；

⑥ 应急预案演练评估报告要求修订的；

⑦ 应急预案管理部门要求修订的。

生产经营单位应当及时向有关部门或者单位报告应急预案的修订情况，并按照有关应急预案报备程序重新备案。

生产经营单位应当按照应急预案的要求配备相应的应急物资及装备，建立使用状况档案，定期检测和维护，使其处于良好状态。

1.5.3　重大隐患排查治理挂牌督办的规定

为严肃查处重大生产安全事故（以下简称重大事故），保障人民群众生命和财产安全，依据《国务院关于进一步加强企业安全生产工作的通知》的规定，制定重大事故查处挂牌督办办法。

国务院安委会对重大事故调查处理实行挂牌督办，国务院安委会办公室具体承担挂牌督办事项。各省级人民政府负责落实挂牌督办事项，省级人民政府安委会办公室具体承担本行政区域内重大事故挂牌督办事项的综合工作。

（1）国务院安委会对重大事故查处挂牌督办，按照以下程序办理：

① 国务院安委会办公室提出挂牌督办建议，报国务院安委会领导同志审定同意后，以国务院安委会名义向省级人民政府下达挂牌督办通知书；

② 在中央主流媒体和中央政府网站、中国安全生产报、安全监管总局政府网站上公布挂牌督办信息。

（2）挂牌督办通知书包括下列内容：

① 事故名称；

② 督办事项；

③ 办理期限；

④ 督办解除方式、程序。

（3）省级人民政府接到挂牌督办通知后，应当依据有关规定，组织和督促有关职能部门按照督办通知要求办理下列事项：

① 做好事故善后工作；

② 查清事故原因，认定事故性质；

③ 分清事故责任，提出对责任人的处理意见；

④ 依法实施经济处罚；

⑤ 形成事故调查报告；

⑥ 监督落实事故防范和整改措施。

（4）省级人民政府应当自接到挂牌督办通知之日起 60 日内完成督办事项。

在重大事故查处督办期间，省级人民政府安委会办公室应当加强与国务院安委会办公室的沟通，及时汇报有关情况。国务院安委会办公室负责对督办事项的指导、协调和督促。

（5）重大事故调查报告形成初稿后，省级人民政府安委会应当及时向国务院安委会办公室做出书面报告，经审核同意后，由省级人民政府做出批复决定。

（6）重大事故查处结案后，省级人民政府安委会和国务院安委会办公室应将重大事故挂牌督办情况和事故查处结案情况，在中央主流媒体和中央政府网站、中国安全生产报、安全监管总局政府网站上予以公告，接受社会监督。

（7）承担挂牌督办事项的省级人民政府有关职能部门对督办事项无故拖延、敷衍塞责，或者在解除挂牌督办过程中弄虚作假的，依法追究相关人员责任。

1.5.4 施工生产安全事故报告和应采取措施的规定

1. 事故报告的基本程序

（1）《建设工程安全生产管理条例》规定，施工单位发生生产安全事故，应当按照国家有关伤亡事故报告和调查处理的规定，及时、如实地向负责安全生产监督管理的部门、建设行政主管部门或者其他有关部门报告；特种设备发生事故的，还应当同时向特种设备安全监督管理部门报告。

（2）安全生产监督管理部门和负有安全生产监督管理职责的有关部门接到事故报告后，

应当依照下列规定上报事故情况，并通知公安机关、劳动保障行政部门、工会和人民检察院：

① 特别重大事故、重大事故逐级上报至国务院安全生产监督管理部门和负有安全生产监督管理职责的有关部门；

② 较大事故逐级上报至省、自治区、直辖市人民政府安全生产监督管理部门和负有安全生产监督管理职责的有关部门；

③ 一般事故上报至设区的市级人民政府安全生产监督管理部门和负有安全生产监督管理职责的有关部门。

（3）安全生产监督管理部门和负有安全生产监督管理职责的有关部门依照前款规定上报事故情况，应当同时报告本级人民政府。国务院安全生产监督管理部门和负有安全生产监督管理职责的有关部门以及省级人民政府接到发生特别重大事故、重大事故的报告后，应当立即报告国务院。必要时，安全生产监督管理部门和负有安全生产监督管理职责的有关部门可以越级上报事故情况。

（4）实行施工总承包的建设工程，由总承包单位负责上报事故。

2. **事故报告的时间要求**

《生产安全事故报告和调查处理条例》规定，事故发生后，事故现场有关人员应当立即向本单位负责人报告；单位负责人接到报告后，应当于 1 小时内向事故发生地县级以上人民政府安全生产监督管理部门和负有安全生产监督管理职责的有关部门报告。情况紧急时，事故现场有关人员可以直接向事故发生地县级以上人民政府安全生产监督管理部门和负有安全生产监督管理职责的有关部门报告。

安全生产监督管理部门和负有安全生产监督管理职责的有关部门逐级上报事故情况，每级上报的时间不得超过 2 小时。

3. **事故报告的内容和要求**

（1）事故发生单位概况。

事故发生单位概况，应当包括单位的全称、所处地理位置、所有制形式和隶属关系、生产经营范围和规模、持有各类证照情况、单位负责人基本情况以及近期生产经营状况等。该部分内容应以全面、简洁为原则。

（2）事故发生的时间、地点以及事故现场情况。

报告事故发生的时间应当具体。报告事故发生的地点要准确，除事故发生的中心地点外，还应当报告事故所波及的区域。报告事故现场的情况应当全面。不仅应当报告现场的总体情况，还应当报告现场的人员伤亡情况、设备设施的毁损情况；不仅应当报告事故发生后的现场情况，还应当尽量报告事故发生前的现场情况，便于前后比较，分析事故原因。

（3）事故的简要经过。

（4）事故已经造成或者可能造成的伤亡人数（包括下落不明的人数）和初步估计的直接经济损失。

对于人员伤亡情况的报告，应当遵守实事求是的原则，不作无根据的猜测，更不能隐瞒实际伤亡人数。对直接经济损失的初步估算，主要指事故所导致的建筑物毁损、生产设备设施和仪器仪表损坏等。人员伤亡情况和经济损失情况直接影响事故等级的划分，并决定事故的调查处理等后续重大问题，因此报告时应当谨慎细致，力求准确。

（5）已经采取的措施。

已经采取的措施，主要是指事故现场有关人员、事故单位负责人以及已经接到事故报告的安全生产管理部门等，为减少损失、防止事故扩大和便于事故调查所采取的应急救援和现场保护等具体措施。

（6）其他应当报告的情况。

对于其他应当报告的情况，则应根据实际情况而定。如较大以上事故，还应当报告事故所造成的社会影响、政府有关领导和部门现场指挥等有关情况。

4. 事故补报的要求

事故报告后出现新情况的，应当及时补报。自事故发生之日起 30 日内，事故造成的伤亡人数发生变化的，应当及时补报。道路交通事故、火灾事故自发生之日起 7 日内，事故造成的伤亡人数发生变化的，应当及时补报。

5. 事故报告时应采取的措施

（1）事故发生单位负责人接到事故报告后，应当立即启动事故相应应急预案，或者采取有效措施，组织抢救，防止事故扩大，减少人员伤亡和财产损失。

（2）事故发生地有关地方人民政府、安全生产监督管理部门和负有安全生产监督管理职责的有关部门接到事故报告后，其负责人应当立即赶赴事故现场，组织事故救援。

（3）事故发生后，有关单位和人员应当妥善保护事故现场以及相关证据，任何单位和个人不得破坏事故现场、毁灭相关证据。因抢救人员、防止事故扩大以及疏通交通等，需要移动事故现场物件的，应当做出标志，绘制现场简图并做出书面记录，妥善保存现场重要痕迹、物证。

（4）事故发生地公安机关根据事故的情况，对涉嫌犯罪的，应当依法立案侦查，采取强制措施和侦查措施。犯罪嫌疑人逃匿的，公安机关应当迅速追捕归案。

（5）安全生产监督管理部门和负有安全生产监督管理职责的有关部门应当建立值班制度，并向社会公布值班电话，受理事故报告和举报。

2 建筑施工安全技术相关标准规范知识

2.1 施工安全技术标准知识

2.1.1 施工安全生产法律、行政法规、相关标准

1. 建筑法律

建筑法律一般是全国人大及其常务委员会制定，经国家主席签署主席令予以公布，由国家政权保证执行的规范性文件。

（1）《中华人民共和国建筑法》。

《中华人民共和国建筑法》是我国第一部规范建筑活动的部门法律，它的颁布施行强化了建筑工程质量和安全的法律保障。总计八十五条，通篇贯穿了质量与安全问题，具有很强的针对性。对影响建筑工程质量和安全的各方面因素作了较为全面的规范。

（2）《中华人民共和国安全生产法》。

《中华人民共和国安全生产法》是安全生产领域的综合性基本法，它是我国第一部全面规范安全生产的专门法律。确立了其基本法律制度，如：政府的监管制度、行政责任追究制度、从业人员的权利义务制度、安全救援制度、事故处理制度、隐患处置制度、关键岗位培训制度、生产经营单位安全保障制度、安全中介服务制度等。

（3）其他相关建设工程安全生产的法律。

《中华人民共和国劳动合同法》《中华人民共和国刑法》《中华人民共和国消防法》《中华人民共和国环境保护法》《中华人民共和国大气污染防治法》《中华人民共和国固体废物污染环境防治法》《中华人民共和国环境噪声污染防治法》等。

2. 建筑行政法规

建筑行政法规是对法律的进一步细化，是国务院根据有关法律中的授权条款和管理全国建筑行政工作的需要制定的，是法律体系的第二层次，以国务院令形式公布。

（1）《建设工程安全生产管理条例》。

该条例确立了建设工程安全生产的基本管理制度，其中包括明确了政府部门的安全生产监管制度和《建筑法》对施工企业的五项安全生产管理制度的规定；规定了建设活动各方主体的安全责任及相应的法律责任，其中包括明确规定了建设活动各方主体应承担的安全生产责任；明确了建设工程安全生产监督管理体制；明确了建立生产安全事故的应急救援预案制度；规定了建设单位、勘察、设计、工程监理、其他有关单位的安全责任和施工单位的安全责任，以及政府部门对建设工程安全生产实施监督管理的责任等。

（2）《安全生产许可证条例》。

该条例规定：国家对矿山企业、建筑施工企业和危险化学品、烟花爆竹、民用爆破器材生产企业（以下统称企业）实行安全生产许可制度；企业取得安全生产许可证应当具备的安全生产条件；企业进行生产前，应当依照条例的规定向安全生产许可证颁发管理机关申请领取安全生产许可证，并提供规定的相关文件、资料。

（3）《生产安全事故报告和调查处理条例》。

该条例规定了生产安全事故的报告和调查处理，落实生产安全事故责任追究制度，防止和减少生产安全事故，生产经营活动中发生的造成人身伤亡或者直接经济损失的生产安全事故的报告和调查处理，同时对事故报告、事故调查、事故处理和事故责任做了明确的规定。

（4）《特种设备安全监察条例》。

该条例规定了特种设备的生产（含设计、制造、安装、改造、维修，下同）、使用、检验检测及其监督检查，房屋建筑工地和市政工程工地用起重机械的安装、使用的监督管理，由建设行政主管部门依照有关法律、法规的规定执行。

3. 工程建设标准

工程建设标准，是做好安全生产工作的重要技术依据，对规范建设工程各方责任主体的行为、保障安全生产具有重要意义。根据标准化法的规定，标准包括国家标准、行业标准、地方标准和企业标准。

国家标准是指由国务院标准化行政主管部门，或者其他有关主管部门，对需要在全国范围内统一的技术要求制定的技术规范。

行业标准是指国务院有关主管部门对没有国家标准而又需要在全国某个行业范围内统一的技术要求所制定的技术规范。

地方标准由省、自治区、直辖市人民政府标准化行政主管部门编制计划，组织草拟，统一审批、编号、发布，并报国务院标准化行政主管部门和国务院有关行政主管部门备案。

企业生产的产品没有国家标准、行业标准和地方标准的，应当制定相应的企业标准，作为组织生产的依据。企业标准由企业组织制定，并按省、自治区、直辖市人民政府的规定备案。

建筑工程安全生产法律法规标准汇编目录

第一部分　国家法律、法规、规章

一、综　合

1. 中华人民共和国建筑法（主席令第 91 号 1997 年 11 月 1 日）
2. 中华人民共和国安全生产法（主席令第 70 号 2002 年 6 月 29 日）
3. 建设工程安全生产管理条例（国务院令第 393 号 2003 年 11 月 12 日）
4. 中华人民共和国刑法修正案（六）（主席令第 51 号 2006 年 6 月 29 日）
5. 建筑业安全卫生公约（第 167 号公约 2001 年 10 月 27 日）

二、安全管理

1. 关于进一步加强安全生产工作的决定（建质〔2004〕47 号）
2. 建筑工程安全生产监督管理工作导则（建质〔2005〕184 号）

3. 关于开展建筑施工安全质量标准化工作的指导意见（建质〔2005〕232号）

4. 关于落实建设工程安全生产监理责任的若干意见（建市〔2006〕248号）

5. 关于加强重大工程安全质量保障措施的通知（发改投资〔2009〕3183号）

6. 城市轨道交通工程安全质量管理暂行办法（建质〔2010〕5号）

7. 国务院关于进一步加强企业安全生产工作的通知（国发〔2010〕23号）

三、安全技术

1. 建筑施工附着升降脚手架管理暂行规定（建建〔2000〕230号）

2. 实施工程建设强制性标准监督规定（建设部令第81号 2000年8月21日）

3. 建筑工程预防高处坠落事故若干规定、建筑工程预防坍塌事故若干规定（建质〔2003〕82号）

4. 建设事业"十一五"推广应用和限制禁止使用技术（第一批）（建设部公告第659号 2007年6月14日）

5. 危险性较大的分部分项工程安全管理办法（建质〔2009〕87号）

6. 建设工程高大模板支撑系统施工安全监督管理导则（建质〔2009〕254号）

四、安全生产许可证、三类人员及特种作业人员

1. 安全生产许可证条例（国务院令第397号 2004年1月7日）

2. 建筑施工企业安全生产许可证管理规定（建设部令第128号 2004年6月29日）

3. 建筑施工企业安全生产许可证动态监管暂行办法（建质〔2008〕121号）

4. 建筑施工企业主要负责人、项目负责人和专职安全生产管理人员安全生产考核管理暂行规定（建质〔2004〕59号）

5. 建筑施工企业安全生产管理机构设置及专职安全生产管理人员配备办法（建质〔2008〕91号）

6. 建筑施工特种作业人员管理规定（建质〔2008〕75号）

7. 特种作业人员安全技术培训考核管理规定（安监总局第30号令 2010年5月24日）

五、建筑起重机械

1. 特种设备安全监察条例（国务院令第373号 2009年1月14日修改）

2. 建筑起重机械安全监督管理规定（建设部令第166号 2008年1月8日）

3. 建筑起重机械备案登记办法（建质〔2008〕76号）

六、消　防

1. 中华人民共和国消防法（主席令第6号 2008年10月28日修订）

2. 建设工程消防监督管理规定（公安部令第106号 2009年4月30日）

3. 消防监督检查规定（公安部令第107号 2009年4月30日）

4. 火灾事故调查规定（公安部令第108号 2009年4月30日）

5. 民用建筑外保温系统及外墙装饰防火暂行规定的通知（公通字〔2009〕46号）

七、环境保护

1. 中华人民共和国环境保护行政处罚办法（国家环境保护总局令第7号 1999年7月8日）

2. 中华人民共和国固体废物污染环境防治法（主席令第31号 2004年12月29日修订）

3. 中华人民共和国水污染防治法（主席令第87号 2008年2月28日修订）

4. 绿色施工导则（建质〔2007〕223号）

八、安全培训

1. 生产经营单位安全培训规定（国家安全生产监督管理总局令第 3 号 2005 年 12 月 28 日）

九、安全费用

1. 建筑工程安全防护、文明施工措施费用及使用管理规定（建办〔2005〕89 号）

2. 企业安全生产风险抵押金管理暂行办法（财建〔2006〕369 号）

3. 高危行业企业安全生产费用财务管理暂行办法（财企〔2006〕478 号）

十、劳动保护及职业健康

1. 中华人民共和国劳动法（主席令第 28 号 1994 年 7 月 5 日）

2. 中华人民共和国工会法（主席令第 57 号 2001 年 10 月 27 日修正）

3. 工伤保险条例（国务院令第 375 号 2003 年 4 月 16 日）

4. 中华人民共和国劳动合同法（主席令第 65 号 2007 年 6 月 29 日）

5. 中华人民共和国劳动合同法实施条例（国务院令第 535 号 2008 年 9 月 3 日）

6. 中华人民共和国食品安全法（主席令第 9 号 2009 年 2 月 28 日）

7. 中华人民共和国食品安全法实施条例（国务院令第 557 号 2009 年 7 月 8 日）

8. 中华人民共和国职业病防治法（主席令第 60 号 2001 年 10 月 27 日）

9. 职业病危害事故调查处理办法（卫生部令第 25 号 2002 年 3 月 15 日）

10. 作业场所职业健康监督管理暂行规定（国家安全生产监督管理总局令第 23 号 2009 年 6 月 15 日）

11. 作业场所职业危害申报管理办法（国家安全生产监督管理总局令第 27 号 2009 年 8 月 24 日）

12. 劳动防护用品监督管理规定（国家安全生产监督管理总局令第 1 号 2005 年 7 月 8 日）

13. 建筑施工人员个人劳动保护用品使用管理暂行规定（建质〔2007〕255 号）

十一、生产安全事故

1. 生产安全事故报告和调查处理条例（国务院令第 493 号 2007 年 3 月 28 日）

2. 生产安全事故报告和调查处理条例罚款处罚暂行规定（国家安全生产监督管理总局令第 13 号 2007 年 7 月 3 日）

3. 安全生产事故隐患排查治理暂行规定（国家安全生产监督管理总局令第 16 号 2007 年 12 月 22 日）

4. 生产安全事故应急预案管理办法（国家安全生产监督管理总局令第 17 号 2009 年 3 月 20 日）

5. 生产安全事故信息报告和处置办法（国家安全生产监督管理总局令第 21 号 2009 年 5 月 27 日）

6. 关于进一步规范房屋建筑和市政工程生产安全事故报告和调查处理工作的若干意见（建质〔2007〕257 号）

7. 关于特大安全事故行政责任追究的规定（国务院令第 302 号 2001 年 4 月 21 日）

十二、突发事件

1. 中华人民共和国突发事件应对法（主席令第 69 号 2007 年 8 月 30 日）

2. 突发事件应急演练指南（应急办函〔2009〕62 号）

十三、安全生产行政复议及处罚

1. 安全生产行政复议规定（国家安全生产监督管理总局令第 14 号 2007 年 9 月 25 日）

2. 安全生产违法行为行政处罚办法（国家安全生产监督管理总局令第 15 号 2007 年 11 月 9 日）

第二部分　标准、规范、规程

一、有关标准

1. 施工企业安全生产评价标准 JGJ/T77—2010

2. 建筑施工安全检查标准 JGJ59—2011

3. 建筑施工现场环境与卫生标准 JGJ146—2004

4. 企业职工伤亡事故分类标准 GB6441—86

5. 企业安全生产标准化基本规范 AQT9006—2010

6. 职业健康安全管理体系 GB/T28001—2011

7. 企业安全生产标准化基本规范 AQ/T9006—2010

二、土石方及基坑支护

1. 建筑施工土石方工程安全技术规范 JGJT180—2009

2. 锚杆喷射混凝土支护技术规范 GB50086—2001

3. 建筑边坡工程技术规范 GB50330—2002

4. 建筑基坑工程监测技术规范 GB50497—2009

5. 建筑基坑支护技术规程 JGJ120—99

6. 湿陷性黄土地区建筑基坑工程安全技术规程 JGJ167—2009

三、施工用电

1. 用电安全导则 GB/T13869—2008

2. 建设工程施工现场供用电安全规范 GB50194—93

3. 施工现场临时用电安全技术规范 JGJ46—2005

4. 手持电动工具的管理使用检查和维修安全技术规程 GBT3787—2006

5. 剩余电流动作保护装置安装和运行 GB13955—2005

四、高处作业

1. 建筑施工高处作业安全技术规范 JGJ80—91

2. 建筑外墙清洗维护技术规程 JGJ168—2009

3. 油漆与粉刷作业安全规范 AQ5205—2008

4. 座板式单人吊具悬吊作业安全技术规范 GB23525—2009

5. 高处作业分级 GBT3608—2008

五、脚手架

1. 建筑施工门式钢管脚手架安全技术规范 JGJ128—2000

2. 建筑施工扣件式钢管脚手架安全技术规范 JGJ130—2011

3. 建筑施工碗扣式脚手架安全技术规范 JGJ166—2008

4. 建筑施工工具式脚手架安全技术规范 JGJ202—2010

5. 建筑施工木脚手架安全技术规范 JGJ164—2008

6. 液压升降整体脚手架安全技术规程 JGJ183—2009

7. 钢管脚手架扣件 GB15831—2006

六、模　板

1. 建筑施工模板安全技术规范 JGJ162—2008
2. 液压滑动模板施工安全技术规程 JGJ65—89
3. 钢管满堂支架预压技术规程 JGJ/T194—2009

七、建筑机械

1. 塔式起重机 GB/T5031—2008
2. 塔式起重机安全规程 GB5144—2006
3. 建筑施工塔式起重机安装、使用、拆卸安全技术规程 JGJ196—2010
4. 塔式起重机混凝土基础工程技术规程 JGJ/T187—2009
5. 起重机械监督检验规程（国质检锅〔2002〕296号）
6. 施工升降机监督检验规程（国质检锅〔2002〕121号）
7. 施工升降机安全规程 GB10055—2007
8. 施工升降机防坠安全器 JG5058—1995
9. 施工升降机齿轮锥鼓形渐进式防坠安全器 JG121—2000
10. 龙门架及井架物料提升机安全技术规范 JGJ88—92
11. 建筑施工物料提升机安全技术规程 DBJ14-015—2002
12. 建筑起重机械安全评估技术规程 JGJ/T189—2009
13. 起重机钢丝绳保养、维护、安装、检验和报废 GB/T5972—2009
14. 钢丝绳夹 GB5976—2006-T
15. 起重机械超载保护装置 GB12602—2009
16. 起重吊运指挥信号 GB5082—85
17. 起重机械危险部位与标志 GB15052—94
18. 起重机吊装工和指挥人员的培训 GB/T23721—2009
19. 起重机司机（操作员）、吊装工、指挥人员和评审员的资格要求 GB/T23722—2009
20. 高处作业吊篮 GB19155—2003
21. 建筑机械使用安全技术规程 JGJ33—2001
22. 施工现场机械设备检查技术规程 JGJ160—2008

八、危险作业

1. 建筑拆除工程安全技术规范 JGJ147—2004
2. 缺氧危险作业安全规程 GB8958—2006
3. 焊接与切割安全 GB9448—1999
4. 爆破安全规程 GB6722—2003
5. 高温作业分级 GBT4200—2008
6. 重大危险源辨识 GB18218—2000
7. 常用危险化学品贮存通则 GB15603—1995
8. 生产过程危险和有害因素分类与代码 GB/T13861—2009

九、安全防护

1. 安全网 GB5725—2009

2. 安全带 GB6095—2009

3. 安全带测试方法 GB/T6096—2009

4. 安全帽 GB2811—2007

5. 安全帽测试方法 GB/T2812—2006

6. 建筑施工作业劳动防护用品配备及使用标准 JGJ184—2009

7. 坠落防护安全绳 GB24543—2009

8. 坠落防护装备安全使用规范 GB/T23468—2009

9. 个体防护装备选用规范 GB/T11651—2008

10. 建筑施工场界噪声限值 GB12523—90

11. 安全标志及其使用导则 GB2894—2008

12. 安全色 GB2893—2008

13. 工作场所职业病危害警示标识 GBZ158—2003

十、应急预案

1. 生产经营单位安全生产事故应急预案编制导则（AQ/T9002—2006）

十一、安全技术资料

1. 建筑施工组织设计规范 GB/T50502—2009

2. 建设工程施工现场安全资料管理规程 CECS266:2009

十二、临时建筑物及垃圾处理

1. 施工现场临时建筑物技术规范 JGJ/T188—2009

2. 建筑垃圾处理技术规范 CJJ134—2009（备案号 J960—2009）

2.1.2 建筑施工安全标准化工作要求及意义

为贯彻落实《国务院关于进一步加强安全生产工作的决定》，加强基层和基础工作，实现建筑施工安全的标准化、规范化，促使建筑施工企业建立起自我约束、持续改进的安全生产长效机制，推动我国建筑安全生产状况的根本好转，促进建筑业健康有序发展，现就开展建筑施工安全质量标准化工作提出以下指导意见。

1. 指导思想和工作目标

指导思想：以马克思列宁主义、毛泽东思想、邓小平理论、"三个代表"重要思想、科学发展观、习近平新时代中国特色社会主义思想为指导，统领安全生产工作，坚持安全第一、预防为主的方针，加强领导，大力推进建筑施工安全生产法规、标准的贯彻实施。以对企业和施工现场的综合评价为基本手段，规范企业安全生产行为，落实企业安全主体责任，全面实现建筑施工企业及施工现场的安全生产工作标准化。统筹规划、分步实施、树立典型、以点带面，稳步推进建筑施工安全质量标准化工作。

工作目标：通过在建筑施工企业及其施工现场推行标准化管理，实现企业市场行为的规范化、安全管理流程的程序化、场容场貌的秩序化和施工现场安全防护的标准化，促进企业建立运转有效的自我保障体系。目标实施必须持续有效建筑施工企业的安全生产工作按照《施工企业安全生产评价标准》（JGJ/T77—2010）及有关规定进行评定。建筑施工企业的安全生产工作要全部达到"基本合格"，特、一级企业的"合格"率应达到100%；二级企业的"合格"率应达到70%以上；三级企业及其他施工企业的"合格"率应达到50%以上。经过一段时间的努力，长期保持，建筑施工企业的"合格"率应达到100%。

建筑施工企业的施工现场按照《建筑施工安全检查标准》(JGJ59—2011)及有关规定进行评定。建筑施工企业的施工现场要全部达到"合格"，特级企业施工现场的"优良"率应达到90%；一级企业施工现场的"优良"率应达到70%；二级企业施工现场的"优良"率应达到50%；三级企业及其他各类企业施工现场的"优良"率应达到30%。特别指出，经过一段时间持续保持，特级、一级企业施工现场的"优良"率应达到100%；二级企业施工现场的"优良"率应达到80%；三级企业及其他施工企业施工现场的"优良"率应达到60%。

2. 工作要求

（1）提高认识，加强领导，积极开展建筑施工安全质量标准化工作是加强建筑施工安全生产工作的一项基础性、长期性的工作，是新形势下安全生产工作方式方法的创新和发展。各地建设行政主管部门要在借鉴以往开展创建文明工地和安全达标活动经验的基础上，督促施工企业在各环节、各岗位建立严格的安全生产责任制，依法规范施工企业市场行为，使安全生产各项法律法规和强制性标准真正落到实处，提升建筑施工企业安全水平。各地要从新的理论高度，充分认识开展建筑施工安全质量标准化工作的重要性，加强组织领导，认真做好安全质量标准化工作的舆论宣传及先进经验的总结和推广等工作，积极推动安全质量标准化工作的开展。

（2）采取有效措施，确保安全质量标准化工作取得实效。各地建设行政主管部门要抓紧制定符合本地区建筑安全生产实际情况的安全质量标准化实施办法，进一步细化工作目标，建立包括有关建设行政主管部门、协会、企业及相关媒体参加的工作指导小组，指导建筑施工企业及其施工现场开展安全质量标准化工作。要改进监管方式，从注重工程实体安全防护的检查，向加强对企业安全自保体系建立和运转情况的检查拓展与深化，促进企业不断查找管理缺陷，堵塞管理漏洞，形成"执行—检查—改进—提高"的封闭循环链，形成制度不断完善、工作不断细化、程序不断优化的持续改进机制，提高施工企业自我防范意识和防范能力，实现建筑施工安全规范化、标准化。

（3）建立激励机制，进一步提高施工企业开展安全质量标准化工作的积极性和主动性。各地建设行政主管部门要建立激励机制，加强监督检查，定期对本地区施工企业开展安全质量标准化工作情况进行通报，对成绩突出的施工企业和施工现场给予表彰，树立一批安全质量标准化"示范工程"，充分发挥典型示范引路的作用，以点带面，带动本地区安全质量标准化工作的全面开展。

建设部将定期对各地开展安全质量标准化的情况进行综合评价，评价结果将作为评价各地安全生产管理状况的重要参考。同时，建设部将定期对各地安全质量标准化"示范工程"进行复查，对安全质量标准化工作业绩突出的地区予以表彰。

（4）坚持"四个结合"，使安全质量标准化工作与安全生产各项工作同步实施、整体推进。

一是要与深入贯彻建筑安全法律法规相结合。要通过开展安全质量标准化工作，全面落实《建筑法》《安全生产法》《建设工程安全生产管理条例》等法律法规。要建立健全安全生产责任制，健全完善各项规章制度和操作规程，将建筑施工企业的安全质量行为纳入法律化、制度化、标准化管理的轨道。二是要与改善农民工作业、生活环境相结合。牢固树立"以人为本"的理念，将安全质量标准化工作转化为企业和项目管理人员的管理方式和管理行为，逐步改善农民工的生产作业、生活环境，不断增强农民工的安全生产意识。三是要与加大对安全科技创新和安全技术改造的投入相结合。把安全生产真正建立在依靠科技进步的基础之上。要积极推广应用先进的安全科学技术，在施工中积极采用新技术、新设备、新工艺和新材料，逐步淘汰落后的、危及安全的设施、设备和施工技术。四是要与提高农民工职业技能素质相结合。引导企业加强对农民工的安全技术知识培训，提高建筑业从业人员的整体素质，加强对作业人员特别是班组长等业务骨干的培训，通过知识讲座、技术比武、岗位练兵等多种形式，把对从业人员的职业技能、职业素养、行为规范等要求贯穿于标准化的全过程，促使农民工向现代产业工人过渡。

2.1.3　建筑施工安全生产标准化考评工作的要求和意义

各地住房城乡建设主管部门按照《关于开展建筑施工安全质量标准化工作的指导意见》的要求，积极开展建筑施工安全生产标准化工作，有力促进了全国建筑安全生产形势的持续稳定好转。为进一步贯彻落实《国务院安委会关于深入开展企业安全生产标准化建设的指导意见》深入推进建筑施工安全生产标准化建设，提高建筑施工企业及施工项目安全生产管理水平，防范和遏制生产安全事故发生，我部决定开展建筑施工安全生产标准化考评工作，现提出如下指导意见。

1．考评目的

规范建筑施工企业及施工项目安全生产管理，全面落实安全生产责任制，加大安全生产投入，改善安全生产条件，增强从业人员安全素质，提高事故预防能力，促进建筑安全生产形势持续稳定好转。

2．考评主体

建筑施工安全生产标准化考评工作包括建筑施工企业安全生产标准化考评和建筑施工项目安全生产标准化考评。建筑施工项目安全生产标准化考评工作是建筑施工企业安全生产标准化考评工作的重要基础。

住房城乡建设部负责中央管理的建筑施工企业安全生产标准化考评工作。省级住房城乡建设主管部门负责中央管理以外的本行政区内的建筑施工企业安全生产标准化考评工作。建筑施工项目所在地县级及以上住房城乡建设主管部门负责建筑施工项目安全生产标准化考评工作。

建筑施工安全生产标准化考评的具体工作可由县级及以上住房城乡建设主管部门委托建筑安全监管机构负责实施。

3．考评实施

（1）建筑施工企业安全生产标准化考评实施。

建筑施工企业安全生产标准化考评工作应当以建筑施工企业自评为基础，考评主体在对其安全生产许可证延期审查时，同步开展安全生产标准化考评工作。

建筑施工企业应当成立以法定代表人为第一责任人的安全生产标准化工作机构，明确工作目标，制定工作计划，组织开展企业安全生产标准化工作。建筑施工企业应每年依据《施工企业安全生产评价标准》（JGJ/T77—2010）等开展自评工作，并将所属建筑施工项目安全生产标准化开展情况作为企业自评工作的主要内容，形成年度自评报告。

建筑施工企业在申请安全生产许可证延期时，应当提交近3年企业安全生产标准化年度自评报告。考评主体在对建筑施工企业安全生产许可证进行延期审查时，应根据日常安全监管情况、生产安全事故情况及相关规定对企业安全生产标准化进行达标评定。

（2）建筑施工项目安全生产标准化考评实施。

建筑施工项目安全生产标准化考评工作应当以建筑施工项目自评为基础，考评主体在对施工项目实施安全监管时，同步开展安全生产标准化考评工作。

建筑施工项目应当成立由施工单位、建设单位、监理单位组成的安全生产标准化工作机构，明确工作目标，制定工作计划，组织实施建筑施工项目安全生产标准化工作。项目实施过程中，依据《建筑施工安全检查标准》（JGJ59—2011）等开展自评工作，形成自评手册。

考评主体在对施工项目实施日常安全监管时，应当监督检查建筑施工项目安全生产标准化开展情况。建筑施工项目竣工时，施工单位应当提交项目施工期间安全生产标准化自评手册和自评报告，考评主体应根据日常安全监管情况、生产安全事故情况及相关规定对施工项目安全生产标准化进行达标评定。

4. 考评奖惩

为深入推进建筑施工企业及施工项目安全生产标准化建设，全面提高安全生产管理水平，对建筑施工安全生产标准化考评成绩突出且未发生生产安全事故的企业和项目，可评为"建筑施工安全生产标准化示范企业"和"建筑施工安全生产标准化示范项目"。对安全生产标准化未达标的建筑施工企业，责令限期整改；逾期仍不达标的，视其安全生产条件降低情况依法暂扣或吊销安全生产许可证。对不符合安全生产标准化达标要求的建筑施工项目，责令停工，限期整改；整改不到位的，对相关单位及人员依法予以处罚。

5. 工作要求

（1）提高认识，加强领导。推进建筑施工安全生产标准化建设是一项重要的基础性工作，是促使建筑施工企业建立自我约束、持续改进的安全生产长效机制的重要举措，是推动建筑安全生产状况持续稳定好转的重要手段。各地住房城乡建设主管部门要充分认识推进建筑施工安全生产标准化建设工作的重要性，切实加强领导，认真组织开展好建筑施工安全生产标准化考评工作。要加大对建筑施工企业及施工项目的督促力度，采取措施增强企业推进建筑施工安全生产标准化建设的自觉性和主动性，确保建筑施工安全生产标准化工作取得实效。

（2）完善措施，有序推进。各地住房城乡建设主管部门要根据本地区实际情况，制定切实可行的考评办法，有序推进建筑施工安全生产标准化考评工作。要注重4个有机结合：

一是建筑施工企业安全生产标准化考评工作与安全生产许可证的动态考核和延期审查工作有机结合，二是建筑施工项目安全生产标准化考评工作与日常安全监管工作有机结合，三是建筑施工安全生产标准化示范项目评选与各地已开展的创建文明安全工地等活动有机结合，四是建筑施工企业安全生产标准化考评工作与建筑施工项目安全生产标准化考评工作有机结合。

（3）公开信息，接受监督。各地住房城乡建设主管部门要建立完善信息公开制度，定期公告建筑施工安全生产标准化考评工作情况，通报批评不达标建筑施工企业和不达标建筑施工项目的建设单位、施工单位、监理单位，通报表扬示范企业和示范工程的建设单位、施工单位、监理单位。建筑施工企业及施工项目的安全生产标准化情况应当纳入建筑市场各方主体质量安全管理信用档案，并接受社会舆论监督。各级住房城乡建设主管部门和建筑施工企业等要尽快建立建筑施工安全生产标准化信息平台，为建筑施工安全生产标准化考评工作创造有利条件。

2.1.4 施工安全生产标准化建设的基本内容

1. 确定目标

施工单位根据自身安全生产实际，制定总体和年度安全生产目标。按照各个部门在生产中的职能，制定安全生产指标和考核办法。

2. 设置组织机构，确定相关岗位职责

施工单位按规定设立安全管理机构，配备安全生产管理人员。施工单位主要负责人按照法律法规赋予的职责，全面负责安全生产工作，并履行安全生产义务。

施工单位应建立安全生产责任制，明确各级单位、部门和人员的安全生产职责。

3. 安全生产投入保证

施工单位应建立安全生产投入保障制度，完善和改进安全生产条件，按规定提取安全费用，专项用于安全生产，并建立安全费用台账。

4. 法律法规的执行与完善安全管理制度

施工单位应建立识别和获取适用的安全生产法律法规、标准规范的制度，明确主管部门，确定获取的渠道、方式，及时识别和获取适用的安全生产法律法规、标准规范。施工单位各职能部门应及时识别和获取本部门适用的安全生产法律法规、标准规范，并跟踪、掌握有关法律法规、标准规范的修订情况，及时提供给本单位内负责识别和获取适用的安全生产法律法规的主管部门汇总。

施工单位应将适用的安全生产法律法规、标准规范及其他要求传达给从业人员。施工单位应遵守安全生产法律法规、标准规范，并将相关要求及时转化为本单位的规章制度，贯彻到各项工作中。

5. 教育培训

施工单位应确定安全教育培训主管部门，按规定及岗位需要，定期识别安全教育培训需求，制定、实施安全教育培训计划，提供相应的资源保证。应做好安全教育培训记录，建立

安全教育培训档案，实施分级管理，并对培训效果进行评估和改进。

施工单位应对操作岗位人员进行安全教育和生产技能培训，使其熟悉有关的安全生产规章制度和安全操作规程，并确认其能力符合岗位要求。未经安全教育培训，或培训考核不合格的从业人员，不得上岗作业。

6. 生产设备设施管理

施工单位建设项目的所有设备设施应符合有关法律法规、标准规范的要求；安全设备设施应与建设项目主体工程同时设计、同时施工、同时投入生产和使用。生产设备设施变更应执行变更管理制度，履行变更程序，并对变更的全过程进行隐患控制。

施工单位应对设备设施进行规范化管理，保证其安全运行。应有专人负责管理各种安全设施，建立台账，定期检维修。对安全设备设施应制定检维修计划。设备设施检维修前应制定方案，检维修方案应包含作业行为分析和控制措施，检维修过程应执行隐患控制措施并进行监督检查。安全设备设施不得随意拆除、挪用或弃置不用；确因检维修拆除的，应采取临时安全措施，检维修完毕后立即复原。

设备的设计、制造、安装、使用、检测、维修、改造、拆除和报废，应符合有关法律法规、标准规范的要求。执行生产设备设施到货验收和报废管理制度，应使用质量合格、设计符合要求的生产设备设施。拆除的设备设施应按规定进行处置。拆除的生产设备设施涉及到危险物品的，须制定危险物品处置方案和应急措施，并严格按照规定组织实施。

7. 作业安全

（1）生产现场管理和生产过程控制。

施工单位应加强生产现场安全管理和生产过程的控制。对生产过程及物料、设备设施、器材、通道、作业环境等存在的隐患，应进行分析和控制。对动火作业、起重作业、受限空间作业、临时用电作业、高处作业等危险性较高的作业活动实施作业许可管理，严格履行审批手续。作业许可证应包含危害因素分析和安全措施等内容。对于吊装、爆破等危险作业，应当安排专人进行现场安全管理，确保安全规程的遵守和安全措施的落实。

（2）施工单位应加强生产作业行为的安全管理。对作业行为隐患、设备设施使用隐患、工艺技术隐患等进行分析，采取控制措施，实现人、机、环的和谐统一。

（3）安全警示标志。

根据作业场所的实际情况，在有较大危险因素的作业场所和设备设施上，设置明显的安全警示标志，进行危险提示、警示，告知危险的种类、后果及应急措施等。

在进行设备设施检维修、施工、吊装等作业现场设置警戒区域和警示标志，在检维修现场的坑、井、洼、沟、陡坡等场所设置围栏和警示标志。

（4）相关方管理。

施工单位应执行承包商、供应商等相关方管理制度，对其资格预审、选择、服务前准备、作业过程、提供的产品、技术服务、表现评估、续用等进行管理。建立合格相关方的名录和档案，根据服务作业行为定期识别服务行为风险，并采取行之有效的控制措施。对进入同一作业区的相关方进行统一安全管理。不得将项目委托给不具备相应资质或条件的相关方。施工单位和相关方的项目协议应明确规定双方的安全生产责任和义务,或签订专门的安全协议,明确双方的安全责任。

（5）变更管理。

施工单位应执行变更管理制度，对机构、人员、工艺、技术、设备设施、作业过程及环境等永久性或暂时性的变化进行有计划的控制。变更的实施应履行审批及验收程序，并对变更过程及变更所产生的隐患进行分析和控制。

8. 隐患排查和治理

施工单位应组织事故隐患排查工作，对隐患进行分析评估，确定隐患等级，登记建档，及时采取措施治理。

（1）排查前提及依据。

法律法规、标准规范发生变更或有新的公布，以及操作条件或工艺改变，新建、改建、扩建项目建设，相关方进入、撤出或改变，对事故、事件或其他信息有新的认识，组织机构发生大的调整的，应及时组织隐患排查。

（2）排查范围与方法。

隐患排查的范围应包括所有与生产经营相关的场所、环境、人员、设备设施和活动。施工单位应根据安全生产的需要和特点，采用综合检查、专业检查、季节性检查、节假日检查、日常检查、专项检查等方式进行隐患排查。

（3）隐患治理。

根据隐患排查的结果，制定隐患治理方案，对隐患及时进行治理。隐患治理方案应包括目标和任务、方法和措施、经费和物资、机构和人员、时限和要求。重大事故隐患在治理前应采取临时控制措施并制定应急预案。

隐患治理措施包括：工程技术措施、管理措施、教育措施、防护措施和应急措施。治理完成后，应对治理情况进行验证和效果评估

（4）预测预警。

施工单位应根据安全生产状况及隐患排查治理情况,运用定量的安全生产预测预警技术，建立体现本单位安全生产状况及发展趋势的预警指数系统。

9. 重大危险源监控

施工单位应根据国家重大危险源有关标准对本单位的危险设施或场所进行重大危险源辨识与安全评估。对国家规定的重大危险源应及时登记建档，并按规定向政府有关部门备案。

施工单位应建立健全重大危险源安全管理制度，制定重大危险源安全管理技术措施。

10. 职业健康

（1）职业健康管理。

施工单位应按照法律法规、标准规范的要求，为从业人员提供符合职业健康要求的工作环境和条件，配备与职业健康保护相适应的设施、工具。

定期对作业场所职业危害进行检测，在检测点设置标识牌予以告知，并将检测结果录入职业健康档案。

对可能发生急性职业危害的有毒、有害工作场所，应设置报警装置，制定应急预案，配

置现场急救用品、设备，设置应急撤离通道和必要的泄险区。

各种防护器具应定点存放在安全、便于取用的地方，并有专人负责保管，定期校验和维护。应对现场急救用品、设备和防护用品进行经常性的检维修，定期检测其性能，确保其处于正常状态。

（2）职业危害告知和警示。

施工单位与从业人员订立劳动合同时，应将工作过程中可能产生的职业危害及其后果和防护措施如实告知从业人员，并在劳动合同中写明。

施工单位应采用有效的方式对从业人员及相关方进行宣传，使其了解生产过程中的职业危害、预防和应急处理措施，降低或消除危害后果。对存在严重职业危害的作业岗位，应设置警示标识和警示说明。警示说明应载明职业危害的种类、后果、预防和应急救治措施。

（3）职业危害申报。

施工单位应按规定及时、如实向当地主管部门申报生产过程存在的职业危害因素，并依法接受其监督。

11. 应急救援

（1）应急机构和队伍。

施工单位应建立安全生产应急管理机构，或指定专人负责安全生产应急管理工作。建立与本单位生产特点相适应的专兼职应急救援队伍，或指定专兼职应急救援人员，并组织训练；无须建立应急救援队伍的，可与附近具备专业资质的应急救援队伍签订服务协议。

（2）应急预案。

施工单位应按规定制定生产安全事故应急预案，并针对重点作业岗位制定应急处置方案或措施，形成安全生产应急预案体系。应急预案应根据规定报当地主管部门备案，并通报有关应急协作单位。应急预案应定期评审，并根据评审结果或实际情况的变化进行修订和完善。

（3）应急设施、装备、物资。

施工单位应按规定建立应急设施，配备应急装备，储备应急物资，并进行经常性的检查、维护、保养，确保其完好、可靠。

（4）应急演练。

施工单位应组织生产安全事故应急演练，并对演练效果进行评估。根据评估结果，订、完善应急预案，改进应急管理工作。

（5）事故救援。

发生事故后，应立即启动相关应急预案，积极开展事故救援。

12. 事故管理

（1）事故报告。

施工单位发生事故后，应按规定及时向上级单位、政府有关部门报告，并妥善保护事故现场及有关证据，必要时向相关单位和人员通报。

（2）事故调查和处理。

发生事故后，应按规定成立事故调查组，明确其职责与权限，进行事故调查或配合上级部门的事故调查。

事故调查应查明事故发生的时间、经过、原因和人员伤亡情况及直接经济损失等。事故调查组应根据有关证据、资料，分析事故的直接、间接原因和事故责任，提出整改措施和处理建议，编制事故调查报告。

13. 绩效评定和持续改进

施工单位每年至少一次对本单位安全生产标准化的实施情况进行评定，验证各项安全生产制度措施的适宜性、充分性和有效性，检查安全生产工作目标、指标的完成情况。主要负责人应对绩效评定工作全面负责。评定工作应形成正式文件，并将结果向所有部门、所属单位和从业人员通报，作为年度考评的重要依据。施工单位发生死亡事故后应重新进行评定。

施工单位应根据安全生产标准化评定结果和安全生产预警指数系统所反映的趋势，对安全生产目标、指标、规章制度、操作规程等进行修改完善，持续改进，不断提高安全生产管理水平。

2.2 落地扣件式脚手架的搭设安全技术与要求

1. 施工方案

（1）脚手架搭设之前，应根据工程特点和施工工艺确定脚手架搭设方案，脚手架必须经过企业技术负责人审批。脚手架的内容应包括：基础处理、搭设要求、杆件间距、连墙杆设置位置及连接方法，并绘制施工详图和大样图，同时还应包括脚手架搭设的时间、拆除时间及其顺序等。

（2）落地扣件式钢管脚手架的搭设尺寸应符合《建筑施工扣件式脚手架安全技术规范》的有关设计计算的规定。

（3）落地扣件式钢管脚手架的搭设高度在 25 m 以下应有搭设方案，绘制架体与建筑物拉结详图。

（4）搭设高度超过 25 m 时，应采用双立杆及缩小间距等加强措施，绘制搭设详图及基础做法要求。

（5）搭设高度超过 50 m 时，应有设计计算书及卸荷方法详图，设计计算书连同方案一起经企业技术负责人审批。

（6）施工现场的脚手架必须按施工方案进行搭设，因故需要改变脚手架的类型时，必须重新修改脚手架的施工方案并经审批后，方可施工。

2. 脚手架的搭设要求

（1）落地式脚手架的基础应坚实、平整，并应定期检查。立杆不埋设时，每根立杆底部应设置垫板或底座，并应设置纵、横向扫地杆。

（2）架体稳定与连墙件：

① 架体高度在 7 m 以下时，可设抛撑来保证架体的稳定。

② 架体高度在 7 m 以上，无法设抛撑来保证架体的稳定时，架体必设连墙件。

③ 连墙件的间距应符合下列要求：

扣件式钢管脚手架双排架高在 50 m 以下或单排架高在 24 m 以下，按不大于 40 m² 设置 1 处；双排架高在 50 m 以上，按不大于 27 m² 设置 1 处，连墙件布置最大间距见表 2-1。

表 2-1　连墙件布置最大间距

脚手架高度		竖向间距（h）	水平间距（l_a）	每根连墙件覆盖面积/m²
双排	≤50 mm	$3h$	$3l_a$	≤40
	>50 mm	$2h$	$3l_a$	≤27
单排	≤24 mm	$3h$	$3l_a$	≤40

门式钢管脚手架架高在 45 m 以下，基本风压小于或等于 0.55 kN/m²，按不大于 48 m² 设置 1 处；架高在 45 m 以下，基本风压大于 0.55 kN/m²，或架高在 45 m 以上，按不大于 24 m² 设置 1 处。

一字形、开口形脚手架的两端，必须设置连墙件。连墙件必须采用可承受拉力和压力的构造，并与建筑结构连接。

④ 连墙件的设置方法、设置位置应在施工方案中确定，并绘制连接详图。连墙件应与脚手架同步搭设。

⑤ 严禁在脚手架使用期间拆除连墙件。

（3）杆件间距与剪刀撑：

① 立杆、大横杆。小横杆等案件间距应符合《建筑施工扣件式脚手架安全技术规范》（JGJ—2001）的有关规定。并应在施工方案中予以确定，当遇到洞口等处需要加大间距时，应按规范进行加固。

② 立杆是脚手架的主要受力杆件，其间距应按施工规范均匀设置，不得随意加大。

③ 剪刀撑及横向斜撑的设置应符合下列要求：

扣件式钢管脚手架应沿全高设置剪刀撑。架高在 24 m 以下时，可沿脚手架长度间隔不大于 15 m 设置；架高在 24 m 以上时应沿脚手架全长连续设置剪刀撑，并应设置横向斜撑，横向斜撑由架底至架顶呈之字形连续布置，沿脚手架长度间隔 6 跨设置 1 道。

碗扣式钢管脚手架，架高在 24 m 以下时，于外侧框格总数的 1/5 设置斜杆；架高在 24 m 以上时，按框格总数的 1/3 设置斜杆。

门式钢管脚手架的内外两个侧面除应满设交叉支撑杆外，当架高超过 20 m 时，还应在脚手架外侧沿长度和高度连续设置剪刀撑，剪刀撑钢管规格应与门架钢管规格一致。当剪刀撑钢管直径与门架钢管直径不一致时，应采用异型扣件连接。

满堂扣件式钢管脚手架除沿脚手架外侧四周和中间设置竖向剪刀撑外，当脚手架高于 4 m 时，还应沿脚手架每两步高度设置一道水平剪刀撑。

每道剪刀撑跨越立杆的根数宜按表 2-2 的规定确定。每道剪刀撑宽度不应小于 4 跨，且不应小于 6 m，斜杆与地面的倾角宜在 45° 到 60° 之间。

表 2-2　剪刀撑跨越立杆的最多根数

剪刀撑斜杆与地面的倾角 α	45°	50°	60°
剪刀撑跨越立杆的最多根数 n	7	6	5

（4）扣件式钢管脚手架的主节点处必须设置横向水平杆，在脚手架使用期间严禁拆除。单排脚手架横向水平杆插入墙内长度不应小于 180 mm。

（5）扣件式钢管脚手架除顶层外立杆杆件接长时，相邻杆件的对接接头不应设在同步内。相邻纵向水平杆对接接头不宜设置在同步或同跨内。扣件式钢管脚手架立杆接长除顶层外应采用对接。木脚手架立杆接头搭接长度应跨两根纵向水平杆，且不得小于 1.5 m。竹脚手架立杆接头的搭接长度应超过一个步距，并不得小于 1.5 m。

（6）小横杆设置：

① 小横杆的设置位置，应在与立杆与大横杆的交接点处。

② 施工层应根据铺设脚手板的需要增设小横杆。增设的位置视脚手板的长度与设置要求和小横杆的间距综合考虑。转入其他层施工时，增设的小横杆可同脚手板一起拆除。

③ 双排脚手架的小横杆必须两端固定，使里外两片脚手架连成整体。

④ 单排脚手架，不适用于半砖墙或 180 mm 墙。

⑤ 小横杆在墙上的支撑长度不应小于 240 mm。

（7）脚手架材质：

脚手架材质应满足有关规范、标准及脚手架搭设的材料要求。

（8）脚手板与护栏：

① 脚手板必须按照脚手架的宽度铺满，板与板之间要靠紧，不得留有空隙，离墙面不得大于 200 mm。

② 脚手板可采用竹、木或钢脚手板，材质应符合《规范》要求，每块质量不宜大于 30 kg。

③ 钢制脚手板应采用 2～3 mm 的 A3 钢，长度为 1.5～3.6 m，宽度为 230～250 mm，肋高 50 mm 为宜，两端应有连接装置，板面应钻有防滑孔。如有裂纹、扭曲不得使用。

④ 脚手木板应用厚度不小于 50 mm 的杉木或松木板，不得使用脆性木材。脚手木板宽度以 200～300 mm 为宜，凡是腐朽、扭曲、斜纹、破裂和大横节的不得使用。板的两端 80 mm 处应用镀锌铁丝箍 2～3 圈或用铁皮钉牢。

⑤ 竹脚手板应采用由毛竹或楠竹制作的竹串片板、竹笆板。竹板必须穿钉牢固，无残缺竹片。

⑥ 脚手板搭接时不得小于 200 mm；对头接时应架设双排小横杆，间距不大于 200 mm。

⑦ 脚手板伸出小横杆以外大于 200 mm 的称为探头板，因其易造成坠落事故，故脚手架上不得有探头板出现。

⑧ 在架子拐弯处脚手板应交叉搭接。垫平脚手板应用木块，并且要钉牢，不得用砖垫。

⑨ 脚手架外侧随着脚手架的升高，应按规定设置密目式安全网，必须扎劳、密实。形成全封闭的护立网，主要防止砖块等物坠落伤人。

⑩ 作业层脚手架外侧以及斜道和平台均要设置 1.2 m 高的防护栏杆和 180 mm 高的挡脚板，防止作业人员坠落和脚手板上物料滚落。

（9）杆件搭接：

① 钢管脚手架的立杆需要接长时，应采用对接扣件连接，严禁采用绑扎搭接。

② 钢管脚手架的大横杆需要接长时，可采用对接扣件连接，也可采用搭接，但搭接长度不应小于 1 m，并应等间距设置 3 个旋转扣件固定。

③ 剪刀撑需要接长时，应采用搭接方法，搭接长度不小于 500 mm，搭接扣件不少于 2 个。

④ 脚手架的各杆件接头处传力性能差，接头应错开，不得设置在一个平面内。

（10）架体内封闭：

① 施工层之下层应铺满脚手板，对施工层的坠落可起到一定的防护作用。

② 当施工层之下层无法铺设脚手板时，应在施工层下挂设安全平网，用于挡住坠落的人或物。平网应与水平面平行或外高里低，一般以 15° 为宜，网与网之间要拼接严密。

③除施工层之下层要挂设安全平网外，施工层以下每 4 层楼或每隔 10 m 应设一道固定安全平网。

（11）交底与验收：

① 脚手架搭设前，工地施工员或安全员应根据施工方案要求以及外脚手架检查评分表检查项目及其扣分标准，并结合《建筑安全工人安全操作规程》相关的要求，写成书面交底材料，向持证上岗的架子工进行交底。

② 脚手架通常是在主体工程基本完工时才搭设完毕，即分段搭设，分段使用。脚手架分段搭设完毕，必须经施工负责人组织有关人员，按照施工方案及《规范》的要求进行检查验收。

③ 经验收合格，办理验收手续，填写"脚手架底层验收表""脚手架中段验收表""脚手架顶层验收表"有关人员签字后，方准使用。

④ 经检查不合格的应立即进行整改。对检查结果及整改情况，应按实测数据进行记录，并由检测人员签字。

（12）通道：

① 架体应设置上下通道，工操作工人和有关人员上下，禁止攀爬脚手架。通道也可作少量的轻便材料、构件运输通道。

② 专供施工人员上下的通道，坡度为 1∶3 为宜，宽度不得小于 1 m；作为运输用的通道，坡度以 1∶6 为宜，宽度不小于 1.5 m。

③ 休息平台设在通道两端转弯处。

④ 架体上的通道和平台必须设置防护栏杆、挡脚板及防滑条。

（13）卸料平台：

① 卸料平台是高处作业安全设施，应按有关规范、标准进行单独设计、计算，并绘制搭设施工详图图。卸料平台的架干材料必须满足有关规范、标准的要求。

② 卸料平台必须按照设计施工图搭设，并应制作成定型化、工具化的结构。平台上脚手板要铺满，临边要设置防护栏杆和挡脚板，并用密目式安全网封严。

③ 卸料平台的支撑系统经过承载力、刚度和稳定性验算，并应自成结构体系，禁止与脚手架连接。

④ 卸料平台上应用标牌显著地标牌平台允许荷载值，平台上允许的施工人员和物料的总

重量，严禁超过设计的允许荷载。

3. 脚手架的拆除要求

（1）脚手架拆除作业前，应制订详细的拆除施工方案和安全技术措施。并对参加作业全体人员进行技术安全交底，在统一指挥下，按照确定的方案进行拆除作业。

（2）脚手架拆除时，应划分作业区，周围设围护或设立警戒标置，地面设专人指挥，禁止非作业人入内。

（3）一定要按照先上后下、先外后里、先架面材料后构架材料、先辅件后结构件和先结构件后附墙件的顺序，一件一件地松开联结，取出并随即吊下（或集中到毗邻的未拆的架面上，扎捆后吊下）。

（4）拆卸脚手板、杆件、门架及其他较长、较重、有两端联结的部件时，必须要两人或多人一组进行。禁止单人进行拆卸作业，防止把持杆件不稳、失衡而发生事故。拆除水平杆件时，松开结后，水平托取下。拆除立杆时，在把稳上端后，再松开下端联结取下。

（5）架子工作业时，必须戴安全帽，系安全带，穿胶鞋或软底鞋。所用材料要堆放平稳，工具应随手放入工具袋，上下传递物件不能抛仍。

（6）多人或多组进行拆卸作业时，应加强指挥，并相互询问和协调作业步骤，严禁不按程序进行的任意拆卸。

（7）因拆除上部或一侧的附墙拉结而使架子不稳时，应加设临时撑拉措施，以防因架子晃动影响作业安全。

（8）严禁将拆卸下的杆部件和材料向地面抛掷。已吊至地面的架设材料应随时运出拆卸区域，保持现场文明。

（9）连墙杆应随拆除进度逐层拆除，拆抛撑前，应设立临时支柱。

（10）拆除时严禁碰撞附近电源线，以防事故发生。

（11）拆下的材料应用绳索拴柱，利用滑轮放下，严禁抛扔。

（12）在拆架过程中，不能中途换人。如需要中途换人时，应将拆除情况交接清楚后方可离开。

（13）脚手架具的外侧边缘与外电架空线路的边线之间的最小安全操作距离见表2-3。

（14）拆除的脚手架或配件，应分类堆放并保存进行保养。

表 2-3　脚手架具的外侧边缘与外电架空线路的边线之间的最小安全操作距离

外电线路电压	1 kV 以下	1~10 kV	35~110 kV	150~220 kV	330~500 kV
最小安全操作距离/m	4	6	8	10	15

2.3　土方开挖基坑支护工程安全技术与要求

2.3.1　土方开挖基坑支护工程施工方案

（1）土方工程施工方案或安全措施：在施工组织设计中，要有单项土方施工方案，如果土方工程具有大、特、新或特别复杂的特点，则必单独编制土石方工程施工方案，并按规定程序履行审批程序。土方工程施工，必须严格按批准的土方工程施工方案或安全措施进行施工，应特殊情况需要变更的，要履行相应的变更手续。

（2）土方的放坡与支护：土方工程施工前必要时应进行工程施工地质勘探，根据土质条件、地下水位、开挖深度、周边环境及基础施工方案等制定基坑（槽）设置安全边坡或固壁施工支护方案。

（3）土方开挖机械和开挖顺序的选择。在方案中应根据工程实际，选择适合的土方开挖机械，并确定合理的开挖顺序，要兼顾土方开挖效益与安全。

（4）施工道路的规划。运土道路的应平整、坚实，其坡度和转弯半径应符合有关安全的规定。

（5）基坑周边防护措施。基坑防护措施，如基坑四周的防护栏杆，基坑防止坠落的警示标志，以及人员上下的专用爬梯等。

（6）人工、机械挖土的安全措施。土方工程施工中防止塌方、高处坠落、触电和机械伤害的安全防范措施。

（7）雨季施工时的防洪排涝措施。土方工程在雨季施工时，土方工程施工方案或安全措施应具有相应的防洪和排涝的安全措施，以防止塌方等灾害的发生。

（8）基坑降水。土方工程施工需要人工降低地下水位时，土方工程施工方案或安全措施应制定与降水方案相对应的安全措施，如，防止塌方、管涌、喷砂冒水等措施以及对周边环境（如建筑物、构筑物、道路、各种管线等）的监测措施等。

（9）应急救援及相关措施等。

2.3.2　土方开挖基坑支护的一般安全要求与技术

（1）施工前，应对施工区域内影响施工的各种障碍物，如建筑物、道路、管线、旧基础、坟墓、树木等，进行拆除、清理或迁移，确保安全施工。

（2）施工时必须按施工方案（或安全措施）的要求，设置基坑（槽）设置安全边坡或固壁施工支护措施，因特殊情况需要变更的，必须履行相应的变更手续。

（3）当地质情况良好、土质均匀、地下水位低于基坑（槽）底面标高时，挖方深度在 5 m 以内可不加支撑，这时的边坡最陡坡度应按表 2-4 规定确定（应在施工方案中予以确定）。

（4）当天然冻结的速度和深度，能确保挖土时的安全操作，对于 4 m 以内深度的基坑（槽）开挖时可以采用天然冻结法垂直开挖而不加设支撑。但对干燥的砂土应严禁采用冻结法施工。

（5）黏性土不加支撑的基坑（槽）最大垂直挖深可根据坑壁的重量、内摩擦角、坑顶部的均布荷载及安全系数等进行计算。

（6）挖土前应根据安全技术交底了解地下管线、人防及其他构筑物的情况和具体位置，地下构筑物外露时，必须加以保护。作业中应避开各种管线和构筑物，在现场电力、通信电缆 2 m 范围内和在现场燃气、热力、给排水等管道 1 m 范围内施工时，必须在其业主单位人员的监护下采取人工开挖。

（7）人工开挖槽、沟、坑深度超过 1.5 m 的，必须根据开挖深度和土质情况，按安全技术措施或安全技术交底的要求放坡或支护。如遇边坡不稳或有坍塌征兆时，应立即撤离现场，并及时报告项目负责人，险情排除后，方可继续施工。

表 2-4 深度在 5 m 以内（包括 5 m）的基坑（槽）边的最大坡度（不加支撑）

土的类别	边坡坡度（高：宽）		
	坡顶无荷载	坡顶有荷载	坡顶有动载
中密的砂土	1：1.00	1：1.25	1：1.50
中密的碎石土	1：0.75	1：1.00	1：1.25
硬塑的粉土	1：0.67	1：0.75	1：1.00
中密的碎石土（充填物为黏土）	1：0.50	1：0.67	1：0.75
硬塑的粉质黏土、黏土	1：0.33	1：0.50	1：0.67
老黄土	1：0.10	1：0.25	1：0.33
软土（轻型井点降水后）	1：1.00	—	—

注：1. 静载指堆土或材料等，动载指机械挖土或汽车运输作业等，静载或动载距挖方边缘的距离应在 1 m 以外，堆土或材料堆积高度不应超过 1.5 m。

2. 若有成熟的经验或科学的理论计算并经试验证明者可不受本表限制。

3. 土质均匀且无地下水或地下水位低于基坑（槽）底面且土质均匀时，土壁不加支撑的垂直挖深不宜超过下表规定。

不加支撑基坑（槽）土壁垂直挖深规定

土的类别	深 度/m
密实、中密的砂土和碎石类土（充填物为砂土）	1.00
硬塑、可塑的粉土及粉质黏土	1.25
硬塑、可塑的黏土和碎石类土（充填物为黏性土）	1.50
坚硬的黏土	2.00

（8）人工开挖时，两个人横向操作间距应保持为 2～3 m，纵向间距不得小于 3 m，并应自上而下逐层挖掘，严禁采用掏洞的挖掘操作方法。

（9）上下槽、坑、沟应先挖好阶梯或设木梯，不应踩踏土壁及其支撑上下，施工间歇时不得在槽沟坑；破脚下休息。

（10）挖土过程中遇有古墓、地下管道、电缆或不能辨认的异物和液体、气体时，应立即停止施工，并报告现场负责人，待查明原因并采取措施处理后，方可继续施工。

（11）雨期深基坑施工中，必须注意排除地面雨水，防止倒流入基坑，同时注意雨水的渗入，土体强度降低，土压力加大造成基坑边坡坍塌事故。

（12）钢钎破冻土、坚硬土时，扶钎人应站在打锤人侧面用长把夹具扶钎，打锤范围内不得有其他人停留。锤顶应平整，锤头应安装牢固。钎子应直且不得有飞刺，打锤人不得戴手套。

（13）从槽、坑、沟中吊运送土至地面时，绳索、滑轮、钩子、箩筐等垂直运输设备、工具应完好牢固。起吊、垂直运送时下方不得站人。

（14）配合机械挖土清理槽底作业时严禁进入铲斗回转半径范围。必须待挖掘机停止作业后，方准进入铲斗回转半径范围内清土。

（15）夜间施工时，应合理安排施工项目，防止挖方超挖或铺填超厚。施工现场应根据需要安装照明设施，在危险地段应设置红灯警示。

（16）每日或雨后必须检查土壁及支撑的稳定情况，在确保安全的情况下方可施工，并且不得将土和其他物件堆放在支撑上，不得在支撑上行者或站立。

（17）深基坑内光线不足，不论白天还是夜间施工，均应设置足够的电器照明，电器照明应符合《施工现场临时用电安全技术规范》（JGJ46—2005）的有关规定。

（18）用挖土机施工时，施工机械进场前必须经过验收，验收合格方准使用。

（19）机械挖土，启动前应检查离合器、液压系统及各铰接部分等，经空车试运转正常后再开始作业。机械操作中进铲不应过深，提升不应过猛，作业中部的碰撞基坑支撑。

（20）机械不得在输电线路下和线路一侧工作。不论在任何情况下，机械的任何部位与架空输电线路的最近距离应符合安全操作规程要求（根据现场输电线路的电压等级确定）。

（21）机械应停在坚实的地基上，如基础过差，应采取走道板等加固措施，不得将挖土机履带与挖空的基坑平行的 2 m 内停、驶。运土汽车不宜靠近基坑平行行驶，载重汽车与坑、沟边沿距离不得小于 3 m；马车与坑、沟边沿距离不得小于 2 m；塔式起重机等振动较大的机械与坑、沟边沿距离不得小于 6 m；防止塌方翻车。

（22）向汽车上卸土应在汽车停稳定后进行，禁止铲斗从汽车驾驶室上越过。

（23）使用土石方施工机械施工时，应遵守土石方机械安全使用的要求。

（24）场内道路应及时整修，确保车辆安全畅通，各种车辆应有专人负责指挥引导。

（25）车辆进出门口的人行道下，如有地下管线（道）必须铺设厚钢板，或浇筑混凝土加固。车辆出大门口前，应将轮胎冲洗干净，不污染道路。

（26）用挖土机施工时，应严格控制开挖面坡度和分层厚度，防止边坡和挖土机下的土体活动，挖土机的作业半径范围内，不得粘人，不得进行其他作业。

（27）用挖土机施工时，且应至少保留 0.3 m 厚不挖，最后由人工修挖至设计标高。

（28）基坑深度超过 5 m 必须进行专项支护设计，专项支护设计必须经上级审批，签署审批意见。

（29）挖土时要随时注意土壁的变异情况，如发现有裂纹或部分塌落现象，要及时进行支撑或改缓放坡，并注意支撑的稳固和边坡的变化。

（30）在坑边堆放弃土、材料和移动施工机械，应与坑边保持一定距离；当土质良好时，要距坑边 1 m 以外，堆放高度不能超过 1.5 m。

（31）在靠近建筑物旁挖掘基槽或深坑，其深度超过原有建筑物基础深度时，应分段进行，每段不得超过 2 m。

2.3.3 基坑（槽）及管沟工程防止坠落的安全技术与要求

（1）深度超过 2 m 的基坑施工，其临边应设置人及物体滚落基坑的安全防护措施。必要时应设置警示标志，配备监护人员。

（2）基坑周边应搭设防护栏杆，栏杆的规格、杆件连接、搭设方式等必须符合《建筑施工高处作业安全技术规范》的规定。

（3）人员上下基坑、基坑作业应根据施工设计设置专用通道，不得攀登固壁支撑上下。

人员上下基坑作业，应配备梯子，作为上下的安全通道；在坑内作业，可根据坑的大小设置专用通道。

（4）夜间施工时，施工现场应根据需要安设照明设施，在危险地段应设置红灯警示。

（5）在基坑内无论是在坑底作业，或者攀登作业或是悬空作业，均应有安全的立足点和防护措施。

（6）基坑较深，需要上下垂直同时作业的，应根据垂直作业层搭设作业架，各层用钢、木、竹板隔开。或采用其他有效的隔离防护措施，防止上层作业人员、土块或其他工具坠落伤害下层作业人员。

2.3.4 深基坑支护安全技术要求

深基坑支护的设计与施工技术尤为重要。国家规定深基坑支护要进行结构设计，深度大于 5 m 的基坑安全度要通过专家论证。

1. 深基坑支护的一般安全要求

（1）支护结构的选型应考虑结构的空间效应和基坑特点，选择有利支护的结构型式或采用几种型式相结合。

（2）当采用悬臂式结构支护时，基坑深度不宜大于 6 m。基坑深度超过 6 m 时，可选用单支点和多支点的支护结构。地下水位较低的地区和能保证降水施工时，也可采用土钉支护。

（3）寒冷地区基坑设计应考虑土体冻胀力的影响。

（4）支撑安装必须按设计位置进行，施工过程严禁随意变更，并应切实使围檩与挡土桩墙结合紧密。挡土板或板桩与坑壁间的回填土应分层回填夯实。

（5）支撑的安装和拆除顺序必须与设计工况相符合，并与土方开挖和主体工程的施工顺序相配合。分层开挖时，应先支撑后开挖；同层开挖时，应边开挖边支撑。支撑拆除前，应采取换撑措施，防止边坡卸载过快。

（6）钢筋混凝土支撑其强度必须达设计要求（或达 75%）后，方可开挖支撑面以下土方；钢结构支撑必须严格材料检验和保证节点的施工质量，严禁在负荷状态下进行焊接。

（7）应合理布置锚杆的间距与倾角，锚杆上下间距不宜小于 2.0 m，水平间距不宜小于 1.5 m；锚杆倾角宜为 15°～25°，且不应大于 45°。最上一道锚杆覆土厚不得小于 4 m。

（8）锚杆的实际抗拔力除经计算外，还应按规定方法进行现场试验后确定。可采取提高锚杆抗力的二次压力灌浆工艺。

（9）采用逆做法施工时，要求其外围结构必须有自防水功能。基坑上部机械挖土的深度，应按地下墙悬臂结构的应力值确定；基坑下部封闭施工，应采取通风措施；当采用电梯间作为垂直运输的井道时，对洞口楼板的加固方法应由工程设计确定。

（10）逆做法施工时，应合理地解决支撑上部结构的单柱单桩与工程结构的梁柱交叉及节点构造，并在方案中预先设计。当采用坑内排水时必须保证封井质量。

2. 深基坑支护的施工监测

1）监测内容

（1）挡土结构顶部的水平位移和沉降。

（2）挡土结构墙体变形的观测。

（3）支撑立柱的沉降观测。

（4）周围建（构）筑物的沉降观测。

（5）周围道路的沉降观测。

（6）周围地下管线的变形观测。

（7）坑外地下水位的变化观测。

2）监测要求

（1）基坑开挖前应做出系统的开挖监控方案。监控方案应包括监控目的、监控项目、监控报警值、监控方法及精度要求、检测周期、工序管理和记录制度，以及信息反馈系统等。

（2）监控点的布置应满足监控要求。从基坑边线以外 1～2 倍开挖深度范围内的需要保护物体应作为保护对象。

（3）监测项目在基坑开挖前应测得始值，且不应少于 2 次。基坑监测项目的监控报警值应根据监测对象的有关规范及护结构设计要求确定。

（4）各项监测的时间可根据工程施工进度确定。当变形超过允许值，变化速率较大时，应加密观测次数。当有事故征兆时应连续监测。

（5）基坑开挖监测过程中应根据设计要求提供阶段性监测结果报告。工程结束时应提交完整的监测报告，报告内容应包括：工程概况、监测项目和各监测点的平面和立面布置图采用的仪器设备和监测方法；监测数据的处理方法和监测结果过程曲线，监测结果评价等。

2.4 高处作业安全技术要求

2.4.1 一般高处作业安全技术要求

1. 高处作业的概念

按照国标规定："凡在坠落高度基准面 2 m 以上（含 2 m）有可能坠落的高处进行的作业称为高处作业。"

其内涵有两个方面：

（1）一是相对概念，可能坠落的底面高度大于或等于 2 m；也就是不论在单层、多层或高层建筑物作业，即使是在平地，只要作业处的侧面有可能导致人员坠落的坑、井、洞或空间，其高度达到 2 m 及其以上，就属于高处作业。

（2）二是高低差距标准定为 2 m。因为一般情况下，当人在 2 m 以上的高度坠落时，就很可能会造成重伤、残废或甚至死亡。

2. 高处作业的级别分类

高处作业的级别按作业高度可分为 4 级，即高处作业在 2~5 m 时，为一级高处作业；5~15 m 时，为二级高处作业；15~30 m 时，为三级高处作业；在大于 30 m 时，为特级高处作业。高处作业又分为一般高处作业和特殊高处作业，其中特殊高处作业又分为 8 类。

特殊作业分类：

（1）在阵风风力六级以上的情况下进行的高处作业称为强风高处作业。

（2）在高温或低温环境下进行的高处作业，称为异温高处作业。

（3）降雪时进行的高处作业，称为雪天高处作业。

（4）降雨时进行的高处作业，称为雨天高处作业。

（5）室外完全采用人工照明时的高处作业，称为夜间高处作业。

（6）在接近或接触带电体条件下进行的高处作业，为带点高处作业。

（7）在无立足点或无牢靠立足点的条件下进行的高处作业，称为悬空高处作业。

（8）对突然发生的各种灾害事故进行抢救的高处作业，称为抢救高处作业。

一般高处作业指的是除特殊高处作业以外的高处作业。

3. 高处作业安全防护技术要求

（1）悬空作业处应有牢靠的立足处，凡是进行高处作业施工的，应使用脚手架、平台、梯子、防护围栏、挡脚板、安全带和安全网等安全设施。

（2）凡从事高处作业人员应接受高处作业安全知识的教育；特殊高处作业人员应持证上岗，上岗前应依据有关规定进行专门的安全技术交底。采用新工艺、新技术、新材料和新设备的，应按规定对作业人员进行相关安全技术教育。

（3）悬空作业所用的索具、脚手板、吊篮、吊笼、平台等设备，均需经过技术鉴定或检证合格后方可使用。

（4）高处作业人员应经过体检，合格后方可上岗。施工单位应为作业人员提供合格的安全帽、安全带等必备的个人安全防护用具，作业人员应按规定正确佩戴和使用。

（5）施工单位应按高处作业类别，有针对性地将各类安全警示标志悬挂于施工现场各相应部位，夜间应设红灯示警。

（6）安全防护设施应由单位工程负责人验收，并组织有关人员参加。

（7）安全防护设施的验收，应具备下列资料：

① 施工组织设计及有关验算数据。

② 安全防护设施验收记录。

③ 安全防护设施变更记录及签证。

（8）安全防护设施的验收，主要包括以下内容：

① 所有临边、洞口等各类技术措施的设置情况。

② 技术措施所用的配件、材料和工具的规格和材质。

③ 技术措施的节点构造及其与建筑物的固定情况。

④ 扣件和连接件的紧固程序。

⑤ 安全防护设施的用品及设备的性能与质量是否合格的验证。

⑥ 高处作业前,工程项目部应组织有关部门对安全防护设施进行验收,并做出验收记录,经验收合格签字后方可作业。需要临时拆除或变动安全设施的,应经项目技术负责人审批签字,并组织有关部门验收,经验收合格签字后方可实施。

（9）高处作业所用工具、材料严禁投掷,上下立体交叉作业确有需要时,中间须设隔离设施。

（10）高处作业应设置可靠扶梯,作业人员应沿着扶梯上下,不得沿着立杆与栏杆攀登。

（11）在雨雪天应采取防滑措施,当风速在 10.8 m/s 以上和雷电、暴雨、大雾等气候条件下,不得进行露天高处作业。

（12）高处作业上下应设置联系信号或通信装置,并指定专人负责。

2.4.2 临边作业安全防护

1. 临边作业的概念

在建筑工程施工中,当作业工作面的边缘没有维护设施或维护设施的高度低于 80cm 时,这类作业称为临边作业。临边与洞口处在施工过程中是极易发生坠落事故的场合,在施工现场,这些地方不得缺少安全防护设施。

2. 临边防护栏杆的架设位置

（1）基坑周边、尚未装栏板的阳台、料台与各种平台周边、雨篷与挑檐边、无外脚手架的屋面和楼层边,以及水箱周边。

（2）分层施工的楼梯口和楼段边,必须设防护栏杆;顶层楼梯口应随工程结构的进度安装正式栏杆或临时栏杆;楼梯休息平台上尚未堵砌的洞口边也应设防护栏杆。

（3）井架与施工用的电梯和脚手架与建筑物通道的两边,各种垂直运输接料平台等,除两侧设施防护栏杆外,平台口还应设置安全门或活动防护栏杆;地面通道上部应装设安全防护棚。双笼井架通道中间,应予分隔封闭。

3. 临边防护栏杆设置要求

（1）临边防护用的栏杆是由栏杆立柱和上下两道横杆组成,上横杆称为扶手。栏杆的材料应按规范标准的要求选择,选材时除需满足力学条件外,其规格尺寸和联结方式还应符合构造上的要求,应紧固而不动摇,能够承受突然冲击,阻挡人员在可能状态下的下跌和防止物料的坠落,还要有一定的耐久性。

（2）搭设临边防护栏杆时,上杆离地高度为 1.0～1.2 m,下杆离地高度为 0.5～0.6 m,坡度大于 1:2.2 的屋面,防护栏杆应高于 1.5 m,并加挂安全立网;除经设计计算外,横杆长度大于 2 m,必须加设栏杆立柱;防护栏杆的横杆不应有的悬臂,以免坠落时横杆头撞击伤人;栏杆的下部必须加设挡脚板;栏杆柱的固定及其与横杆的连接,其整体构造应使防护栏杆在上杆任何处,能经受任何方向的 1 000 N 外力。当栏杆所处位置有发生人群拥挤、车辆冲击或物件碰撞等可能时,应加大横杆截面或加密柱距。防护栏杆必须自上而下用安全立网封闭。

（3）栏杆柱的固定应符合下列要求：

① 当在基坑四周固定时，可采用钢管并打入地面 50～70 cm 深。钢管离边口的距离，不应小于 50 cm。当基坑周边采用板桩时，钢管可打在板桩外侧。

② 当在混凝土楼面、屋面或墙面固定时，可用预埋件与钢管或钢筋焊牢。采用竹、木栏杆时，可在预埋件上焊接 30 cm 长的∟50×5 角钢，其上下各钻一孔，然后用 10 mm 螺栓与竹、木杆件栓牢。

③ 当在砖或砌块等砌体上固定时，可预先砌入规格相适应的 80×6 弯转扁钢作预埋铁的混凝土块，然后用焊接固定。

2.4.3 洞口作业安全防护

1. 洞口作业的概念

施工现场，在建工程上往往存在着各式各样的洞口，在洞口旁的作业称为洞口作业。

（1）在水平方向的楼面、屋面、平台等上面短边小于 25 cm（大于 2.5 cm）的称为孔，但也必须覆盖（应设坚实盖板并能防止挪动移位）；短边尺寸等于或大于 25 cm 称为洞。

（2）在垂直于楼面、地面的垂直面上，则高度小于 75 cm 的称为孔，高度等于或大于 75 cm，宽度大于 45 cm 的均称为洞。凡深度在 2 m 及 2 m 以上的桩孔、人孔、沟槽与管道等孔洞边沿上的高处作业都属于洞口作业范围。

2. 洞口防护设施的安装位置

（1）各种板与墙的洞口，按其大小和性质分别设置牢固的盖板、防护栏杆、安全网或其他防坠落的防护设施。

（2）电梯井口，根据具体情况设高度不低于 1.2 m 防护栏或固定栅门与工具式栅门，电梯井内每隔两层或最多 10 m 设一道安全平网（安全平网上的建筑垃圾应及时清除），也可以按当地习惯，在井口设固定的格栅或采取砌筑坚实的矮墙等措施。

（3）钢管桩、钻孔桩等桩孔口，柱基、条基等上口，未填土的坑、槽口，以及天窗和化粪池等处，都要作为洞口采取符合规范的防护措施。

（4）施工现场与场地通道附近的各类洞口与深度在 2 m 以上的敞口等处除设置防护设施与安全标志外，夜间还应设红灯示警。

（5）物料提升机上料口，应装设有联锁装置的安全门，同时采用断绳保护装置或安全停靠装置；通道口走道板应平行于建筑物满铺并固定牢靠，两侧边应设置符合要求的防护栏杆和挡脚板，并用密目式安全网封闭两侧。

（6）墙面等处的竖向洞口，凡落地的洞口应设置防护门或绑防护栏杆，下设挡脚板。低于 80 cm 的竖向洞口，应加设 1.2 m 高的临时护栏。

3. 洞口安全防护措施要求

洞口作业时根据具体情况采取设置防护栏杆，加盖件，张挂安全网与装栅门等措施。

（1）楼板面的洞口，可用竹、木等作盖板，盖住洞口。盖板须能保持四周搁置均衡，并有固定其位置的措施。

（2）短边小于 25 cm（大于 2.5 cm）孔，应设坚实盖板并能防止挪动移位。

（3）2.25 cm×25 cm～50 cm×50 cm 的洞口，应设置固定盖板，保持四周搁置均衡，并有固定其位置的措施。

（4）短边边长为 50～150 cm 的洞口，必须设置以扣件扣接钢管而成的网络，并在其上满铺竹笆或脚手板。也可采用贯穿于混凝土板内的钢筋构成防护网，钢筋网络间距不得大于 20 cm。

（5）1.5m×1.5m 以上的洞口，四周必须搭设围护架，并设双道防护栏杆，洞口中间支挂水平安全网，网的四周栓挂牢固、严密。

（6）墙面等处的竖向洞口，凡落地的洞口应加装开关式、工具式或固定式的防护门，门栅网络的间距不应大于 15 cm，也可采用防护栏杆，下设挡脚板（笆）。

（7）下边沿至楼板或底面低于 80 cm 的窗台等竖向的洞口，如侧边落差大于 2 m 应加设 1.2 m 高的临时护栏。

（8）洞口应按规定设置照明装置的安全标识。

2.5 施工现场用电安全技术

2.5.1 建筑施工安全用电管理的基本要求

（1）施工现场必须按工程特点编制施工临时用电施工组织设计（或方案），并由主管部门审核后实施。临时用电施工组织设计必须包括如下内容：

① 用电机具明细表及负荷计算书。

② 现场供电线路及用电设备布置图，布置图应注明线路架设方式，导线、开关电器、保护电器、控制电器的型号及规格；接地装置的设计计算及施工图。

③ 发、配电房的设计计算，发电机组与外电联锁方式。

④ 大面积的施工照明，150 人及以上居住的生活照明用电的设计计算及施工图纸。

⑤ 安全用电检查制度及安全用电措施（应根据工程特点有针对性地编写）。

（2）各施工现场必须设置 1 名电气安全负责人，电气安全负责人应由技术好、责任心强的电气技术人员或工人担任，其责任是负责该现场日常安全用电管理。

（3）施工现场的一切电气线路、用电设备的安装和维护必须由持证电工负责，并严格执行施工组织设计的规定。

（4）施工现场应视工程量大小和工期长短，必须配备足够的（不少于 2 名）持有市、地劳动安全监察部门核发电工证的电工。

（5）施工现场使用的大型机电设备，进场前应通知主管部门派员鉴定合格后才允许运进施工现场安装使用，严禁不符合安全要求的机电设备进入施工现场。

（6）一切移动式电动机具（如潜水泵、振动器、切割机、手持电动机具等）机身必须写上编号，检测绝缘电阻、检查电缆外绝缘层、开关、插头及机身是否完整无损，并列表报主管部门检查合格后才允许使用。

（7）施工现场严禁使用明火电炉（包括电工室和办公室）、多用插座及分火灯头，220V的施工照明灯具必须使用护套线。

（8）施工现场应设专人负责临时用电的安全技术档案管理工作。临时用电安全技术档案应包括的内容为：临时用电施工组织设计；临时用电安全技术交底；临时用电安全检测记录；电工维修工作记录。

2.5.2 施工现场临时用电检查与验收

1. 施工现场的外电防护

（1）在建工程不得在高、低压线路下方施工、搭设作业棚、生活设施和堆放构件、材料等。在架空线路一侧施工时，在建工程（含脚手架）的外缘应与架空线路边线之间保持安全操作距离，安全操作距离不得小于表 2-5 的数值。

（2）旋转臂式起重机的任何部位或被吊物边缘与 10 kV 以下的架空线路边缘的最小距离不得小于 2 m。

表 2-5 最小安全操作距离

架空线路电压等级/kV	<1	1～10	35～110	220	330～500
最小安全操作距离/m	4	6	8	10	15

注：上、下脚手架的斜道不宜设在有外电线路的一侧；起重机的任何部位或被吊物边缘与 10 kV 以下的架空线路边缘最小水平距离不得小于 2 m。

（3）施工现场开挖非热管道沟槽的边缘与埋地外电缆沟槽之间的距离不得小于 0.5 m。

（4）施工现场不能满足条中规定的最小距离时，必须按现行行业规范规定搭设防护设施并设置警告标志。在架空线路一侧或上方搭设或拆除防护屏障等设施时，必须停电后作业，并设监护人员。

2. 施工现场的配电线路

（1）架空线路宜采用木杆或混凝土杆。混凝土杆不得露筋，不得有环向裂纹和扭曲；木杆不得腐朽，其梢径不得小于 130 mm。

（2）架空线路必须采用绝缘铜线或铝线，且必须假设在电杆上，并经横担和绝缘子架设在专用电杆上；架空导线截面应满足计算负荷、线路末端电压偏移（不大于 5%）和机械强度要求；严禁假设在树木或脚手架上。

（3）架空线路相序排列应符合下列规定：

① 在同一横担架设时，面向负荷侧，从左起为 L1、N、L2、L3；和保护零线在同一横担架设时，线路相序排列是，面向负荷侧，从左起为 L1、N、L2、L3、PE。

② 动力线、照明线在两个横担架设时，上层横担：面向负荷侧，从左起为 L1、L2、L3；下横担从左起为 L1、（L2、L3）N、PE。

③ 架空敷设档距不应大于 35 m，线间距离不应小于 0.3 m，横担间最小垂直距离：高压与底压直线杆为 1.2 m，分支或转角杆为 1.0 m；底压与底压，直线杆为 0.6 m，分支或转角杆 0.3 m。

（4）架空线敷设高度应满足下列要求：距施工现场地面不小于 4 m；距机动车道不小于 6 m；距铁路轨道不小于 7.5 m；距暂设工程和地面堆放物顶端不小于 2.5 m；距交叉电力线路：0.4 kV 线路不小于 1.2 m；10 kV 线路不小于 2.5 m。

（5）施工用电电缆线路电缆线路应采用埋地或架空敷设，不得沿地面明设；埋地敷设深度不应小于 0.6 m，并应在电缆上下各均匀铺设不少于 50 mm 后的细砂然后铺设砖等硬质保护层；穿越建筑物、道路等易受损伤的场所时，应另加防护套管；架空敷设时，应沿墙或电杆做绝缘固定，电缆最大弧垂处距地面不得小于 2.5 m；在建工程内的电缆线路应采用电缆埋地穿管引入，沿工程竖井、垂直孔洞，逐层固定，电缆水平敷设高度不应小于 1.8 m。

（6）照明线路上的每一个单项回路上，灯具和插座数量不宜超过 25 个，并应装设熔断电流为 15 A 及其以下的熔断保护器。

3．施工现场临时用电的接地与防雷

1）施工接地方法类别

（1）工作接地：在电气系统中，因运行需要的接地（例如三相供电系统中，电源中性点的接地）称为工作接地。在工作接地的情况下，大地被作为一根导线，而且能够稳定设备导电部分对地电压。

（2）保护接地：在电力系统中，因漏电保护需要，将电气设备正常情况下不带电的金属外壳和机械设备的金属构件（架）接地，称为保护接地。

（3）重复接地：在中性点直接接地的电力系统中，为了保证接地的作用和效果，除在中性点处直接接地外，在中性线上的一处或多处再接地，称为重复接地。

（4）防雷接地：防雷装置（避雷针、避雷器、避雷线等）的接地，称为防雷接地。防雷接地的设置主要作用是雷击防雷装置时，将雷击电流泄入大地。

2）施工用电基本保护系统

施工用电应采用中性点直接接地的 380/220 V 三相五线制低压电力系统，其保护方式应符合下列规定。

（1）施工现场由专用变压器供电时，应将变压器低压侧中性点直接接地，并采用 TN-S 接零保护系统。

（2）施工现场由专用发电机供电时，必须将发电机的中性点直接接地，并采用 TN-S 接零保护系统，且应独立设置。

（3）当施工现场直接由市电（电力部门变压器）等非专用变压器供电时，其基本接地、接零方式应与原有市电供电系统保持一致。在同一供电系统中，不得一部分设备做保护接零，另一部分设备做保护接地。

（4）在供电端为三相五线供电的接零保护（TN）系统中，应将进户处的中性线（N 线）重复接地，并同时由接地点另引出保护零线（PE 线），形成局部 TN-S 接零保护系统。

3）施工用电保护接零与重复接地

在接零保护系统中电气设备的金属外壳必须与保护零线（PE 线）连接。保护零线应符合下列规定：

（1）保护零线应自专用变压器、发电机中性点处，或配电室、总配电箱进线处的中性线（N线）上引出。

（2）保护零线的统一标志为绿/黄双色绝缘导线，在任何情况下不得使用绿/黄双色线做负荷线；保护零线（PE线）必须与工作零线（N线）相隔离，严禁保护零线与工作零线混接、混用。

（3）保护零线上不得装设控制开关或熔断器；保护零线的截面不应小于对应工作零线截面。与电气设备相连接的保护零线截面不应小于 2.5 mm² 的多股绝缘铜线。

（4）保护零线的重复接地点不得少于 3 处，应分别设置在配电室或总配电箱处，以及配电线路的中间处和末端处。

4）施工用电接地电阻

（1）接地电阻包括接地电阻、接地体本身的电阻及散流电阻。由于接地线和接地体本身的电阻很小（因导线较短，接地良好）可忽略不计。一般认为接地电阻就是散流电阻。它的数值等于对地电压与接地电流之比。接地电阻分为冲击接地电阻、直接接地电阻和工频接地电阻，在用电设备保护中一般采用工频接地电阻。

（2）电力变压器或发电机的工作接地电阻值不应大于 4 Ω。在 TN 接零保护系统中重复接地应与保护零线连接，每处重复接地电阻值不应大于 10 Ω。

5）施工现场的防雷保护

多层与高层建筑施工期间，应注意采取以下防雷措施：

（1）由于建筑物的四周有起重机，起重机最上端必须装设避雷针，并应将起重机钢架连接于接地装置上。接地装置应尽可能利用永久性接地系统。如果是水平移动的塔式起重机，其地下钢轨必须可靠地接到接地系统上。起重机上装设的避雷针，应能保护整个起重机及其电力设备。

（2）沿建筑物四角和四边竖起的木、竹架子上，做数根避雷针并接到接地系统上，针长最小应高出木、竹架子 3.5 m，避雷针之间的间距以 24 m 为宜。对于钢脚手架，应注意连接可靠并要可靠接地。如施工阶段的建筑物当中有突出高点，应如上述加装避雷针。在雨期施工应随脚手架的接高加高避雷针。

（3）建筑工地的井字架、门式架等垂直运输架上，应将一侧的中间立杆接高，高出顶墙 2 m，作为接闪器，并在该立杆下端设置接地线，同时应将卷扬机的金属外壳可靠接地。

（4）应随时将每层楼的金属门窗（钢门窗、铝合金门窗）和现浇混凝土框架（剪刀墙）的主筋可靠连接。

（5）施工时应按照正式设计图纸的要求，先做完接地设备。同时，应当注意跨步电压的问题。

（6）在开始架设结构骨架时，应按图纸规定，随时将混凝土柱子的主筋与接地装置连接，以防施工期间遭到雷击而被破坏。

（7）应随时将金属管道及电缆外皮在进入建筑物的进口处与接地设备连接，并应把电气设备的铁架及外壳连接在接地系统上。

（8）防雷装置的避雷针（接闪器）可采用 φ20 钢筋，长度应为 1～2 m；当利用金属构架做引下线时，应保证构架之间的电气连接；防雷装置的冲击接地电阻值不得大于 30 Ω。

4. 配电箱及开关箱

（1）电箱与开关的设置原则：施工现场应设总配电箱（或配电室），总配电箱以下设分配电箱，分配电箱以下设开关箱，开关箱以下是用电设备。

（2）施工用电配电箱、开关箱中应装设电源隔离开关、短路保护器、过载保护器，其额定值和动作整定值应与其负荷相适应。总配电箱、开关柜中还应装设漏电保护器。

（3）施工用电动力配电与照明配电宜分箱设置，当合置在同一箱内时，动力与照明配电应分路设置。

（4）施工用电配电箱、开关箱应采用铁板（厚度为 1.2 ~ 2.0 mm）或阻燃绝缘材料制作。不得使用木质配电箱、开关箱及木质电器安装板。

（5）施工用电配电箱、开关箱应装设在干燥、通风、无外来物体撞击的地方，其周围应有足够二人同时工作的空间和通道。

（6）施工用电移动式配电箱、开关箱应装设在坚固的支架上，严禁于地面上拖拉。

（7）施工用电开关箱应实行"一机一闸"制，不得设置分路开关。开关箱中必须设漏电保护器，实行"一漏一箱"制。

（8）施工用电漏电保护器的额定漏电动作参数选择应符合下列规定：

① 在开关箱（末级）内的漏电保护器，其额定漏电动作电流不应大于 30 mA，额定漏电动作时间不应大于 0.1 s。

② 使用于潮湿场所时，其额定漏电动作电流应不大于 15 mA，额定漏电动作时间不应大于 0.1 s。

③ 总配电箱内的漏电保护器，其额定漏电动作电流应大于 30 mA，额定漏电动作时间应大于 0.1 s。但其额定漏电动作电流（I）与额定漏电动作时间（t）的乘积不应大于 30 mA·s（$I \cdot t \leqslant 30$ mA·s）。

（9）加强对配电箱、开关箱的管理，防止误操作造成危害，所有配电箱、开关箱应在其箱门处标注编号、名称、用途和分路情况。

（10）施工现场电器装置：

① 闸具、熔断器参数与设备容量应匹配。手动开关电器只许用于直接控制照明电路和容量不大于 5.5 kW 的动力电路。容量大于 5.5 kW 的动力电路应采用自动开关电器或降压启动装置控制。各种开关的额定值应与其控制用电设备的额定值相适应。

② 熔断器的熔体更换时，严禁使用不符合原规格的熔体代替。

5. 施工现场照明

（1）单项回路的照明开关箱内必须装设漏电保护器。

（2）照明灯具的金属外壳必须作保护接零。

（3）施工照明室外灯具距地面不得低于 3 m，室内灯具距地面不得低于 2.4 m。

（4）一般场所，照明电压应为 220 V。隧道、人防工程、高温、有导电粉尘和狭窄场所，照明电压不应大于 36 V。

（5）潮湿和易触及照明线路场所，照明电压不应大于 24 V。特别潮湿、导电良好的地面、锅炉或金属容器内，照明电压不应大于 12 V。

（6）手持灯具应使用 36 V 以下电源供电。灯体与手柄应坚固绝缘良好并耐热和耐潮湿。

（7）施工照明使用 220 V 碘钨灯应固定安装，其高度不应低于 3 m，距易燃物不得小于 500 mm，并不得直接照射易燃物，不得将 220 V 碘钨灯做移动照明。

（8）施工用电照明器具的形式和防护等级应与环境条件相适应。

（9）需要夜间或暗处施工的场所，必须配置应急照明电源。

（10）夜间可能影响行人、车辆、飞机等安全通行的施工部位或设施、设备，必须设置红色警戒照明。

6. 施工现场变配电装置

（1）配电室应靠近电源，并应设在无灰尘、无蒸汽、无腐蚀介质及无振动的地方。成列的配电屏（盘）和控制屏（台）两端应与重复接地线及保护零线做电气连接。

（2）配电室和控制室应能自然通风，并应采取防止雨雪和动物出入措施。

（3）配电室应符合下列要求：

① 配电屏（盘）正面的操作通道宽度，单列布置不小于 1.5 m，双列布置不小于 2.0 m；

② 配电屏（盘）后的维护通道宽度不小于 0.8 m（个别地点有建筑物结构凸出的部分，则此点通道的宽度可不小于 0.6 m）；

③ 配电屏（盘）侧面的维护通道宽度不小于 1 m；

④ 配电室的天棚距地面不低于 3 m；

⑤ 在配电室内设值班或检修室，该室距配电屏（盘）的水平距离大于 1 m，并采取屏蔽隔离；

⑥ 配电室的门向外开，并配锁；

⑦ 配电室内的裸母线与地面垂直距离小于 2.5 m 时，采用遮拦隔离，遮拦下面通行道的高度不小于 1.9 m；

⑧ 配电室的围栏上端与垂直上方带电部分的净距，不小于 0.75 m；

⑨ 配电装置的上端距天棚不小于 0.5 m；

⑩ 母线均应涂刷有色油漆（以屏（盘）的正面方向为准），其涂色应符合《施工现场临时用电安全技术规范》（JGJ46—2005）中母线涂色表的规定。

（4）配电室的建筑物和构筑物的耐火等级应不低于 3 级，室内应配置砂箱和绝缘灭火器。配电屏（盘）应装设有功、无功电度表，并应分路装设电流、电压表。电流表与计费电度表不得共用一组电流互感器。配电屏（盘）应装设短路、过负荷保护装置和漏电保护器。配电屏（盘）上的各配电线路应编号，并标明用途标记。配电屏（盘）或配电线路维修时，应悬挂停电标志牌。停、送必须由专人负责。

（5）电压为 400/230 V 的自备发电机组及其控制、配电、修理室等，在保证电气安全距离和满足防火要求的情况下克合并设置也可分开设置。发电机组的排烟管道必须伸出室外。发电机组及其控制配电室内严禁存放储油筒。发电机组电源应与外电线路电源联锁，严禁并列运行。发电机组应采用三相四线制中性点直接接地系统，并须独立设置，其接地电阻不得大于 4 Ω。

7. 临时用电设施检查与验收

（1）电气线路、用电设备安装完工后，必须会同主管单位的质量安全、动力部门验收合格（填写验收表格）才允许通电投入运行。验收时应重点检查下列内容：

① 开关、插座的接线是否正确及牢固可靠，各级开关的熔体规格大小是否与开关和被保护的线路或设备相匹配。

② 各级漏电开关的动作电流、动作时间是否达到设计要求要求。

③ 对接地电阻（工作接地电阻、保护接地电阻、重复接地电阻）进行测量。

④ 保护接零（地）所用导线规格，接零（地）线与设备的金属外壳，接地装置的连接是否牢固可靠；对电气线路、用电设备绝缘电阻进行测量。施工现场临时用电的验收可分部分项进行。

（2）现场电气设备必须按下面规定时间定期检查，并列表报主管单位备查。

① 每天上班前的检查内容：

保护潜水泵的漏电开关（应上、下午上班前的检查）；

保护一般水泵、振动器及手持电动工具的漏电开关；

潜水泵相绕组对外壳的绝缘电阻（绝缘电阻小于 2 MΩ 的潜水泵严禁使用）；

一般水泵、振动器、潜水泵的电缆引线的外绝缘层、开关、机身是否完整无损（上述内容有缺陷必须维修后才允许使用）；

一般水泵、振动器、潜水泵电源插头的保护接零（地）桩头至机身的电阻（电阻大于 0.5 Ω 时严禁使用）。

② 每周检查一次的内容：固定安装的分配电箱的漏电开关，保护非移动设备的漏电开关。

③ 每月检查一次的内容：现场全部配电箱内的电气器具及其接线，保护总干线的漏电开关。

④ 每半年检查一次的内容：接地电阻、全部电气设备的绝缘电阻。

⑤ 以上各项检查的内容必须按表格要求记录。

（3）施工用电交底验收制度的基本内容：

① 施工现场的一切用电设备的安全必须严格执行施工组织设计。施工时，设计者必须到现场向电气工人进行技术、安全、质量交底。

② 干线、电力计算负荷大于 40 kV·A 的分干线及其配电装置、发电房完工后，现场必须会同设计者、动力及技安部门共同检查验收合格才允许通电运行。

③ 总容量在 30 kW 及以上的单台施工机械或在技术、安全方面有特殊要求的施工机械，安装后应会同动力部门检查验收合格才允许通电投入运行。

④ 接地装置必须在线路及其配电装置投入运行前完工，并会同设计及动力部门共同检测其接地数值。接地电阻不合格者，严禁现场使用带有金属外壳的电气设备，并应增加人工接地体的数量，直至接地电阻合格为止。

⑤ 一切用电的施工机具运至现场后，必须由电工检测其绝缘电阻及检查各部分电气附件是否完整无损。绝缘电阻小于 0.5 MΩ（手持电动工具及潜水泵应按手持电动工具的规定）或电气附件损坏的机具不得安装使用。

⑥ 除上述第 2、第 3、第 4 条规定的内容外，现场其他的电气线路、用电设备安装后，可由现场电气负责人检查合格后通电运行。

（4）施工用电定期检查制度的基本内容：

① 人工挖孔桩工程、基础工程使用的潜水泵，必须每天上午上班前检查其绝缘电阻及负荷线，上午、下午上班前检查保护潜水泵的漏电开关。

② 保护移动式（如一般的小型抽水机、打坑机）设备的漏电开关，负荷线应每周检查一次。

③ 保护固定（使用时不移动或不经常移动）使用设备的漏电开关应每月检查一次。

④ 电气线路、配电装置（包括发电机、配电房）接地装置的接地电阻每半年检查一次。

⑤ 防雷接地电阻应于每年的 3 月 1 日前全面检测。

8. 施工现场安全用电知识

（1）进入施工现场，不要接触电线、供配电线路以及工地外围的供电线路。遇到地面有电线或电缆时，不要用脚去踩踏，以免以外触电。

（2）看到下列标志牌时，要特意留意，以免触电：

① 当心触电；

② 禁止合闸；

③ 止步，高压危险。

（3）不要擅自触摸、乱动各种配电箱、开关箱、电气设备等，以免发生触电事故。

（4）不能用潮湿的手去扳开关或触摸电气设备的金属外壳。

（5）衣物或其他杂物不能挂在电线上。

（6）施工现场的生活照明应尽量使用荧光灯。使用灯泡时，不能紧挨着衣物、蚊帐、纸张、木屑等易燃物品，以免发生火灾。施工中使用手持行灯时，要用 36 V 以下的安全电压。

（7）使用电动工具以前要检查外壳，导线绝缘皮，如有破损要请专职电工检修。

（8）电动工具的线不够长时，要使用电源拖板。

（9）使用振捣器、打夯机时，不要拖拽电缆，要有专人收放。操作者要戴绝缘手套、穿绝缘靴等防护用品。

（10）使用电焊机时要先检查拖把线的绝缘好坏，电焊时要戴绝缘手套、穿绝缘靴等防护用品。不要直接用手去碰触正在焊接的工件。

（11）使用电锯等电动机械时，要有防护装置。防止受到机械伤害。

（12）电动机械的电缆不能随地拖放，如果无法架空只能放在地面时，要加盖板保护，防止电缆受到外界的损伤。

（13）开关箱周围不能堆放杂物，拉合闸刀时，旁边要有人监护。收工后要锁好开关箱。

（14）使用电器时，如遇跳闸或熔丝熔断时，不要自行更换或合闸，要由专职电工进行检查。

2.6 建筑起重机械安全技术要求

2.6.1 塔式起重机的安全技术

1. 塔式起重机的主要安全装置

（1）起重力矩限制器。

主要作用是防止塔机超载的安全装置，避免塔机由于严重超载而引起塔机的倾覆或折臂等恶性事故。

（2）起重量限制器。

用以防止塔机的吊物重量超过最大额定荷载，避免发生机械损坏事故。

（3）起升高度限制器。

用来限制吊钩接触到起重臂头部或与载重小车之前，或是下降到最低点（地面或地面以下若干米）以前，使起升机构自动断电并停止工作。

（4）幅度限位器。

① 动臂式塔机的幅度限制器是用以防止臂架在变幅时，变幅到仰角极限位置时切断变幅机构的电源，使其停止工作，同时还设有机械止挡，以防臂架因起幅中的惯性而后翻。

② 小车运行变幅式塔机的幅度限制器用来防止运行小车超过最大或最小幅度的两个极限位置。一般小车变幅限位器是安装在臂架小车运行轨道的前后两端，用行程开关达到控制。

（5）塔机行走限制器。

行走式塔机的轨道两端尽头所设的止挡缓冲装置，利用安装在台车架上或底架上的行程开关碰撞到轨道两端前的挡块切断电源来达到塔机停止行走，防止脱轨造成塔机倾覆事故。

（6）钢丝绳防脱槽装置。

主要防止当传动机构发生故障时，造成钢丝绳不能够在卷筒上顺排，以致越过卷筒端部凸缘，发生咬绳等事故。

（7）回转限制器。

部分上回转的塔机安装了回转不能超过 270° 和 360° 的限制器，防止电源线扭断，造成事故。

（8）风速仪。

自动记录风速，当超过六级风速以上时自动报警，使操作司机及时采取必要的防范措施，如停止作业，放下吊物等。

（9）电器控制中的零位保护和紧急安全开关。

① 零位保护是指塔机操纵开关与主令控制器连锁，只有在全部操纵杆处于零位时，开关才能接通，从而防止无意操作。

② 紧急安全开关则是一种能及时切断全部电源的安全装置。

（10）夹轨钳。

装设在台车金属结构上，用以夹紧钢轨，防止塔机在大风情况下被风吹动而行走造成塔机出轨倾翻事故。

（11）吊钩保险。

安装在吊钩挂绳处的一种防止起重千斤绳由于角度过大或挂钩不妥时，造成起吊千斤绳脱钩，吊物坠落事故的装置。吊钩保险一般采用机械卡环式，用弹簧来控制挡板，阻止千斤绳的滑钩。

2. 塔式起重机使用的安全要求

（1）起重机的路基和轨道的铺设，必须严格按照原厂使用规定或符合以下要求：

① 路基土壤承载能力中型塔为 80～120 kN/m²，重型塔为 120～160 kN/m²。

② 轨距偏差不得超过其名义值的 1/1 000；在纵横方向上钢轨顶面的倾斜度不大于 1/1 000。

③ 两条轨道的接头必须错开。钢轨接头间隙在 3 到 6 mm 之间，接头处应架在轨枕上，两端高低差不大于 2 mm。

④ 轨道终端 1 m 必须设置极限位置阻挡器，其高度应不小于行走轮半径。

⑤ 路基旁应开挖排水沟。

⑥ 起重机在施工期内，每周或雨后应对轨道基础检查 1 次，发现不符合规定时，应及时调整。

（2）起重机的安装、顶升、拆卸必须按照原厂规定进行，并制订安全作业措施，由专业队（组）在队（组）长负责统一指导下进行，并要有技术和安全人员在场监护。

（3）起重机安装后，在无荷载情况下，塔身与地面的垂直度偏差值不得超过 3/1 000。

（4）起重机专用的临时配电箱，宜设置在轨道中部附近，电源开关应合乎规定要求。电缆卷筒必须运转灵活、安全可靠，不得拖缆。

（5）起重机轨道应进行接地、接零。塔吊的重复接地应在轨道的两端各设一组，对较长的轨道，每隔 30 m 再加一组接地装置。其中及两条轨道之间应用钢筋或扁铁等作环形电气连接，轨与轨的接头处应用导线跨接形成电气连接。塔吊的保护接零和接地线必须分开。

（6）起重机必须安装行走、变幅、吊钩高度等限位器和力矩限制器等安全装置。并保证灵敏可靠。对有升降式驾驶室的起重机，断绳保护装置必须可靠。

（7）起重机的塔身上，不得悬挂标语牌。

（8）轨道应平直、无沉陷，轨道螺栓无松动，排除轨道上的障碍物，松开夹轨器并向上固定好。

（9）作业前重点检查：

① 机械结构的外观情况，各传动机构正常；各齿轮箱、液压油箱的油位应符合标准。

② 主要部位连接螺栓应无松动；钢丝绳磨损情况及穿绕滑轮应符合规定。

③ 供电电缆应无破损。

（10）在中波无线电广播发射天线附近施工时，与起重机接触的人员，应穿戴绝缘手套和绝缘鞋。

（11）检查电源电压达到 380 V，其变动范围不得超过 ±20 V，送电前启动控制开关应在零位。接通电源，检查金属结构部分无漏电方可上机。

（12）空载运转，检查行走、回转、起重、变幅等各机构的制动器、安全限位、防护装置等确认正常后，方可作业。

（13）操纵各控制器时应依次逐级操作，严禁越档操作。在变换运转方向时，应将控制器转到零位，待电动机停止转动后，再转向另一方向。操作时力求平稳。严禁急开急停。

（14）吊钩提升接近臂杆顶部、小车行至端点或起重机行走接近轨道端部时，应减速缓行至停止位置。吊钩距臂杆顶部不得小于 1 m，起重机距轨道端部不得小于 2 m。

（15）动臂式起重机的起重、回转、行走三种动作可以同时进行，但变幅只能单独进行。每次变幅后应对变幅部位进行检查。允许带载变幅的小车变幅式起重机在满载荷或接近满载荷时，只能朝幅度变小的方向变幅。

（16）提升重物后，严禁自由下降。重物就位时，可用微动机构或使用制动器使之缓慢下降。

（17）提升的重物平移时，应高出其跨越的障碍物 0.5 m 以上。

（18）两台或两台以上塔吊靠近作业时，应保证两机之间的最小防碰安全距离。

① 移动塔吊：任何部位（包括起吊的重物）之间的距离不得不小于 5 m。

② 两台同是水平臂架的塔吊，臂架与臂架的高差至少应不小于 6 m。

③ 处于高位的起重机（吊钩升至最高点）与低位的起重机之间，在任何情况下，其垂直方向的间距不得小于 2 m。

（19）当施工因场地作业条件的限制，不能满足要求时，应同时采取两种措施：

① 组织措施对塔吊作业及行走路线进行规定，由专设的监护人员进行监督执行。

② 技术措施：应设置限位装置缩短臂杆、升高（下降）塔身等措施。防止塔吊因误操作而造成的超越规定的作业范围，发生碰撞事故。

（20）旋转臂架式起重机的任何部位或被吊物边缘于 10 kV 以下的架空线路边线最小水平距离不得不小于 2 m。塔式起重机活动范围应避开高压供电线路，相距应不小于 6 m，当塔吊与架空线路之间小于安全距离时，必须采取防护措施，并悬挂醒目的警告标志牌。夜间施工应由 36 V 彩泡（或红色灯泡），当起重机作业半径在架空线路上方经过时，其线路的上方也应有防护措施。

（21）主卷扬机不安装在平衡臂上的上旋式起重机作业时，不得顺一个方向连续回转。

（22）装有机械式力矩限制器的起重机，在每次变幅后，必须根据回转半径和该半径时的允许载荷，对超载荷限位装置的吨位指示盘进行调整。

（23）弯轨路基必须符合规定要求，起重机转弯时应在外轨轨面上撒上砂子，内轨轨面及两翼涂上润滑脂，配重箱转至转弯外轮的方向；严禁在弯道上进行吊装作业或吊重物转弯。

（24）作业后，起重机应停放在轨道中间位置，臂杆应转到顺风方向，并放松回转制动器。小车及平衡重应移到非工作状态位置。吊钩提升到离臂杆顶端 2～3 m 处。

（25）将每个控制开关拨至零位，依次断开各路开关，关闭操作室门窗，下机后切断电源总开关。打开高空指示灯。

（26）锁紧夹轨器，使起重机与轨道固定，如遇 8 级大风时，应另拉缆风绳与地锚或建筑物固定。

（27）任何人员上塔帽、吊臂、平衡臂的高空部位检查或修理时，必须佩戴安全带。

（28）附着式、内爬式塔式起重机还应遵守以下事项：

① 附着式或内爬式塔式起重机的基础和附着的建筑物其受力强度必须满足起重机设计要求。

② 附着时应用经纬仪检查塔身的垂直情况并用撑杆调整垂直度。

③ 每道附着装置的撑杆布置方式、相互间隔和附墙距离应按原厂规定。

④ 附着装置在塔身和建筑物上的框架，必须固定可靠，不得有任何松动。

⑤ 轨道式起重机作附着式使用时，必须提高轨道基础的承载能力和切断行走机构的电源。

⑥ 起重机载人专用电梯断绳保护装置必须可靠，并严禁超重乘人。当臂杆回转或起重作业时严禁开动电梯。电梯停用时，应降至塔身底部位置，不得长期悬在空中。

⑦ 如风力达到 4 级以上时不得进行顶升、安装、拆卸作业。作业时突然遇到风力加大，必须立即停止作业，并将塔身固定。

⑧ 顶升前必须检查液压顶升系统各部件的连接情况，并调整好爬升架滚轮与塔身的间隙，然后放松电缆，其长度略大于顶升高度，并紧固好电缆卷筒。

⑨ 顶升作业，必须在专人指挥下操作，非作业人员不得登上顶升机套架的操作台，操作室内只准一人操作，严格听从信号指挥。

⑩ 顶升时，必须使吊臂和平衡臂处于平衡状态，并将回转部分制动住。严禁回转臂杆及其他作业。顶升中发现故障，必须立即停止顶升进行检查，待故障排除后方可继续顶升。

⑪ 顶升到规定高度后必须先将塔身附着在建筑物上后方可继续顶升。塔身高出固定装置的自由端高度应符合原厂规定。

⑫ 顶升完毕后，各连接螺栓应按规定的力距紧固，爬升套架滚轮与塔身应吻合良好，左右操纵杆应在中间位置，并切断液压顶升机构电源。

（29）塔吊司机属特种作业人员，必须经过专门培训，取得操作证。司机学习塔型与实际操纵的塔型应一致。严禁未取得操作证的人员操作塔吊。

（30）指挥人员必须经过专门培训，取得指挥证。严禁无证人员指挥。

（31）高塔作业应结合现场实际改用旗语或对讲机进行指挥。

（32）塔式起重机司机必须严格按照操作规程的要求和规定执行，上班前例行保养，检查，一旦发现安全装置不灵敏或失效必须进行整改。符合安全使用要求后方可作业。

3. 塔式起重机的安装与拆卸要求

1）施工方案与资质管理

（1）特种设备（塔机、井架、龙门架、施工电梯等）的安拆必须编制具有针对性的施工方案，内容应包括：工程概况、施工现场情况、安装前的准备工作及注意事项、安装与拆卸的具体顺序和方法、安装和指挥人员组织、安全技术要求及安全措施等。

（2）装拆塔式起重机的企业，必须具备装拆作业的资质，作业人员必须经过专门培训并取得上岗证。

（3）安装调试完毕，还必须进行自检、试车及验收，按照检验项目和要求注明检验结果。

2）塔式起重机的基础

（1）基础所在地基的承载力是否能达到设计要求，是否需要进行地基处理。

（2）塔基基础的自重、配筋、混凝土强度等级是否满足相应型号塔机的技术指标。

（3）基础有钢筋混凝土和锚桩基础两种，前者主要用于地基为砂土、黏性土和人工填土的条件。后者主要用于岩石地基条件。

（4）基础分整体式和分块式（锚桩）两种。

① 仅在坚岩石地基，才允许使用分块地基，土质地基必须采用整体式基础。

② 基础的表面平整度应小于1/750。

③ 混凝土基础整体浇注前，要先把塔机的底盘安装在基础上表面，即基础钢筋网片帮扎完成后，在网片上找好基础中心线，按基础节要求位置摆放底盘并预埋M36地脚螺栓。螺栓强度等级为8.8级，其预紧力矩必须达到1.8 kN·m。预埋螺栓固定好后，丝头部分应用软塑料包扎，以免浇混凝土时期污染。

④ 浇注混凝土时，随时检查地脚螺栓位置情况（由于地脚螺栓为特殊材质，禁止用焊接方法固定）。螺栓底部圆环内穿φ22长1 000 mm的圆钢加强。底盘上表面水平度误差≤1 mm，同时设置可靠的接地装置，接地电阻不大于4 Ω。

3）安装拆卸作业的安全注意事项

（1）对装拆人员的要求：

① 参加塔式起重机装拆人员，必须经过专业培训考核，持有效的操作证上岗。

② 装拆人员严格按照塔式起重机的装拆方案和操作规程中的有关规定、程序进行装拆。

③ 装拆作业人员严格遵守施工现场安全生产的有关制度，正确使用劳动保护用品。

（2）对塔式起重机装拆的管理要求：

① 装拆塔式起重机的施工企业，必须具备装拆作业的资质并按装拆塔式起重机资质的等级进行装拆相对应的塔式起重机。

② 施工企业必须建立塔式起重机的装拆专业班组并且配有起重工（装拆工）、电工、起重指挥、塔式起重机操纵司机和维修钳工等组成。

③ 进行塔式起重机装拆，施工企业必须编制专项的装拆安全施工组织设计和装拆工艺要求，并经过企业技术主管领导的审批。

④ 塔式起重机装拆前，必须向全体作业人员进行装拆方案和安全操作技术的书面与口头交底，并履行签字手续。

2.6.2 物料提升机

物料提升架包括井式提升架（简称"井架"）、龙门式提升架（简称"龙门架"）、塔式提升架（简称"塔架"）和独杆升降台等。

各类物料提升机的共同特点为：① 提升采用卷扬，卷扬机设于架体外。② 安全设备一般只有防冒顶、防坐冲和停层保险装置，只允许用于物料提升，不得载运人员。③ 用于10层以下时，多采用缆风固定；用于超过10层的高层建筑施工时，必须采取附墙方式固定，成为无缆风高层物料提升架，并可在顶部设液压顶升构造，实现井架或塔架标准节的自升接高。

1. 物料提升机的主要组成构件

（1）架体。

① 由型钢按立柱、平撑、斜撑杆件组成，焊成格构式标准节，其断面可组合成三角形、

矩形，其具体尺寸经计算选定。

②井架的架体由四边的杆件组成，形如"井"字的截面，一般是用单根角钢按一定尺寸由螺栓连接而成，小型井架也可预先在工厂组焊成一定长度的标准节，运至工地后安装。

③龙门架的架体由两根立柱组成，形如门框。其结构更简单，且制造容易、用钢量少，装拆更方便。但由于龙门架的立柱刚度和整体稳定性较井架差，一般常用于低层建筑。

（2）天梁。

天梁是安装在架体顶部的横梁，是主要受力部件，以承受吊篮自重及物料重量，其断面大小须经计算确定。一般用槽钢背对背地焊接而成。天梁上应装设能固定起升钢丝绳尾端的装置及滑轮。

（3）滑轮。

装在天梁上的滑轮俗称为天轮，装在架体最底部的滑轮俗称为地轮，钢丝绳通过天轮、地轮及吊篮上的滑轮穿绕后，一端固定在天梁的销轴上，另一端与卷扬机卷筒锚固。滑轮应按钢丝绳的直径选用。

（4）吊篮（吊笼）。

①吊篮是装载物料沿架体上的导轨作上下运行的部件，由型钢及连接钢板焊接而成，一般由底盘及竖吊杆、斜拉杆、横梁、角撑等杆件组成。

②吊篮底盘上应铺设 50 mm 厚木板（当采用钢板时应焊防滑条），吊篮两侧应设有高度不低于 1 m 的安全挡板或钢丝网片。

（5）导轨。

导轨是装设在架体上并保证吊篮沿着架体上下运行尽可能不偏斜的重要构件。导轨的形式比较多，常见的有单根导轨和双根导轨。双根导轨可减少吊篮运行中的晃动。也有将导轨设在架体内四角，让装置在吊篮的四个角上的滚轮沿架体四个角上下运行，这样吊篮的稳定性更好。导轨以角钢、槽钢、钢管等型钢为最常见。

（6）电动卷扬机。

电动卷扬机是以电动机为动力驱动卷筒卷绕绳索完成牵引工作的装置，一般宜选用可逆式卷扬机。以摩擦式卷扬机为动力的提升机，其滑轮应有防脱槽装置。高架物料提升机不得选用摩擦式卷扬机。

（7）摇臂把杆。

为解决运输一些过长、过宽的建筑材料，可在提升机架体的一侧设置摇臂把杆。摇臂把杆应装设在架体的立柱与平撑的交接处，用另一台电动卷扬机为动力，形成一台简易的摇臂起重机，臂杆的转向由人工拉缆风绳操作。

臂杆可选用无缝钢管（钢管外径不小于 121 mm）或用型钢焊接成格构断面（断面尺寸不小于 240 mm × 240 mm），其长度一般不大于 6 m，起重量不超过 600 kg。增加摇臂把杆后的提升机，其立柱及架体基础需经校核计算并加固。

（8）钢丝绳。

钢丝绳的规格、直径应符合设计要求；在使用时要经常检查保养防止钢丝绳生锈、缺油；钢丝绳以磨损和达到报废标准的要立即更换；钢丝绳卡要符合要求，不符合要求的要予以更换；钢丝绳要设过路保护，钢丝绳不得拖地。

（9）使用由专业单位生产的龙门架、井架，该产品必须通过有关部门组织鉴定，其产品合格证、使用说明书、产品铭牌必须齐全。产品铭牌必须明确产品型号、规格、额定起重量、最大提升高度、出厂编号、制造单位；产品铭牌必须悬挂于架体醒目处；专业生产单位生产的龙门架、井架，若无产品合格证、使用说明书、产品铭牌的，不得向施工现场销售。

（10）自制、改制的龙门架、井架，必须符合《龙门架及井架物料提升机安全技术规范》（JGJ88—92）中规定的要求：有设计计算书、制作图纸，并经企业技术负责人审核批准，同时必须编制使用说明书。

（11）施工现场的龙门架、井架使用说明书必须依照《龙门架及井架物料提升机安全技术规范》（JGJ88—92），明确龙门架、井架的安装、拆卸工作程序及井架基础、附墙架、缆风绳的设计、设置等具体要求。

2. 物料提升机的基础、附墙架、缆风绳及地锚设置要求

（1）基础。

高架提升机的基础应进行设计，其基础应能可靠承受作用在其上的全部荷载；低架提升机的基础一般可在原土夯实后采用灰土基础，也可采用混凝土基础，并做好排水措施。

（2）附墙架。

为固定提升机的架体，在架设过程中，每间隔一定高度必须设一道附墙杆件与建筑结构部分进行连接，从而确保架体的自身稳定。附墙架的间隔一般不宜大于 9 m，且在建筑物的顶层必须设置一组。附墙架与建筑物的连接应进行设计，并采用刚性连接，不得与脚手架相连。

（3）缆风绳。

当提升机无条件设置附墙架时，应采用缆风绳固定架体，但高架提升机在任何情况下均不得采用缆风绳。

① 缆风绳的材料：应选用直径不小于 9.3 mm 的圆股钢丝绳。

② 缆风绳的数量：提升机高度在 20 m 以下（含 20 m）时，缆风绳不少于 1 组（4～8根）；提升机高度在 21～30 m 时，不少于 2 组。

③ 缆风绳的布置：应在架体四角有横向缀件的同一水平面上对称设置，并有防止架体钢材对缆风绳的剪切破坏的措施。龙门架的缆风绳则应设在顶部。缆风绳与地面的夹角以 45°～60° 为宜，其下端应用与钢丝绳拉力相适应的花篮螺栓与地锚连接，并拉紧钢丝绳使其垂度不大于 0.01（为长度），调节时应对角进行。

（4）地锚。

① 缆风绳的地锚应根据土质情况及受力大小设置，并经计算确定。

② 缆风绳的地锚一般宜采用水平式地锚：用 1 根或几根圆木捆绑在一起，横着埋入土内，其埋深根据受力大小和土质情况而定。

③ 当土质坚实，地锚受力小于 15 kN 时，也可采用桩式地锚：采用木单桩时，圆木直径不小于 200 mm，埋深不小于 1.7 m 并在桩的前上方和后下方设两根横挡木；采用脚手钢管或角钢时，不少于 2 根，并排设置间距不小于 0.5 m，埋深不小于 1.7 m，桩顶部应有缆风绳防滑措施。

3. 物料提升机的主要安全防护装置

（1）安全停靠装置。

当吊篮运行到位时，该装置应能可靠地将吊篮定位，并能承担吊篮自重、额定荷载及运

卸料人员和装卸物料时的工作荷载。此时起升钢丝绳应不受力。安全停靠装置的形式不一，有机械式、电磁式、自动或手动型等。

（2）断绳保护装置。

断绳保护装置就是当吊篮坠落情况发生时，此装置即刻动作，将吊篮卡在架体上，使吊篮不坠落，避免产生严重的事故。断绳保护装置的形式最常见的是弹闸式，其他还有偏心夹棍式、杠杆式和挂钩式等。

无论哪种形式，都应能可靠地将吊篮在下坠时固定在架体上，其最大滑落行程，在吊篮满载时不得超过 1m。

（3）吊篮安全门。

吊篮的上下料口处应装设安全门，此门应制成自动开启型。当吊篮落地或停层时，安全门能自动打开，而在吊篮升降运行中此门处于关闭状态，成为一个四边都封闭的"吊篮"，以防止所运载的物料从吊篮中滚落。

（4）上极限限位器。

为防止司机误操作或机械、电气故障而引起吊篮上升高度失控造成事故，而设置的安全装置。该装置应能有效地控制吊篮允许提升的最高极限位置，此极限位置应控制在天梁最低处以下。当吊篮上升达到极限位置时，限位器即行动作，切断电源，使吊篮只能下降，不能上升。

（5）紧急断电开关。

应设在司机便于操作的位置，在紧急情况下，能及时切断提升机的总控制电源。

（6）信号装置。

该装置由司机控制，能与各楼层进行简单的音响或灯光联络，以确定吊篮的需求情况。高架提升机除应满足上述安全装置外，还应满足以下要求：

① 下极限限位器：该装置系控制吊篮下降最低极限位置的装置。在吊篮下降到最低限定位置时，即吊篮下降至尚未碰到缓冲器之前，此限位器自动切断电源，并使吊篮在重新启动时只能上升，不能下降。

② 缓冲器：在架体底部坑内设置的，为缓解吊篮下坠或下极限限位器失灵时产生的冲击力的一种装置。该装置应能承受并吸收吊篮满载时和规定速度下所产生的相应冲击力。缓冲器可采用弹簧或弹性实体。

③ 超载限制器：此装置是为保证提升机在额定载重量之内安全使用而设置。当荷载达到额定荷载时，即发出报警信号、提醒司机和运料人员注意。当荷载超过额定荷载时，应能切断电源。使吊篮不能启动。

④ 通信装置：由于架体高度较高，吊篮停靠楼层数较多，司机不能清楚地看到楼层上人员需要或分辨不清哪层楼面发出信号时，必须装设通信装置。通信装置必须是一个闭路的双向电气通信系统，司机应能听到或看清每一站的需求联系，并能与每一站人员通话。

当低架提升机的架设是利用建筑物内部垂直通道，如采光井、电梯井、设备或管道井时，在司机不能看到吊篮运行情况下，也应该装设通信联络装置。

4. 物料提升机的安全使用与管理

（1）提升机安装后，应由主管部门组织有关人员按规范和设计的要求进行检查验收，确定合格后发给使用证，方可交付使用。

（2）由专职司机操作。升降机司机应经专门培训，人员要相对稳定，每班开机前，应对卷扬机、钢丝绳、地锚、缆风绳进行检查，并进行空车运行，确认安全装置安全可靠后方能投入工作。

（3）每月进行一次定期检查。

（4）严禁人员攀登、穿越提升机架体和乘坐吊篮上下。

（5）物料在吊篮内应均匀分布，不得超出吊篮，严禁超载使用。

（6）设置灵敏可靠的联系信号装置，司机在通讯联络信号不明时不得开机，作业中不论任何人发出紧急停车信号，均应立即执行。

（7）装设摇臂把杆的提升机，吊篮与摇臂把杆不得同时使用。

（8）提升机在工作状态下，不得进行保养、维修、排除故障等工作，若要进行则应切断电源并在醒目处挂"有人检修、禁止合闸"的标志牌，必要时应设专人监护。

（9）卷扬机应安装在平整坚实的位置上，宜远离危险作业区，视线应良好。因施工条件限制，卷扬机安装位置距施工作业区较近时，其操作棚的顶部应按规定的防护棚要求架设。

（10）作业结束时，司机应降下吊篮，切断电源，锁好控制电箱门，防止其他无证人员擅自启动提升机。

2.6.3　施工升降机

施工升降机是高层建筑施工中运送施工人员上下及建筑材料和工具设备必备的和重要的垂直运输设施。

施工升降机又称为施工电梯，是一种使工作笼（吊笼）沿导轨作垂直（或倾斜）运动的机械。

施工升降机按其传动型式可分为：齿轮齿条式、钢丝绳式和混合式三种。

1. 施工升降机的主要安全装置

（1）限速器。

齿条驱动的建筑施工升降机，为了防止吊笼坠落均装有锥鼓式限速器，可分为单向式和双向式两种。单向限速器只能沿吊笼下降方向起限速作用，双向限速器则可以沿吊笼的升降两个方向起限速作用。

（2）缓冲弹簧。

在建筑施工升降机底笼的底盘上装有缓冲弹簧，以便当吊笼发生坠落事故时，减轻吊笼的冲击，同时保证吊笼和配重下降着地时呈柔性接触，缓冲吊笼和配重着地时的冲击。缓冲弹簧有圆锥卷弹簧和圆柱螺旋弹簧两种。一般情况下，每个吊笼对应的底架上装有2个圆锥卷弹簧，也有采用4个圆柱螺旋弹簧的。

（3）上、下限位器。

为防止吊笼上、下时超过需停位置，因司机误操作和电气故障等原因继续上行或下降引发事故而设置的装置，安装在吊轨架和吊笼上，属于自动复位型的。

（4）上、下极限限位器。

上、下极限限位器是在上、下限位器不起作用时，当吊笼运行超过限位开关和越程后，能及时切断电源使吊笼停车。极限限位器是非自动复位型，动作后只能手动复位才能使吊笼重新启动。极限限位器安装在导轨器或吊笼上。越程是指限位开关与极限限位开关之间所规定的安全距离。

（5）安全钩。

安全钩是为防止吊笼到达预先设定位置，上限位器和上极限限位器因各种原因不能及时动作、吊笼继续向上运行，将导致吊笼冲击导轨架顶部而发生倾翻坠落事故而设置的。安全钩是安装在吊笼上部的重要也是最后一道安全装置，它能使吊笼上行到导轨架顶部的时候，安全钩钩住导轨架，保证吊笼不发生倾翻坠落事故。

（6）急停开关。

当吊笼在运行过程中发生各种原因的紧急情况时，司机能在任何时候按下急停开关，使吊笼停止运行。急停开关必须是非自行复位的安全装置，安装在吊笼顶部。

（7）吊笼门、底笼门联锁装置。

施工升降机的吊笼门、底笼门均装有电气联锁开关，它们能有效地防止因吊笼或底笼门未关闭就启动运行而造成人员坠落和物料滚落，只有当吊笼门和底笼门完全关闭时才能启动行运。

（8）楼层通道门。

施工升降机与各楼层均搭设了运料和人员进出的通道，在通道口与升降机结合部必须设置楼层通道门。此门在吊笼上下运行时处于常闭状态，只有在吊笼停靠时才能由吊笼内的人打开。应做到楼层内的人员无法打开此门。以确保通道口处在封闭的条件下不出现危险的边缘。

楼层通道门的高度应不低于 1.8 m，门的下沿离通道面不应超过 50 mm。

（9）通信装置。

由于司机的操作室位于吊笼内，无法知道各楼层的需求情况和分辨不清哪个层面发出信号，因此必须安装一个闭路的双向电气通信装置，司机应能听到或看到每一层的需求信号。

（10）地面出入口防护棚。

升降机在安装完毕时，应及时搭设地面出入口的防护棚。防护棚搭设的材质要选用普通脚手架钢管、防护棚长度不应小于 5 m，有条件的可与地面通道防护棚连接起来。宽度应不小于升降机底笼最外部尺寸。其顶部材料可采用 50 mm 厚木板或两层竹笆，上下竹笆间距应不小于 600 mm。

2. 施工升降机的安装与拆卸

（1）施工升降机每次安装与拆卸作业之前，企业应根据施工现场工作环境及辅助设备情况编制安装拆卸方案，经企业技术负责人审批同意后方能实施。

（2）每次安装或拆除作业之前，应对作业人员按不同的工种和作业内容进行详细的技术、安全交底。参与装拆作业的人员必须持有专门的资格证书。

（3）升降机的装拆作业必须是经当地建设行政主管部门认可、持有相应的装拆资质证书的专业单位实施。

（4）升降机每次安装后，施工企业应当组织有关职能部门和专业人员对升降机进行必要的试验和验收。确认合格后应当向当地建设行政主管部门认定的检测机构申报，经专业检测机构检测合格后，才能正式投入使用。

3. 施工升降机的安全使用和管理

（1）施工企业必须建立健全施工升降机的各类管理制度，落实专职机构和专职管理人员，明确各级安全使用和管理责任制。

（2）驾驶升降机的司机应经有关行政主管部门培训合格的专职人员，严禁无证操作。

（3）司机应做好日常检查工作，即在电梯每班首次运行时，应分别作空载和满载试运行，将梯笼升高离地面设计高度处停车，检查制动器的灵敏性和可靠性，确认正常后方可投入使用。

（4）建立和执行定期检查和维修保养制度，每周或每旬对升降机进行全面检查，对查出的隐患按"三定"原则落实整改。整改后须经有关人员复查确认符合安全要求后，方能使用。

（5）梯笼乘人、载物时，应尽量使荷载均匀分布，严禁超载使用。

（6）升降机运行至最上层和最下层时，严禁以碰撞上、下限位开关来实现停车。

（7）司机因故离开吊笼及下班时，应将吊笼降至地面，切断总电源并锁上电箱门，以防止其他无证人员擅自开动吊笼。

（8）风力达6级以上，应停止使用升降机，并将吊笼降至地面。

（9）各停靠层的运料通道两侧必须有良好的防护。楼层门应处于常闭状态，其高度应符合规范要求，任何人不得擅自打开或将头伸出门外，当楼层门未关闭时，司机不得开动电梯。

（10）确保通信装置的完好，司机应当在确认信号后方能开动升降机。作业中无论任何人在任何楼层发出紧急停车信号，司机都应当立即执行。

（11）升降机应按规定单独安装接地保护和避雷装置。

（12）严禁在升降机运行状态下进行维修保养工作。若需维修，必须切断电源并在醒目处挂上"有人检修，禁止合闸"的标志牌，并有专人监护。

2.7 建筑机械设备使用安全技术

2.7.1 钢筋加工机械设备安全技术

1. 钢筋机械的种类及安全要求

（1）钢筋除锈机械：

a. 使用电动除锈机除锈，要先检查钢丝刷固定螺丝有无松动，检查封闭式防护罩装置及排尘设备的完好情况，防止发生机械伤害。

b. 使用移动式除锈机，要注意检查电气设备的绝缘及接地是否良好。

c. 操作人员要将袖口扎紧，并戴好口罩、手套等防护用品，特别是要戴好安全保护眼镜，防止圆盘钢丝刷上的钢丝甩出伤人。

d. 送料时，操作人员要侧身操作，严禁在除锈机的正前方站人，长料除锈需两人互相呼应，紧密配合。

（2）钢筋调直机械：

a. 人工拉伸调直：

① 用人工绞磨调直钢筋时，绞磨地锚必须牢固，严禁将地锚绳拴在树干、下水井及其他不坚固的物体或建筑物上。

② 人工推转绞磨时，要步调一致，稳步进行，严禁任意撒手。

③ 钢筋端头应用夹具夹牢，卡头不得小于 100 mm。

④ 钢筋产生应力并调直到预定程度后，应缓慢回车卸下钢筋，防止机械伤人。手工调直钢筋，必须在牢固的操作台上进行。

b. 机械调直：

① 用机械冷拉调直钢筋，必须将钢筋卡紧，防止断折或脱扣，机械的前方必须设置铁板加以防护。

② 机械开动后，人员应在两侧各 1.5 m 以外，不准靠近钢筋行走，以预防钢筋断折或脱扣弹出伤人。

（3）钢筋切断机：

a. 切断机切钢筋，料最短不得小于 1 m，一次切断的根数，必须符合机械的性能，严禁超量进行切割。

b. 切断直径 12 mm 以上的钢筋，须两人配合操作。人与钢筋要保持一定的距离，并要应当把稳钢筋。

c. 断料时料要握紧，并在活动刀片向后退时，将钢筋送进刀口，以防止钢筋末端摆动或钢筋蹦出伤人。

d. 不要在活动刀片已开始向前推进时，向刀口送料，这样常因措手不及，不能断准尺寸，往往还会发生机械或人身安全事故。

（4）钢筋弯曲机：

a. 在机械正式操作前，应检查机械各部件，并进行空载试运转正常后，方能正式操作。

b. 操作时注意力要集中，要熟悉工作盘旋转的方向，钢筋放置要和挡架、工作盘旋转方向相配合，不能放反。

c. 操作时，钢筋必须放在插头的中、下部，严禁弯曲超截面尺寸的钢筋，回转方向必须准确，手与插头的距离不得小于 200 mm。

d. 机械运行过程中，严禁更换芯轴、销子和变换角度等，不准加油和清扫。

e. 转盘换向时，必须待停机后再进行。

（5）钢筋对焊机：

a. 焊工必须经过专门安全技术和防火知识培训，经考核合格，持证者方准独立操作；徒工操作必须有师傅带领指导，不准独立操作。

b. 焊工施焊时必须穿戴白色工作服、工作帽、绝缘鞋、手套、面罩等，并要时刻预防电弧光伤害，并及时通知周围无关人员离开作业区，以防伤害眼睛。

c. 钢筋焊接工作房，应尽可能采用防火材料搭建，在焊接机械四周严禁堆放易燃物品，以免引起火灾。工作棚应备有灭火器材。

d. 遇六级以上大风天气时，应停止高处作业，雨、雪天应停止露天作业；雨雪后，应先清除操作地点的积水或积雪，否则不准作业。

e. 进行大量焊接生产时，焊接变压器不得超负荷，变压器升温不得超过 60 ℃。为此，要特别注意遵守焊机暂载率规定，以免过分发热而损坏。

f. 焊接过程中，如焊机有不正常响声，变压器绝缘电阻过小、导线破裂、漏电等，应立即停止使用，进行检修。

g. 对焊机断路器的接触点、电极（铜头），要定期检查修理。冷却水管应保持畅通，不得漏水和超过规定温度。

2. 钢筋加工机械安全事故的预防措施

（1）钢筋加工机械在使用前，必须经过调试运转正常，并经建筑安全管理部门验收，确认符合要求，发给准用证或有验收手续后，方可正式使用。设备挂上合格牌。

（2）钢筋机械应由专人使用和管理，安全操作规程上墙，明确责任人。

（3）施工用电必须符合规范要求，做好保护接零，配置相应的漏电保护器。

（4）钢筋冷作业区与对焊作业区必须有安全防护设施。

（5）钢筋机械各传动部位必须有防护装置。

（6）在塔吊作业范围内，钢筋作业区必须设置双层安全防坠棚。

2.7.2　电气焊设备安全技术

1. 电焊机使用安全知识

（1）交、直流电焊机应空载合闸启动，直流发电机式电焊机应按规定的方向旋转，带有风机的要注意风机旋转方向是否正确。

（2）电焊机在接入电网时须注意电压应相符，多台电焊机同时使用应分别接在三相电网上，尽量使三相负载平衡。

（3）电焊机需要并联使用时，应将一次线并联接入同一相位电路；二次侧也需同相相连，对二次侧空载电压不等的焊机，应经调整相等后才可使用，否则不能并联使用。

（4）焊机二次侧把线、地线要有良好的绝缘特性，柔性好，导电能力要与焊接电流相匹配，宜使用 YHS 型橡胶皮护套铜芯多股软电缆，长度不大于 30 m。操作时电缆不宜成盘状，否则将影响焊接电流。

（5）多台焊机同时使用，当需拆除某台时，应先断电后在其一侧验电，在确认无电后方可进行拆除工作。

（6）所有交、直流电焊机的金属外壳，都必须采取保护接地或接零。接地、接零电阻应小于 4 Ω。

（7）焊接的金属设备、容器本身有接地、接零保护时，焊机的二次绕组禁止没有接地或接零。

（8）多台焊机的接地、接零线不得串接接入接地体，每台焊机应设独立的接地、接零线，其接点应用螺丝压紧。

（9）每台电焊机须设专用断路开关，并有电焊机相匹配的过流保护装置；一次线与电源接点不宜用插销连接，其长度不得大于 5 m，且须双层绝缘。

（10）电焊机二次侧把、地线需接长使用时，应保证搭接面积，接点处用绝缘胶带包裹好，接点不宜超过两处；严禁使用管道、轨道及建筑物的金属结构或其他金属物体串接起来作为地线使用。

（11）电焊机的一次、二次接线端应有防护罩，且一次接线端需用绝缘带包裹严密；二次接线端必须使用线卡子压接牢固。

（12）电焊机应放置在干燥和通风的地方（水冷式除外），露天使用时其下方应防潮且高于周围地面；上方应设防雨棚和有防砸措施。

（13）焊接操作及配合人员必须按规定穿戴劳动防护用品。

（14）高空焊接或切割时，必须系好安全带，焊接周围和下方应采取防火措施，并有转入监护。

（15）等施焊压力容器、密闭容器等危险容器时，应严格按操作规程执行。

2. 气焊使用安全知识

（1）焊接设备的各种气瓶均应有不同的安全色标：氧气瓶（天蓝色瓶、黑字）、乙炔瓶（白色瓶、红字）、氢气瓶（绿色瓶、红字）液化石油气瓶（银灰色瓶、红字）。

（2）不同类的气瓶，瓶与瓶之间的间距不小于 5 m 气瓶与明火距离不小于 10 m。当不满足安全局路要求时应用非燃烧体或难燃烧体砌成的墙进行隔离防护。

（3）乙炔瓶使用或存放时只能直立，不能平放。乙炔瓶瓶体温度不能过超过 40 ℃。

（4）施工现场的各种气瓶应集中存放在具有隔离措施的场所，存放环境应符合安全要求，管理人员应经培训存放处有安全规定和标志。班组使用过程中的零散存放，不能存放在住宿区和靠近油料和火源的地方。存放区应配备灭火器材。氧气瓶与其他易燃气瓶、油脂和其他易燃易爆物品分别存放，也不得同车运输。氧气瓶与乙炔瓶不得存放在同一仓库内。

（5）使用和运输应随时检查气瓶防震圈的完好情况，为保护瓶阀，应装好气瓶防护帽。

（6）禁止敲击、碰撞气瓶，以免损伤和损坏气瓶；夏季要防止阳光曝晒。

（7）冬天瓶阀冻结时，宜用热水或其他安全的方式解冻，不准用明火烘烤，以免气瓶材质的机械特性变坏和气瓶内压增高。

（8）瓶内气体不能用尽，必须留有剩余压力。可燃气体和助燃气体的余压宜留 0.49 MPa 左右，其他气体气瓶的余压可低些。

（9）不得用电磁起重机搬运气瓶，以免失电时气瓶从高空坠落而致气瓶损坏和爆炸。

（10）盛装易起聚合反应气体的气瓶，不得置于有放射性射线的场所。

（11）使用和运输应随时检查气瓶防震圈的完好情况，为保护瓶阀，应装好气瓶防护帽。

2.7.3 木工加工机械设备安全技术

1. 平刨使用安全知识

（1）平刨在进入施工现场前，必然经过建筑安全管理部门验收，确认符合要求时，发给准用证或有验收手续方能使用。设备挂上合格牌。

（2）平刨、电锯、电钻等多用联合机械在施工现场严禁使用。

（3）手压平刨必须有安全装置，并在操作前检查机械各部件及安全防护装置是否松动或失灵，检查刨刀锋利程度，经试车 1～3 min 后，才能进行正式工作。如刨刃已钝，应及时调换。

（4）吃刀深度一般调为 1～2 mm。

（5）操作时左手压住木料，右手均匀推进，不要猛推猛拉，切勿将手指按于木料侧面。刨料时，先刨大面当作标准面，然后再刨小面。

（6）在刨较短、较薄的木料时，应用推板去推压木料；长度不足 400 mm 或薄而窄的小料不得用手压刨。

（7）两人同时操作时，须待料推过刨刃 150 mm 以外，下手方可接拖。

（8）操作人员衣袖要扎紧，不准戴手套。

（9）施工用电必须符合规范要求，并定期进行检查。

2. 圆盘锯使用安全知识

（1）圆盘锯在进入施工现场前，必须经过建筑安全管理部门验收，确认符合要求，发给准用证或有验收手续方能使用。设备应挂上合格牌。

（2）操作前应检查机械是否完好，电器开关等是否良好，熔丝是否符合规格，并检查锯片是否有断、裂现象，并装好防护罩，运转正常后方能投入使用。

（3）操作人员应戴安全防护眼镜；锯片必须平整，不准安装倒顺开关，锯口要适当，锯片要与主动轴匹配、紧牢，不得有连续缺齿。

（4）操作时，操作者应站在锯片左面的位置，不应与锯片站在同一直线上，以防止木料弹出伤人。

（5）木料锯到接近端头时，应由下手拉料进锯，上手不得用手直接送料，应用木板推送。锯料时，不准将木料左右搬动或高抬；送料不宜用力过猛，遇木节要减慢进锯速度，以防木节弹出伤人。

（6）锯短料时，应使用推棍，不准直接用手推，进料速度不得过快，下手接料必须使用刨钩。剖短料时，料长不得小于锯片直径的 1.5 倍，料高不得大于锯片直径的 1/3。截料时，截面高度不准大于锯片直径的 1/3。

（7）锯线走偏，应逐渐纠正，不准猛扳。锯片运转时间过长，温度过高时，应用水冷却，直径 600 mm 以上的锯片在操作中，应喷水冷却。

（8）木料若卡住锯片时，应立即停车后处理。

（9）用电应符合规范要求，采用三级配电二级保护，三相五线保护接零系统。定期进行检查，注意熔丝的选用，严禁采用其他金属丝作为代用品。

2.7.4 手持电动工具安全技术

建筑施工中，手持电动工具常用于木材加工中的锯割、钻孔、刨光、磨光、剪切及混凝土浇捣过程的振捣作业等。电动工具按其触电保护分为Ⅰ、Ⅱ、Ⅲ类。

（1）手持电动工具在使用前，必须经过建筑安全管理部门验收，确定符合要求，发给准用证或有验收手续方能使用。设备挂上合格牌。

（2）一般场所选用Ⅱ类手持式电动工具，并装设额定动作电流不大于15 mA，额定漏电动作时间小于0.1 s的漏电保护器。若采用Ⅰ类手持电动工具，还必须作保护接零。

（3）手持电动工具的负荷线必须采用耐气候型的橡皮护套铜芯软电缆，并不得有接头。

（4）手持电动工具的外壳、手柄、负荷线、插头、开关等必须完好无损，使用前必须做空载试验，运转正常方可投入使用。

（5）电动工具在使用中不得任意调换插头，更不能不用插头，而将导线直接插入插座内。当电动工具不用或需调换工作头时，应及时拔下插头，但不能拉着电源线拔下插头。插插头时，开关应在断开位置，以防突然起动。

（6）使用过程中要经常检查，如发现绝缘损坏、电源线或电缆护套破裂、接地线脱落、插头插座开裂、接触不良以及断续运转等故障时，应立即修理，否则不得使用。移动电动工具时，必须握持工具的手柄，不能用拖拉橡皮软线来搬动工具，并随时注意防止橡皮软线擦破、割断和轧坏现象，以免造成人身事故。

（7）长期搁置未用的电动工具，使用前必须用500 V兆欧表测定绕阻与机壳之间的绝缘电阻值，应不得小于7 mΩ，否则须进行干燥处理。

2.7.5 土方机械设备安全技术

1. 打桩机械安全知识

（1）打桩机械在使用前，必须经过建筑安全管理部门验收，确认符合要求，发给准用证或有验收手续方能使用。设备挂上合格牌。

（2）临时施工用电应符合规范要求。

（3）打桩机应设有超高限位装置。

（4）打桩作业要有施工方案。

（5）打桩安全操作规程应上牌，并认真遵守，明确责任人。

（6）具体操作人员应经培训教育和考核合格，持证并经安全技术交底后，方能上岗作业。

2. 翻斗车使用安全知识

（1）行驶前，应检查锁紧装置，并将料斗锁牢，不得在行驶时掉斗。

（2）行驶时应从一挡起步，不得用离合器处于半结合状态来控制车速。

（3）上坡时，当路面不良或坡度较大时，应提前换入抵挡行驶；下坡时严禁空挡滑行；转弯时应减速急转弯时应换入抵挡。

（4）翻斗制动时，应逐渐踏下制动踏板，并应避免紧急制动。

（5）在坑沟边缘卸料时，应设置安全挡块。车辆接近坑边时，应减速行驶，不得剧烈冲撞挡块。

（6）停车时，应选择合适地点，不得在坡道上停车。冬季应采取防止车轮与地面冻结的措施。

（7）严禁料斗内载人，料斗不得在卸料情况下行驶或进行平地作业。

（8）内燃机运转或料斗内载荷时，严禁在车底下进行任何作业。

（9）操作人员离机时，应将内燃机熄火，并摘挡拉紧手制动器。

（10）作业后，应对车辆进行清洗，清除砂土及混凝土等粘结在料斗和车架上的脏物。

2.7.6 混凝土搅拌设备安全技术

1. 搅拌机安全使用知识

（1）搅拌机在使用前，必须经过建筑安全管理部门验收，确认符合要求，发给准用证或有验收手续方能使用。设备应挂上合格牌。

（2）临时施工用电应做好保护接零，配备漏电保护器，具备三级配电两级保护。

（3）搅拌机应设防雨棚，若机械设置在塔吊运转作业范围内的，必须搭设双层安全防坠棚。

（4）搅拌机的传动部位应设置防护罩。

（5）搅拌机安全操作规程应上墙，明确设备责任人，定期进行安全检查、设备维修和保养。

2. 混凝土泵车安全操作规程

（1）构成混凝土泵车的汽车底盘、内燃机、空气压缩机、水泵、液压装置等的使用，应执行汽车的一般规定及混凝土泵的有关规定。

（2）泵车就位地点应平坦坚实，周围无障碍物，上空无高压输电线。泵车不得停放在斜坡上。

（3）泵车就位后，应支起支腿并保持机身的水平和稳定。当用布料杆送料时，机身倾斜度不得大于 3°。

（4）就位后，泵车应打开停车灯，避免碰撞。

（5）作业前检查项目应符合下列要求：

① 燃油、润滑油、液压油、水箱添加充足，轮胎气压符合规定，照明和信号指示灯齐全良好。

② 液压系统工作正常，管道无泄漏；清洗水泵及设备齐全良好。

③ 搅拌斗内无杂物，料斗上保护格网完好并盖严。

④ 输送管路连接牢固，密封良好。

（6）布料管所用配管和软管应按出厂说明书的规定选用，不得使用超过规定直径的配管，装接的软管应拴上防脱安全带。

（7）伸展布料杆应按出厂说明书的顺序进行，布料杆升离支架后方可回转。严禁用布料杆起吊或拖拉物件。

（8）当布料杆处于全伸状态时，不得移动车身。作业中需要移动车身时，应将上段布料杆折叠固定，移动速度不得超过 10 km/h。

（9）不得在地面上拖拉布料杆前端软管；严禁延长布料配管和布料杆。当风力在六级及以上时，不得使用布料杆输送混凝土。

（10）泵送管道的敷设，应按混凝土泵操作规程中的规定执行。

（11）泵送前，当液压油温度低于 15 ℃ 时，应采用延长空运转时间的方法提高油温。

（12）泵送时应检查泵和搅拌装置的运转情况，监视各仪表和指示灯，发现异常，应及时停机处理。

（13）料斗中混凝土面应保持在搅拌轴中心线以上。

（14）泵送混凝土应连续作业。当因供料中断被迫暂停时，停机时间不得超过 30 min。暂停时间内应每隔 5~10 min（冬季 3~5 min）作 2~3 个冲程反泵—正泵运动，再次投料泵送前应先将料搅拌。当停泵时间超限时，应排空管道。

（15）作业中，不得取下料斗上的格网，并应及时清除不合格的骨料或杂物。

（16）泵送中当发现压力表上升到最高值，运转声音发生变化时，应立即停止泵送，并应采用反向运转方法排除管道堵塞；无效时，应拆管清洗。

（17）作业后，应将管道和料斗内的混凝土全部输出，然后对料斗、管道等进行冲洗。当采用压缩空气冲洗管道时，管道出口端前方 10 m 内严禁站人。

（18）作业后，不得用压缩空气冲洗布料杆配管，布料杆的折叠收缩应按规定顺序进行。

（19）作业后，各部位操纵开关、调整手柄、手轮、控制杆、旋塞等均应复位，液压系统应卸荷，并应收回支腿，将车停放在安全地带，关闭门窗。冬季应放尽存水。

2.8 模板安装的安全要求与技术

2.8.1 模板工程施工方案的编制

（1）模板及其支撑系统选型。

（2）根据施工条件（如混凝土输送方法不同等）确定荷载，并按所有可能产生的荷载中最不利组合验算模板整体结构和支撑系统的强度、刚度和稳定性，并有相应的计算书。

（3）绘制模板设计图，包括细部构造大样图和节点大样，注明所选材料的规格、尺寸和连接方法；绘制支撑系统的平面图和立面图，并注明间距及剪力撑的设置。

（4）制定模板的制作、安装和拆除等施工程序、方法和安全措施。

施工方案应经上一级技术负责人批准并报监理工程师审批；安装前要审查设计审批手续是否齐全，模板结构设计与施工说明中的荷载、计算方法、节点构造是否符合实际情况，是否有安装拆除方案；模板安装时其方法、程序必须按模板的施工设计进行，严禁任意变动。

2.8.2 模板安装的要求与技术

（1）楼层高度超过 4 m 或 2 层及 2 层以上的建筑物，安装和拆除模板时，周围应设安全网或搭设脚手架和加设防护栏杆。在临街及交通要道地区，尚应设警示牌，并设专人维持安全，防止伤及行人。

（2）现浇多层房屋和构筑物，应采取分层分段支模方法，并应符合下列要求：

① 下层楼板混凝土强度达到 1.2 MPa 以后，才能上料具。料具要分散堆放，不得过分集中。

② 下层楼板结构的强度达到能承受上层模板、支撑系统和新浇筑混凝土的重量时，方可

进行上层模板支撑、浇筑混凝土。否则下层楼板结构的支撑系统不能拆除，同时上层支架的立柱应对准下层支架的立柱，并铺设木垫板。

（3）如采用悬吊模板、桁架支模方法，其支撑结构必须要有足够的强度和刚度（需经计算并附计算书）。

（4）混凝土输送方法有泵送混凝土、人力挑送混凝土、在浇灌运输道上用手推车翻斗车运送混凝土等方法，应根据输送混凝土的方法制定模板工程的有针对性的安全设施。

（5）支撑模板立柱宜采用钢材，材料的材质应符合有关的专门规定。采用木材时，其树种可根据各地实际情况选用，立杆的有效尾径不得小于 80 mm，立杆要顺直，接头数量不得超过 30%，且不应集中。

（6）竖向模板和支架的立柱部分，当安装在基土上时应加设垫板，且基土必须坚实并有排水设施。对湿陷性黄土，还应有防水措施；对冻胀性土，必须有防冻融措施。

（7）当极少数立柱长度不足时，应采用相同材料加固接长，不得采用垫砖增高的方法。

（8）当支柱高度小于 4 m 时，应设上下两道水平撑和垂直剪刀撑。以后支柱每增高 2 m 再增加一道水平撑，水平撑之间还需要增加剪刀撑一道。

（9）当楼层高度超过 10 m 时，模板的支柱应选用长料，同一支柱的连接接头不宜超过 2 个。

（10）模板极其支撑系统在安装过程中，必须设置临时固定设施，严防倾覆。

（11）主梁及大跨度梁的立杆应由底到顶整体设置剪刀撑，与地面成 45°～60° 角。设置间距不大于 5 m，若跨度大于 5 m 的应连续设置。

（12）各排立柱应用水平杆纵横拉接，每高 2 m 拉接一次，使各排立杆柱形成一个整体，剪刀撑、水平杆的设置应符合设计要求。

（13）立柱间距应经设计计算，支撑立柱时，其间距应符合设计规定。

（14）模板上的施工荷载应进行设计计算，设计计算时应考虑以下各种荷载效应组合：新浇混凝土自重、钢筋自重、施工人员及施工设备荷载，新浇筑的混凝土对模板的侧压力，倾倒混凝土时产生的荷载，综合以上荷载值在设计模板上施工荷载值。

（15）堆放在模板上的建筑材料要均匀，如集中堆放，荷载集中，则会导致模板变形，影响构件质量。

（16）大模板立放易倾倒，应采取支撑、围系、绑箍等防倾倒措施，视具体情况而定。长期存放的大模板，应用拉杆连接绑牢。存放在楼层时，须在大模板横梁上挂钢丝绳或花篮螺栓钩在楼板吊钩或墙体钢筋上。没有支撑或自稳角不足的大模板，要存放在专门的堆放架上或卧倒平放，不应靠在其他模板或构件上。

（17）各种模板若露天存放，其下应垫高 30 cm 以上，防止受潮。不论存放在室内或室外，应按不同的规格堆码整齐，用麻绳或镀锌铁丝系稳。模板堆放不得过高，以免倾倒。堆放地点应选择平稳之处，钢模板部件拆除后，临时堆放处离楼层边缘不应小于 1 m，堆放高度不得超过 1 m。楼梯边口、通道口、脚手架边缘等处，不得堆模板。

（18）2 m 以上高处支模或拆模要搭设脚手架，满铺架板，使操作人员有可靠的立足点，并应按高处作业、悬空和临边作业的要求采取防护措施。不准站在拉杆、支撑杆上操作，也不准在梁底模上行走操作。

（19）模板工程应按楼层，用模板分项工程质量检验评定表和施工组织设计有关内容检查验收，班、组长和项目经理部施工负责人均应签字，手续齐全。验收内容包括模板分项工程质量检验评定表的保证项目、一般项目和允许偏差项目以及施工组织设计的有关内容。

（20）浇灌楼层梁、柱混凝土，一般应设浇灌运输道。整体现浇楼面支底模后，浇捣楼面混凝土，不得在底模上用手推车或人力运输混凝土，应在底模上设置运输混凝土的走道垫板，防止底模松动。

（21）走道垫板应铺设平稳，垫板两端应用镀锌铁丝扎紧，牢固不松动。

（22）作业面孔洞及临边必须设置牢固的盖板、防护栏杆、安全网或其他防坠落的防护设施，具体要求应符合《建筑施工高处作业安全技术规范》（JGJ80—1991）的有关规定。

（23）各工种进行上下立体交叉作业时，不得在同一垂直方向上操作。下层作业的位置，必须处于上层高度确定的可能坠落范围半径外。不符合以上条件时，应设置安全防护隔离层。

（24）支设悬挑形式的模板时，应有稳定的立足点。支设临空构筑物模板时，应搭设支架。模板上有预留洞时，应在安装后将洞盖没。

（25）操作人员上下通行时，不许攀登模板或脚手架，不许在墙顶、独立梁及其他狭窄而无防护栏的模板面上行走。

（26）模板支撑不能固定在脚手架或门窗上，避免发生倒塌或模板位移。

（27）冬季施工，应对操作地点和人行通道的冰雪事先清除；雨季施工，对高耸结构的模板作业应安装避雷设施

（28）模板安装时，应先内后外，单面模板就位后，用工具将其支撑牢固。双面板就位后，用拉杆和螺栓固定，未就位和未固定前不得摘钩。

（29）里外角模和临时悬挂的面板与大模板必须连接牢固，防止脱开和断裂坠落。

（30）在架空输电线路下面安装和拆除组合钢模板时，吊机起重臂、吊物、钢丝绳、外脚手架和操作人员等与架空线路的最小安全距离应符合有关规范的要求。当不能满足最小安全距离要求时，要停电作业；不能停电时，应有隔离防护措施。

（31）遇六级以上大风时，应暂停室外的高空作业。

2.8.3　模板拆除的安全要求与技术

（1）现浇或预制梁、板、柱混凝土模板拆除前，应有 7 d 和 28 d 龄期强度报告，达到强度要求后，再拆除模板。

（2）现浇结构的模板及其支架拆除时的混凝土强度，应符合设计要求；当设计无具体要求时，应符合规范规定，现浇结构拆模时所需混凝土强度见表 2-6。

表 2-6　现浇结构拆模时所需混凝土强度

项次	构造类型	结构跨度/m	按达到设计混凝土强度标注值的百分率计/%
1	板	≤2	50
		>2、≤8	75
2	梁、拱、壳	≤8	75
		<8	100
3	悬臂构件	≤2	75
		>2	100

（3）后张预应力混凝土结构或构件模板的拆除，侧模应在预应力张拉前拆除，其混凝土强度达到侧模拆除条件即可，进行预应力张拉必须待混凝土强度达到设计规定值方可进行，底模必须在预应力张拉完毕时方能拆除。

（4）模板拆除前，现浇梁柱侧模的拆除，拆模是要确保梁、柱边角的完整，施工班组长应向项目经理部施工负责人口头报告，经同意后再拆除。

（5）现浇梁、板，尤其是挑梁、板底模的拆除，施工班、组长应书面报告项目经理部施工负责人，梁、板的混凝土强度达到规定的要求时，报专业监理工程师批准后才能拆除。

（6）模板及其支撑系统拆除时，在拆除区域应设置警戒线，且应派专人监护，以防止落物伤人。

（7）模板及其支撑系统拆除时，应一次全部拆完，不得留有悬空模板，避免坠落伤人。

（8）拆除模板应按方案规定的程序进行，先支的后拆，先拆非承重部分。拆除大跨度梁支撑柱时，先从跨中开始向两端对称进行。

（9）大模板拆除前，要用起重机垂直吊牢，然后再进行拆除。

（10）拆除薄壳模板从结构中心向四周围均匀放松，向周边对称进行。

（11）当立柱水平拉杆超过两层时，应先拆两层以上的水平拉杆，最下一道水平杆与立柱模同时拆，以确保柱模稳定。

（12）模板拆除应按区域逐块进行，定型钢模拆除不得大面积撬落。

（13）模板、支撑要随拆随运，严禁随意抛掷，拆除后分类码放。

（14）模板拆除前要进行安全技术交底，确保施工过程的安全。

（15）工作前，应检查所使用的工具是否牢固，扳手等工具必须用绳链系挂在身上，工作时思想要集中，防止钉子扎脚和从空中滑落。

（16）拆除模板一般采用长撬杠，严禁操作人员站在正拆除的模板下。在拆除楼板模板时，要注意防止整块模板掉下，尤其是用定型模板做平台模板时，更要注意，防止模板突然全部掉下伤人。

（17）在混凝土墙体、平板上有预留洞时，应在模板拆除后，随即在墙洞上做好安全护栏，或将板的洞盖严。

（18）严禁站在悬臂结构上面敲拆底模。严禁在同一垂直平面上操作。

（19）木模板堆放、安装场地附近严禁烟火，须在附近进行电、气焊时，应有可靠的防火措施。

2.9　施工现场临时建筑、环境卫生和劳动防护用品标准规范的要求

为保障作业人员的身体健康和生命安全，改善作业人员的工作环境与生活条件，保护生态环境，防治施工过程对环境造成污染和各类疾病的发生，制定建筑施工现场环境与卫生标准。适用于新建、扩建、改建的土木工程、建筑工程、线路管道工程、设备安装工程、装修装饰工程及拆除工程。施工现场包括施工区、办公区和生活区。

2.9.1 施工现场一般规定

（1）施工现场的施工区域应与办公、生活区划分清晰，并应采取相应的隔离措施。

（2）施工现场必须采用封闭围挡，高度不得小于1.8m。

（3）施工现场出入口应标有企业名称或企业标识。主要出入口明显处应设置工程概况牌，大门内应有施工现场总平面图和安全生产、消防保卫、环境保护、文明施工等制度牌。

（4）施工现场临时用房应选址合理，并应符合安全、消防要求和国家有关规定。

（5）在工程的施工组织设计中应有防治大气、水土、噪声污染和改善环境卫生的有效措施。

（6）施工企业应采取有效的职业病防护措施，为作业人员提供必备的防护用品，对从事有职业病危害作业的人员应定期进行体检和培训。

（7）施工企业应结合季节特点，做好作业人员的饮食卫生和防暑降温、防寒保暖、防煤气中毒、防疫等工作。

（8）施工现场必须建立环境保护、环境卫生管理和检查制度，并应做好检查记录。

（9）对施工现场作业人员的教育培训、考核应包括环境保护、环境卫生等有关法律、法规的内容。

（10）施工企业应根据法律、法规的规定，制定施工现场的公共卫生突发事件应急预案。

2.9.2 施工现场环境保护

1. 防治大气污染

（1）施工现场的主要道路必须进行硬化处理，土方应集中堆放。裸露的场地和集中堆放的土方应采取覆盖、固化或绿化等措施。

（2）拆除建筑物、构筑物时，应采用隔离、洒水等措施，并应在规定期限内将废弃物清理完毕。

（3）施工现场土方作业应采取防止扬尘措施。

（4）从事土方、渣土和施工垃圾运输应采用密闭式运输车辆或采取覆盖措施；施工现场出入口处应采取保证车辆清洁的措施。

（5）施工现场的材料和大模板等存放场地必须平整坚实。水泥和其他易飞扬的细颗粒建筑材料应密闭存放或采取覆盖等措施。

（6）施工现场混凝土搅拌场所应采取封闭、降尘措施。

（7）建筑物内施工垃圾的清运，必须采用相应容器或管道运输，严禁凌空抛掷。

（8）施工现场应设置密闭式垃圾站，施工垃圾、生活垃圾应分类存放，并应及时清运出场。

（9）城区、旅游景点、疗养区、重点文物保护地及人口密集区的施工现场应使用清洁能源。

（10）施工现场的机械设备、车辆的尾气排放应符合国家环保排放标准的要求。

（11）施工现场严禁焚烧各类废弃物。

2. 防治水土污染

（1）施工现场应设置排水沟及沉淀池，施工污水经沉淀后方可排入市政污水管网或河流。

（2）施工现场存放的油料和化学溶剂等物品应设有专门的库房，地面应防渗漏处理。废弃的油料和化学溶剂应集中处理，不得随意倾倒。

（3）食堂应设置隔油池，并应及时清理。

（4）厕所的化粪池应做抗渗处理。

（5）食堂、盥洗室、淋浴间的下水管线应设置过滤网，并应与市政污水管线连接，保证排水通畅。

3. 防治施工噪声污染

（1）施工现场应按照现行国家标准《建筑施工场界噪声限值及其测量方法》（GB12523～12524）制定降噪措施，并可由施工企业自行对施工现场的噪声值进行监测和记录。

（2）施工现场的强噪声设备宜设置在远离居民区的一侧，并应采取降低噪声措施。

（3）对因生产工艺要求或其他特殊需要，确需在夜间进行超过噪声标准施工的，施工前建设单位应向有关部门提出申请，经批准后方可进行夜间施工。

（4）运输材料的车辆进入施工现场，严禁鸣笛，装卸材料应做到轻拿轻放。

2.9.3 施工现场环境卫生

1. 临时设施

（1）施工现场应设置办公室、宿舍、食堂、厕所、淋浴间、开水房、文体活动室、密闭式垃圾站（或容器）及盥洗设施等临时设施。临时设施所用建筑材料应符合环保、消防要求。

（2）办公区和生活区应设密闭式垃圾容器。

（3）办公室内布局应合理，文件资料宜归类存放，并应保持室内清洁卫生。

（4）施工现场应配备常用药及绷带、止血带、颈托、担架等急救器材。

（5）宿舍内应保证有必要的生活空间，室内净高不得小于 2.4 m，通道宽度不得小于 0.9 m，每间宿舍居住人员不得超过 16 人。

（6）施工现场宿舍必须设置可开启式窗户，宿舍内的床铺不得超过 2 层，严禁使用通铺。

（7）宿舍内应设置生活用品专柜，有条件的宿舍宜设置生活用品储藏室。

（8）宿舍内应设置垃圾桶，宿舍外宜设置鞋柜或鞋架，生活区内应提供为作业人员晾晒衣物的场地。

（9）食堂应设置在远离厕所、垃圾站、有毒有害场所等污染源的地方。

（10）食堂应设置独立的制作间、储藏间，门扇下方应设不低于 0.2 m 的防鼠挡板。制作间灶台及其周边应贴瓷砖，所贴瓷砖高度不宜小于 1.5 m，地面应做硬化和防滑处理。粮食存放台距墙和地面应大于 0.2 m。

（11）食堂应配备必要的排风设施和冷藏设施。

（12）食堂的燃气罐应单独设置存放间，存放间应通风良好并严禁存放其他物品。

（13）食堂制作间的炊具宜存放在封闭的柜内，刀、盆、案板等炊具应生熟分开。食品应有遮盖，遮盖物品应有正反面标识。各种佐料和副食应存放在密闭器皿内，并应有标识。

（14）食堂外应设置密闭式泔水桶，并应及时清运。

（15）施工现场应设置水冲式或移动式厕所，厕所地面应硬化，门窗应齐全。蹲位之间宜设置隔板，隔板高度不宜低于 0.9 m。

（16）厕所大小应根据作业人员的数量设置。高层建筑施工超过 8 层以后，每隔 4 层宜设置临时厕所。厕所应设专人负责清扫、消毒，化粪池应及时清掏。

（17）淋浴间内应设置满足需要的淋浴喷头，可设置储衣柜或挂衣架。

（18）盥洗设施应设置满足作业人员的使用的盥洗池，并应使用节水龙头。

（19）生活区应设置开水炉、电热水器或饮用水保温桶；施工区应配备流动保温水桶。

（20）文体活动室应配备电视机、书报、杂志等文体活动设施、用品。

2. 卫生与防疫

（1）施工现场应设专职或兼职保洁员，负责卫生清扫和保洁。

（2）办公区和生活区应采取灭鼠、蚊、蝇、蟑螂等措施，并应定期投放和喷洒药物。

（3）食堂必须有卫生许可证，炊事人员必须持身体健康证上岗。

（4）炊事人员上岗应穿戴洁净的工作服、工作帽和口罩，并应保持个人卫生。不得穿工作服出食堂，非炊事人员不得随意进入制作间。

（5）食堂的炊具、餐具和公用饮水器具必须清洗消毒。

（6）施工现场应加强食品、原料的进货管理，食堂严禁出售变质食品。

（7）施工现场作业人员发生法定传染病、食物中毒或急性职业中毒时，必须在 2 h 内向施工现场所在地建设行政主管部门和有关部门报告，并应积极配合调查处理。

（8）现场施工人员患有法定传染病时，应及时进行隔离，并由卫生防疫部门进行处置。

2.9.4　施工现场劳保用品和职业健康保护

进入施工现场人员必须戴安全帽，登高作业必须系安全带，安全防护必须按规定架设安全网。事实证明，安全帽、安全带、安全网是减少和防止高处坠落和物体打击这类事故发生的重要措施。建筑工人称安全帽、安全带、安全网为救命"三宝"。

1. 安全帽基本要求

（1）进入施工现场者必须戴安全帽。施工现场的安全帽应分色佩带。

（2）正确使用安全帽不准使用缺衬及破损的安全帽。

（3）安全帽应符合 GB2811—81 标准，选用经有关部门检验合格，其上有"安鉴"标志的安全帽。

（4）使用戴帽前先检查外壳是否破损，有无合格帽衬，帽带是否齐全，如果不符合要求立即更换。

（5）调整好帽箍、帽衬（4～5 cm），系好帽带。

2. 安全带基本要求

（1）选用经有关部门检验合格的安全带，并保证在使用有效期内。

（2）安全带严禁打结、续接。

（3）使用中，要可靠地挂在牢固的地方，高挂低用，且要防止摆动。安全带上的各种部件不得任意拆掉，避免明火和刺割。

（4）2 m 以上的悬空作业，必须使用安全带。

（5）安全带使用 2 年以后，使用单位应按购进批量的大小，选择一定比例的数量，做一次抽检，用 80 kg 的砂袋做自由落体试验，若未破断可继续使用，但抽检的样带应更换新的挂绳才能使用；若试验不合格，购进的这批安全带就应报废。

（6）安全带外观有破损或发现异味时，应立即更换。

（7）安全带使用 3~5 年即应报废。

（8）在无法直接挂设安全带的地方，应设置挂安全带的安全拉绳、安全栏杆等。

3. 安全网基本要求

建筑工地使用的安全网，按形式及其作用可分为平网和立网两种。平网，指其安装平面平行于水平面，主要用来承接人和物的坠落；立网，指其安装平面垂直于水平面，主要用来阻止人和物的坠落。

1）安全网的构造和材料

（1）安全网的材料，要求其比重小、强度高、耐磨性好、延伸率大和耐久性较强。此外还应有一定的耐气候性能，受潮受湿后其强度下降不太大。

（2）目前，安全网以化学纤维为主要材料。同一张安全网上所有的网绳，都要采用同一材料，所有材料的湿干强力比不得低于 75%。

（3）通常，多采用维纶和尼龙等合成化纤作网绳。丙纶由于性能不稳定，禁止使用。此外，只要符合国际有关规定的要求，亦可采用棉、麻、棕等植物材料作原料。

（4）不论用何种材料，每张安全平网的重量一般不宜超过 15 kg，并要能承受 800 N 的冲击力。

2）密目式安全网

密目式安全网的目数为在网上任意一处的 10 cm × 10 cm = 100 cm^2 的面积上，大于 2 000 目。施工单位采购来以后，可以做现场试验，除外观、尺寸、重量、目数等的检查以外，还要做以下两项试验：

（1）贯穿试验将 1.8 m × 6 m 的安全网与地面成 30° 夹角放好，四边拉直固定。在网中心的上方 3 m 的地方，用一根 48 × 3.5 的 5 kg 的钢管，自由落下，网不贯穿，即为合格，网贯穿，即为不合格。

（2）冲击试验将密目式安全网水平放置，四边拉紧固定。在网中心上方 1.5 m 处，由一个 100 kg 的砂袋自由落下，网边撕裂的长度小于 200 mm，即为合格。

用密目式安全网对在建工程外围及外脚手架的外侧全封闭，就使得施工现场从大网眼的平网作水平防护的敞开式防护，用栏杆或小网眼立网作防护的半封闭式防护，实现了全封闭式防护。

3）安全网的防护要求

（1）高处作业点下方必须设安全网。凡无外架防护的施工，必须在高度 4～6 m 处设一层水平投影外挑宽度不小于 6 m 的固定的安全网，每隔 4 层楼再设一道固定的安全网，并同时设一道随墙体逐层上升的安全网。

（2）施工现场应积极使用密目式安全网，架子外侧、楼层邻边井架等处用密目式安全网封闭栏杆，安全网放在杆件里侧。

（3）单层悬挑架一般只搭设一层脚手板为作业层，故须在紧贴脚手板下部挂一道平网作防护层，当在脚手板下挂平网有困难时，也可沿外挑斜立杆的密目网里侧斜挂一道平网，作为人员坠落的防护层。

（4）单层悬挑架包括防护栏杆及斜立杆部分，全部用密目网封严。多层悬挑架上搭设的脚手架，用密目网封严。

（5）架体外侧用密目网封严。

（6）安全网作防护层必须封挂严密牢靠，密目网用于立网防护，水平防护时必须采用平网，不准用立网代替平网。

（7）安全网应绷紧扎牢拼接严密，不使用破损的安全网。

（8）安全网必须有产品生产许可证和质量合格证，不准使用无证不合格产品。

（9）安全网若有破损、老化应及时更换。

（10）安全网与架体连接不宜绷得太紧，系结点要沿边分布均匀、绑牢。

4．职业健康卫生防护

职业卫生防护工作基本要求：在建工程的职业病防护设施所需费用纳入建设项目工程预算，并与工程同时设计，同时施工，同时投入使用。加强职工劳动过程中的防护与管理。对职业病防护设备、应急救援设施和个人使用的职业病防护用品，进行经常性的维护、检修，定期检测其性能和效果，确保其处于正常状态，使用期间不得擅自拆除或者停止使用。建筑施工中的职业病的主要种类、危害工种及预防措施如下所述。

1）施工现场粉尘

（1）作业场所防护措施：

① 水泥除尘措施。

在搅拌机拌筒出料口处安装或丛胶皮护罩，挡住粉尘外扬；在拌筒上方安装吸尘罩，将拌筒进料口飞起的粉尘吸走。

在地面料斗侧向安装吸尘罩，将加料时扬起的粉尘吸走，通过风机将上述空气吸走的粉尘先后送入旋风滤尘器，再通货器内水浴将粉尘降落，再用水冲入蓄集池。

② 木屑除尘措施。

在每台加工机械尘源上方或侧向安装吸尘罩，通过风机作用，将粉尘吸入输送管道，再送到蓄料仓内，可达到各作业点的粉尘浓度降至 2 mg/m³ 以下。

③ 金属除尘措施。

用抽风机或通风机将粉尘抽至室外，净化处理后空气排放。

（2）粉尘个人防护措施：

① 落实相关岗位的持证上岗，给施工作业人员提供扬尘防护口罩，杜绝施工操作人员的超时工作。

② 检查措施：在检查项目工程安全的同时，检查工人作业场所的扬尘防护措施的落实，检查个人扬尘防护措施的落实，每月不少于 1 次，并指导施工作业人员减少扬尘的操作方法和技巧。

2）施工现场生产性毒物

主要受危害的工种有防水工、油漆工、喷漆工、电焊工等工种。主要预防措施如下。

（1）作业场所防护措施：

① 防铅毒措施。

允许浓度：铅烟 0.03 mg/m^3，铅尘 0.05 mg/m^3，超标者采取措施。采用抽风机或用鼓风机升压将铅尘、铅烟抽至室外，进行净化处理后空中排放；以无毒、低毒物料代替铅丹，消除铅源。

② 防锰中毒措施。

集中焊接场所，用抽风机将锰尘吸入管道，过滤净化后排放；分散焊接点，可设置移动式锰烟除尘器，随时将吸尘罩设在焊接作业人员上方，及时吸走焊接时产生的锰烟尘；现场焊接作业区狭小，流动频繁，每次焊接作业时间短，难以设置移动排毒设备装置焊接时应选择上风方向进行操作，以减少锰烟尘的危害。

③ 防苯毒措施。

允许浓度：苯 40 mg/m^3 以下，甲苯和二甲苯为 100 mg/m^3 以下，超标者采取措施。喷漆，可采用密闭喷漆间，工人在喷漆间外操纵微机控制，用机械手自动作业，以达到质量好对人无危害的目的；通风不良的地下室、污水池内涂刷各种防腐涂料等作业，必须根据场地大小，采取多台抽风机把苯等有害气体抽出室外，减少连续配料时间，防止苯中毒和铅中毒；涂刷冷沥青，凡在通风不良的场所和容器内涂刷冷沥青时，必须采取机械送风、送氧及抽风措施，不断稀释空气中的毒物浓度。

（2）个人防护措施：

① 作业时佩戴有害气体防护口罩、眼睛防护罩，杜绝违章作业，采取轮流作业，杜绝施工操作人员的超时工作。

② 在检查项目工程安全的同时，检查落实工人作业场所的通风情况，个人防护用品的佩戴，及时制止违章作业。

③ 指导提高中毒事故中职工救人与自救的能力。

3）施工现场噪声振动

施工现场噪声主要来源有钻孔机、电锯、振捣器、搅拌机、电动机、空压机、钢筋加工机械、木工加工机械等；主要受危害的工种有混凝土振动棒工、打桩工、推土机工、平刨工等工种等。施工现场振动主要是有如钻孔机、电锯、振捣器、混凝土振动棒、风钻、打桩机、推土机、挖掘机等；主要受危害的工程有混凝土振动棒工、风钻工、打桩机司机、推土机司机、挖掘机司机等。

（1）作业场所防护措施：

① 在各种机械设备排气口安装消声器、在室内用多孔材料进行吸声或对发生的物体、场所与周围进行隔绝。在作业区设置防职业病警示标志。

② 在振源与需要防振的设备之间，安装具有弹性性能的隔振装置，使振源产生的大部分振动被隔振装置所吸收。

③ 改革生产工艺，降低噪声。

④ 有些手持振动工具的手柄，包扎泡沫塑料等隔振垫，工人操作时戴好专用放振手套，也可减少振动的危害。

（2）个人防护措施：

① 为施工操作人员提供劳动防护耳塞，减振护具措施，采取轮流作业，杜绝施工操作人员的超时工作。

② 直接操作振动机械引起的手臂振动病的机械操作工，要持证上岗，提供振动机械防护手套，采取延长换班休息时间，杜绝作业人员的超时工作。

③ 在检查工程安全的同时,检查落实警示标志的悬挂、检查落实作业场所的降噪声措施、工人佩戴防护耳、塞防震手套佩戴、工作时间不超时等情况。

4）高温中暑的预防

（1）作业场所防护措施：

① 调整作息时间，避免高温期间作业，对有条件的工作作业可搭设遮阳棚等防护措施。

② 在高温期间，为职工备足饮用水或绿豆水、防中暑药品、器材。

（2）个人防护措施：

① 减少工人工作时间，尤其是延长中午休息时间。

② 夏季施工，在检查工程安全的同时，检查落实饮水、防中暑物品的配备，工人劳逸适宜，并指导提高中暑情况发生时，职工救人与自救的能力。

2.10 安全评价标准

为促进施工企业安全生产，确保其具备必要的安全生产条件和能力，制定施工企业安全生产评价标准。标准适用于对施工企业进行安全生产条件和能力的评价。

2.10.1 评价内容

1. 安全生产管理评价

（1）施工企业安全生产条件应按安全生产管理、安全技术管理、设备和设施管理、企业市场行为和施工现场安全管理等 5 项内容进行考核，并应按本标准附录 A 中的内容具体实施考核评价。

（2）每项考核内容应以评分表的形式和量化的方式，根据其评定项目的量化评分标准及其重要程度进行评定。

（3）安全生产管理评价应为对企业安全管理制度建立和落实情况的考核，其内容应包括安全生产责任制度、安全文明资金保障制度、安全教育培训制度、安全检查及隐患排查制度、生产安全事故报告处理制度、安全生产应急救援制度等6个评定项目。

（4）施工企业安全生产责任制度的考核评价应符合下列要求：

① 未建立以企业法人为核心分级负责的各部门及各类人员的安全生产责任制，则该评定项目不应得分；

② 未建立各部门、各级人员安全生产责任落实情况考核的制度及未对落实情况进行检查的，则该评定项目不应得分；

③ 未实行安全生产的目标管理、制定年度安全生产目标计划、落实责任和责任人及未落实考核的，则该评定项目不应得分；

④ 对责任制和目标管理等的内容和实施，应根据具体情况评定折减分数。

（5）施工企业安全文明资金保障制度的考核评价应符合下列要求：

① 制度未建立且每年未对与本企业施工规模相适应的资金进行预算和决算，未专款专用，则该评定项目不应得分；

② 未明确安全生产、文明施工资金使用、监督及考核的责任部门或责任人，应根据具体情况评定折减分数。

（6）施工企业安全教育培训制度的考核评价应符合下列要求：

① 未建立制度且每年未组织对企业主要负责人、项目经理、安全专职人员及其他管理人员的继续教育的，则该评定项目不应得分；

② 企业年度安全教育计划的编制，职工培训教育的档案管理，各类人员的安全教育，应根据具体情况评定折减分数。

（7）施工企业安全检查及隐患排查制度的考核评价应符合下列要求：

① 未建立制度且未对所属的施工现场、后方场站、基地等组织定期和不定期安全检查的，则该评定项目不应得分；

② 隐患的整改、排查及治理，应根据具体情况评定折减分数。

（8）施工企业生产安全事故报告处理制度的考核评价应符合下列要求：

① 未建立制度且未及时、如实上报施工生产中发生伤亡事故的，则该评定项目不应得分；

② 对已发生的和未遂事故，未按照"四不放过"原则进行处理的，则该评定项目不应得分；

③ 未建立生产安全事故发生及处理情况事故档案的，则该评定项目不应得分。

（9）施工企业安全生产应急救援制度的考核评价应符合下列要求：

① 未建立制度且未按照本企业经营范围，并结合本企业的施工特点，制定易发、多发事故部位、工序、分部、分项工程的应急救援预案，未对各项应急预案组织实施演练的，则该评定项目不应得分；

② 应急救援预案的组织、机构、人员和物资的落实，应根据具体情况评定折减分数。

2. 安全技术管理评价

（1）安全技术管理评价应为对企业安全技术管理工作的考核，其内容应包括法规、标准和操作规程配置，施工组织设计，专项施工方案（措施），安全技术交底，危险源控制等5个评定项目。

（2）施工企业法规、标准和操作规程配置及实施情况的考核评价应符合下列要求：

① 未配置与企业生产经营内容相适应的、现行的有关安全生产方面的法规、标准，以及各工种安全技术操作规程，并未及时组织学习和贯彻的，则该评定项目不应得分；

② 配置不齐全，应根据具体情况评定折减分数。

（3）施工企业施工组织设计编制和实施情况的考核评价应符合下列要求：

① 未建立施工组织设计编制、审核、批准制度的，则该评定项目不应得分；

② 安全技术措施的针对性及审核、审批程序的实施情况等，应根据具体情况评定折减分数。

（4）施工企业专项施工方案（措施）编制和实施情况的考核评价应符合下列要求：

① 未建立对危险性较大的分部、分项工程专项施工方案编制、审核、批准制度的，则该评定项目不应得分；

② 制度的执行，应根据具体情况评定折减分数。

（5）施工企业安全技术交底制定和实施情况的考核评价应符合下列要求：

① 未制定安全技术交底规定的，则该评定项目不应得分；

② 安全技术交底资料的内容、编制方法及交底程序的执行，应根据具体情况评定折减分数。

（6）施工企业危险源控制制度的建立和实施情况的考核评价应符合下列要求：

① 未根据本企业的施工特点，建立危险源监管制度的，则该评定项目不应得分；

② 危险源公示、告知及相应的应急预案编制和实施，应根据具体情况评定折减分数。

3. 设备和设施管理评价

（1）设备和设施管理评价应为对企业设备和设施安全管理工作的考核，其内容应包括设备安全管理、设施和防护用品、安全标志、安全检查测试工具等4个评定项目。

（2）施工企业设备安全管理制度的建立和实施情况的考核评价应符合下列要求：

① 未建立机械、设备（包括应急救援器材）采购、租赁、安装、拆除、验收、检测、使用、检查、保养、维修、改造和报废制度的，则该评定项目不应得分；

② 设备的管理台账、技术档案、人员配备及制度落实，应根据具体情况评定折减分数。

（3）施工企业设施和防护用品制度的建立及实施情况的考核评价应符合下列要求：

① 未建立安全设施及个人劳保用品的发放、使用管理制度的，则该评定项目不应得分；

② 安全设施及个人劳保用品管理的实施及监管，应根据具体情况评定折减分数。

（4）施工企业安全标志管理规定的制定和实施情况的考核评价应符合下列要求：

① 未制定施工现场安全警示、警告标识、标志使用管理规定的,则该评定项目不应得分；

② 管理规定的实施、监督和指导，应根据具体情况评定折减分数。

（5）施工企业安全检查测试工具配备制度的建立和实施情况的考核评价应符合下列要求：

① 未建立安全检查检验仪器、仪表及工具配备制度的，则该评定项目不应得分；

② 配备及使用，应根据具体情况评定折减分数。

4. 企业市场行为评价

（1）企业市场行为评价应为对企业安全管理市场行为的考核，其内容包括安全生产许可证、安全生产文明施工、安全质量标准化达标、资质机构与人员管理制度等 4 个评定项目。

（2）施工企业安全生产许可证许可状况的考核评价应符合下列要求：

① 未取得安全生产许可证而承接施工任务的、在安全生产许可证暂扣期间承接工程的、企业承发包工程项目的规模和施工范围与本企业资质不相符的，则该评定项目不应得分；

② 企业主要负责人、项目负责人和专职安全管理人员的配备和考核，应根据具体情况评定折减分数。

（3）施工企业安全生产文明施工动态管理行为的考核评价应符合下列要求：

① 企业资质因安全生产、文明施工受到降级处罚的，则该评定项目不应得分；

② 其他不良行为，视其影响程度、处理结果等，应根据具体情况评定折减分数。

（4）施工企业安全质量标准化达标情况的考核评价应符合下列要求：

① 本企业所属的施工现场安全质量标准化年度达标合格率低于国家或地方规定的，则该评定项目不应得分；

② 安全质量标准化年度达标优良率低于国家或地方规定的，应根据具体情况评定折减分数。

（5）施工企业资质、机构与人员管理制度的建立和人员配备情况的考核评价应符合下列要求：

① 未建立安全生产管理组织体系、未制定人员资格管理制度、未按规定设置专职安全管理机构、未配备足够的安全生产专管人员的，则该评定项目不应得分；

② 实行分包的，总承包单位未制定对分包单位资质和人员资格管理制度并监督落实的，则该评定项目不应得分。

5. 施工现场安全管理评价

（1）施工现场安全管理评价应为对企业所属施工现场安全状况的考核，其内容应包括施工现场安全达标、安全文明资金保障、资质和资格管理、生产安全事故控制、设备设施工艺选用、保险等 6 个评定项目。

（2）施工现场安全达标考核，企业应对所属的施工现场按现行规范标准进行检查，有一个工地未达到合格标准的，则该评定项目不应得分。

（3）施工现场安全文明资金保障，应对企业按规定落实其所属施工现场安全生产、文明施工资金的情况进行考核，有一个施工现场未将施工现场安全生产、文明施工所需资金编制计划并实施、未做到专款专用的，则该评定项目不应得分。

（4）施工现场分包资质和资格管理规定的制定以及施工现场控制情况的考核评价应符合下列要求：

① 未制定对分包单位安全生产许可证、资质、资格管理及施工现场控制的要求和规定，且在总包与分包合同中未明确参建各方的安全生产责任，分包单位承接的施工任务不符合其所具有的安全资质，作业人员不符合相应的安全资格，未按规定配备项目经理、专职或兼职安全生产管理人员的，则该评定项目不应得分。

② 对分包单位的监督管理，应根据具体情况评定折减分数。

（5）施工现场生产安全事故控制的隐患防治、应急预案的编制和实施情况的考核评价应符合下列要求：

① 未针对施工现场实际情况制定事故应急救援预案的，则该评定项目不应得分；

② 对现场常见、多发或重大隐患的排查及防治措施的实施，应急救援组织和救援物资的落实，应根据具体情况评定折减分数。

（6）施工现场设备、设施、工艺管理的考核评价应符合下列要求：

① 使用国家明令淘汰的设备或工艺，则该评定项目不应得分；

② 使用不符合国家现行标准的且存在严重安全隐患的设施，则该评定项目不应得分；

③ 使用超过使用年限或存在严重隐患的机械、设备、设施、工艺的，则该评定项目不应得分；

④ 对其余机械、设备、设施以及安全标识的使用情况，应根据具体情况评定折减分数；

⑤ 对职业病的防治，应根据具体情况评定折减分数。

（7）施工现场保险办理情况的考核评价应符合下列要求：

① 未按规定办理意外伤害保险的，则该评定项目不应得分；

② 意外伤害保险的办理实施，应根据具体情况评定折减分数。

2.10.2　评价方法

（1）施工企业每年度应至少进行一次自我考核评价。发生下列情况之一时，企业应再进行复核评价：

① 适用法律、法规发生变化时；

② 企业组织机构和体制发生重大变化后；

③ 发生生产安全事故后；

④ 其他影响安全生产管理的重大变化。

（2）施工企业考核自评应由企业负责人组织，各相关管理部门均应参与。

（3）评价人员应具备企业安全管理及相关专业能力，每次评价不应少于 3 人。

（4）对施工企业安全生产条件的量化评价应符合下列要求：

① 当施工企业无施工现场时，应采用本标准附录 A 中表 A-1 ~ 表 A-4 进行评价；

② 当施工企业有施工现场时，应采用本标准附录 A 中表 A-1 ~ 表 A-5 进行评价；

③ 施工企业的安全生产情况应依据自评价之月起前 12 个月以来的情况，施工现场应依据自开工日起至评价时的安全管理情况；

④ 施工现场评价结论，应取抽查及核验的施工现场评价结果的平均值，且其中不得有 1 个施工现场评价结果为不合格。

（5）抽查及核验企业在建施工现场，应符合下列要求：

① 抽查在建工程实体数量，对特级资质企业不应少于 8 个施工现场；对一级资质企业不应少于 5 个施工现场；对一级资质以下企业不应小于 3 个施工现场；企业在建工程实体少于上述规定数量的，则应全数检查。

② 核验企业所属其他在建施工现场安全管理状况,核验总数不应少于企业在建工程项目总数的 50%。

（6）抽查发生因工死亡事故的企业在建施工现场，应按事故等级或情节轻重程度，在第5条规定的基础上分别增加 2~4 个在建工程项目；应增加核验企业在建工程项目总数的10%~30%。

（7）对评价时无在建工程项目的企业，应在企业有在建工程项目时，再次进行跟踪评价。

（8）安全生产条件和能力评分应符合下列要求：

① 施工企业安全生产评价应按评定项目、评分标准和评分方法进行，并应符合本标准附录 A 的规定，满分分值均应为 100 分；

② 在评价施工企业安全生产条件能力时，应采用加权法计算，权重系数应符合权重系数表的规定（表 2-7），并应按本标准附录 B 进行评价。

表 2-7　权重系数表

评　价　内　容		权重系数
无施工项目	① 安全生产管理	0.3
	② 安全技术管理	0.2
	③ 设备和设施管理	0.2
	④ 企业市场行为	0.3
有施工项目	①②③④加权值	0.6
	⑤ 施工现场安全管理	0.4

（9）各评分表的评分应符合下列要求：

① 评分表的实得分数应为各评定项目实得分数之和；

② 评分表中的各个评定项目应采用扣减分数的方法，扣减分数总和不得超过该项目的应得分数；

③ 项目遇有缺项的，其评分的实得分应为可评分项目的实得分之和与可评分项目的应得分之和比值的百分数。

2.10.3　评价等级

（1）施工企业安全生产考核评定应分为合格、基本合格、不合格三个等级，并宜符合下列要求（表 2-8）：

① 对有在建工程的企业，安全生产考核评定宜分为合格、不合格 2 个等级；

② 对无在建工程的企业，安全生产考核评定宜分为基本合格、不合格 2 个等级。

（2）考核评价等级划分应按施工企业安全生产考核评价等级划分。

表 2-8　施工企业安全生产考核评价等级划分表

考核评价等级	考　核　内　容		
	各项评分表中的实得分为零的项目数/个	各评分表实得分数/分	汇总分数/分
合格	0	≥70 且其中不得有一个施工现场评定结果为不合格	≥75
基本合格	0	≥70	≥75
不合格	出现不满足基本合格条件的任意一项时		

附录 A 施工企业安全生产评价表

表 A-1 安全生产管理评分表

序号	评定项目	评分标准	评分方法	应得分	扣减分	实得分
1	安全生产责任制度	·企业未建立安全生产责任制度，扣20分，各部门、各级（岗位）安全生产责任制度不健全，扣10～15分； ·企业未建立安全生产责任制考核制度，扣10分，各部门、各级对各自安全生产责任制未执行，每起扣2分； ·企业未按考核制度组织检查并考核的，扣10分，考核不全面扣5～10分； ·企业未建立、完善安全生产管理目标，扣10分，未对管理目标实施考核的，扣5～10分； ·企业未建立安全生产考核、奖惩制度扣10分，未实施考核和奖惩的，扣5～10分	查企业有关制度文本；抽查企业各部门、所属单位有关责任人对安全生产责任制的知晓情况，查确认记录，查企业考核记录。 查企业文件，查企业对下属单位各级管理目标设置及考核情况记录。 查企业安全生产奖惩制度文本和考核、奖惩记录	20		
2	安全文明资金保障制度	·企业未建立安全生产、文明施工资金保障制度扣20分； ·制度无针对性和具体措施的，扣10～15分； ·未按规定对安全生产、文明施工措施费的落实情况进行考核，扣10～15分	查企业制度文本、财务资金预算及使用记录	20		
3	安全教育培训制度	·企业未按规定建立安全培训教育制度，扣15分； ·制度未明确企业主要负责人，项目经理，安全专职人员及其他管理人员，特种作业人员，待岗、转岗、换岗职工，新进单位从业人员安全培训教育要求的，扣5～10分； ·企业未编制年度安全培训教育计划，扣5～10分，企业未按年度计划实施的，扣5～10分	查企业制度文本、企业培训计划文本和教育的实施记录、企业年度培训教育记录和管理人员的相关证书	15		
4	安全检查及隐患排查制度	·企业未建立安全检查及隐患排查制度，扣15分，制度不全面、不完善的，扣5～10分； ·未按规定组织检查的，扣15分，检查不全面、不及时的扣5～10分； ·对检查出的隐患未采取定人、定时、定措施进行整改的，每起扣3分，无整改复查记录的，每起扣3分； ·对多发或重大隐患未排查或未采取有效治理措施的，扣3～15分	查企业制度文本、企业检查记录、企业对隐患整改消项、处置情况记录、隐患排查统计表	15		
5	生产安全事故报告处理制度	·企业未建立生产安全事故报告处理制度，扣15分； ·未按规定及时上报事故的，每起扣15分； ·未建立事故档案扣5分； ·未按规定实施对事故的处理及落实"四不放过"原则的，扣10～15分	查企业制度文本； 查企业事故上报及结案情况记录	15		
6	安全生产应急救援制度	·未制定事故应急救援预案制度的，扣15分，事故应急救援预案无针对性的，扣5～10分； ·未按规定制定演练制度并实施的，扣5分； ·未按预案建立应急救援组织或落实救援人员和救援物资的，扣5分	查企业应急预案的编制、应急队伍建立情况以相关演练记录、物资配备情况	15		
分项评分				100		

评分员：　　　　　　　　　　　　　　　　　　　　　　　　　　　年　　月　　日

表 A-2　安全技术管理评分表

序号	评定项目	评分标准	评分方法	应得分	扣减分	实得分
1	法规标准和操作规程配置	·企业未配备与生产经营内容相适应的现行有关安全生产方面的法律、法规、标准、规范和规程的，扣10分，配备不齐全，扣3~10分； ·企业未配备各工种安全技术操作规程，扣10分，配备不齐全的，缺一个工种扣1分； ·企业未组织学习和贯彻实施安全生产方面的法律、法规、标准、规范和规程，扣3~5分	查企业现有的法律、法规、标准、操作规程的文本及贯彻实施记录	10		
2	施工组织设计	·企业无施工组织设计编制、审核、批准制度的，扣15分； ·施工组织设计中未明确安全技术措施的扣10分； ·未按程序进行审核、批准的，每起扣3分	查企业技术管理制度，抽查企业备份的施工组织设计	15		
3	专项施工方案（措施）	·未建立对危险性较大的分部、分项工程编写、审核、批准专项施工方案制度的，扣25分； ·未实施或按程序审核、批准的，每起扣3分； ·未按规定明确本单位需进行专家论证的危险性较大的分部、分项工程名录（清单）的，每起扣3分	查企业相关规定、实施记录和专项施工方案备份资料	25		
4	安全技术交底	·企业未制定安全技术交底规定的，扣25分； ·未有效落实各级安全技术交底，扣5~10分； ·交底无书面记录，未履行签字手续，每起扣1~3分	查企业相关规定、企业实施记录	25		
5	危险源控制	·企业未建立危险源监管制度，扣25分； ·制度不齐全、不完善的，扣5~10分； ·未根据生产经营特点明确危险源的，扣5~10分； ·未针对识别评价出的重大危险源制定管理方案或相应措施，扣5~10分； ·企业未建立危险源公示、告知制度的，扣8~10分	查企业规定及相关记录	25		
		分项评分		100		

评分员：　　　　　　　　　　　　　　　　　　　　　　　　　　　年　　　月　　　日

表 A-3　设备和设施管理评分表

序号	评定项目	评分标准	评分方法	应得分	扣减分	实得分
1	设备安全管理	·未制定设备（包括应急救援器材）采购、租赁、安装（拆除）、验收、检测、使用、检查、保养、维修、改造和报废制度，扣30分； ·制度不齐全、不完善的，扣10~15分； ·设备的相关证书不齐全或未建立台账的，扣3~5分； ·未按规定建立技术档案或档案资料不齐全的，每起扣2分； ·未配备设备管理的专（兼）职人员的，扣10分	查企业设备安全管理制度，查企业设备清单和管理档案	30		

序号	评定项目	评分标准	评分方法	应得分	扣减分	实得分
2	设施和防护用品	·未制定安全物资供应单位及施工人员个人安全防护用品管理制度的，扣30分； ·未按制度执行的，每起扣2分； ·未建立施工现场临时设施(包括临时建、构筑物、活动板房)的采购、租赁、搭设与拆除、验收、检查、使用的相关管理规定的，扣30分； ·未按管理规定实施或实施有缺陷的，每项扣2分	查企业相关规定及实施记录	30		
3	安全标志	·未制定施工现场安全警示、警告标识、标志使用管理规定的，扣20分； ·未定期检查实施情况的，每项扣5分	查企业相关规定及实施记录	20		
4	安全检查测试工具	·企业未制定施工场所安全检查、检验仪器、工具配备制度的，扣20分； ·企业未建立安全检查、检验仪器、工具配备清单的，扣5~15分	查企业相关记录	20		
分项评分				100		

评分员：　　　　　　　　　　　　　　　　　　　　　　　　　　　　　年　　月　　日

表 A-4　企业市场行为评分表

序号	评定项目	评分标准	评分方法	应得分	扣减分	实得分
1	安全生产许可证	·企业未取得安全生产许可证而承接施工任务的，扣20分； ·企业在安全生产许可证暂扣期间继续承接施工任务的，扣20分； ·企业资质与承发包生产经营行为不相符，扣20分； ·企业主要负责人、项目负责人、专职安全管理人员持有的安全生产合格证书不符合规定要求的，每起扣10分	查安全生产许可证及各类人员相关证书	20		
2	安全生产文明施工	·企业资质受到降级处罚，扣30分； ·企业受到暂扣安全生产许可证的处罚，每起扣5~30分； ·企业受当地建设行政主管部门通报处分，每起扣5分； ·企业受当地建设行政主管部门经济处罚，每起扣5~10分； ·企业受到省级及以上通报批评每次扣10分，受到地市级通报批评每次扣5分	查各级行政主管部门管理信息资料，各类有效证明材料	30		
3	安全质量标准化达标	·安全质量标准化达标优良率低于规定的，每5%扣10分； ·安全质量标准化年度达标合格率低于规定要求，扣20分	查企业相应管理资料	20		
4	资质、机构与人员管理	·企业未建立安全生产管理组织体系(包括机构和人员等)、人员资格管理制度的，扣30分； ·企业未按规定设置专职安全管理机构的，扣30分，未按规定配足安全生产专管人员的，扣30分； ·实行总、分包的企业未制定对分包单位资质和人员资格管理制度的，扣30分，未按制度执行的，扣30分	查企业制度文本和机构、人员配备证明文件，查人员资格管理记录及相关证件，查总、分包单位的管理资料	30		
分项评分				100		

评分员：　　　　　　　　　　　　　　　　　　　　　　　　　　　　　年　　月　　日

表 A-5　施工现场安全管理评分表

序号	评定项目	评分标准	评分方法	应得分	扣减分	实得分
1	施工现场安全达标	·按《建筑施工安全检查标准》JGJ59 及相关现行标准规范进行检查不合格的，每 1 个工地扣 30 分	查现场及相关记录	30		
2	安全文明资金保障	·未按规定落实安全防护、文明施工措施费，发现一个工地扣 15 分	查现场及相关记录	15		
3	资质和资格管理	·未制定对分包单位安全生产许可证、资质、资格管理及施工现场控制的要求和规定，扣 15 分，管理记录不全扣 5~15 分； ·合同未明确参建各方安全责任，扣 15 分； ·分包单位承接的项目不符合相应的安全资质管理要求，或作业人员不符合相应的安全资格管理要求扣 15 分； ·未按规定配备项目经理、专职或兼职安全生产管理人员（包括分包单位），扣 15 分	查对管理记录、证书，抽查合同及相应管理资料	15		
4	生产安全事故控制	·对多发或重大隐患未排查或未采取有效措施的，扣 3~15 分； ·未制定事故应急救援预案的，扣 15 分，事故应急救援预案无针对性的，扣 5~10 分； ·未按规定实施演练的，扣 5 分； ·未按预案建立应急救援组织或落实救援人员和救援物资的，扣 5~15 分	查检查记录及隐患排查统计表，应急预案的编制及应急队伍建立情况以及相关演练记录、物资配备情况	15		
5	设备设施施工工艺选用	·现场使用国家明令淘汰的设备或工艺的，扣 15 分； ·现场使用不符合标准的、且存在严重安全隐患的设施，扣 15 分； ·现场使用的机械、设备、设施、工艺超过使用年限或存在严重隐患的，扣 15 分； ·现场使用不合格的钢管、扣件的，每起扣 1~2 分； ·现场安全警示、警告标志使用不符合标准的扣 5~10 分； ·现场职业危害防治措施没有针对性扣 1~5 分	查现场及相关记录	15		
6	保险	·未按规定办理意外伤害保险的，扣 10 分； ·意外伤害保险办理率不足 100%，每低 2%扣 1 分	查现场及相关记录	10		
分项评分				100		

评分员：　　　　　　　　　　　　　　　　　　　　　　　　　年　　月　　日

附录 B 施工企业安全生产评价汇总表

评价类型：□市场准入□发生事故□不良业绩□资质评价□日常管理□年终评价□其他

企业名称：＿＿＿＿＿＿＿＿＿＿＿＿＿＿＿＿　　　经济类型：＿＿＿＿＿＿＿＿＿＿＿＿＿＿

资质等级：＿＿＿＿＿＿＿＿＿　上年度施工产值：＿＿＿＿＿＿＿＿　在册人数：＿＿＿＿＿＿＿＿

评价内容			评价结果				
			零分项/个	应得分数/分	实得分数/分	权重系数	加权分数/分
无施工项目	表 A-1	安全生产管理				0.3	
	表 A-2	安全技术管理				0.2	
	表 A-3	设备和设施管理				0.2	
	表 A-4	企业市场行为				0.3	
	汇总分数①=0.6 表 A-1～表 A-4 加权值					0.6	
有施工项目	表 A-5	施工现场安全管理				0.4	
	汇总分数②＝汇总分数①×0.6+ 表 A-5×0.4						
评价意见：							
评价负责人 （签名）				评价人员 （签名）			
企业负责人 （签名）				企业签章		年　　月　　日	

3   施工现场安全管理知识

3.1   施工现场安全管理的基本要求

（1）施工现场的安全由施工单位负责，实行施工总承包的工程项目，由总承包单位负责，分包单位向总承包单位负责，服从总承包单位对施工现场的安全管理。总承包单位和分包单位应当在施工合同中明确安全管理范围，承担各自相应的安全管理责任。总承包单位对分包单位造成的安全事故承担连带责任。建设单位分段发包或者指定的专业分包工程，分包单位不服从总包单位的安全管理，发生事故的由分包单位承担主要责任。

（2）施工单位应当建立工程项目安全保障体系。项目经理是本项目安全生产的第一负责人，对本项目的安全生产全面负责。工程项目应当建立以第一责任人为核心的分级负责的安全生产责任制。从事特种作业的人员应当负责本工种的安全生产。项目施工前，施工单位应当进行安全技术交底，被交底人员应当在书面交底上签字，并在施工中接受安全管理人员的监督检查。

（3）施工现场实行封闭管理，施工安全防护措施应当符合建设工程安全标准。施工单位应当根据不同施工阶段和周围环境及天气条件的变化，采取相应的安全防护措施。施工单位应当在施工现场的显著或危险部位设置符合国家标准的安全警示标牌。

（4）施工单位应当对施工中可能导致损害的毗邻建筑物、构筑物和特殊设施等做好专项防护。

（5）施工现场暂时停工的，责任方应当做好现场安全防护，并承担所需费用。

（6）施工单位应当根据《中华人民共和国消防法》的规定，建立健全消防管理制度，在施工现场设置有效的消防措施。在火灾易发生部位作业或者储存、使用易燃易爆物品时，应当采取特殊消防措施。

（7）施工单位应当在施工现场采取措施防止或者减少各种粉尘、废气、废水、固体废物及噪声、振动对人和环境的污染和危害。

（8）施工单位应当将施工现场的工作区与生活区分开设置。施工现场临时搭设的建筑物应当经过设计计算，装配式的活动房屋应当具有产品合格证，项目经理对上述建筑物和活动房屋的安全使用负责。施工现场应当设置必要的医疗和急救设备。作业人员的膳食、饮水等供应，必须符合卫生标准。

（9）作业人员应当遵守建设工程安全标准、操作规程和规章制度，进入施工现场必须正确使用合格的安全防护用具及机械设备等产品。

（10）作业人员有权对危害人身安全、健康的作业条件、作业程序和作业方式提出批评、检举和控告，有权拒绝违章指挥。在发生危及人身安全的紧急情况下，有权立即停止作业并撤离危险区域。管理人员不得违章指挥。

（11）施工单位应当建立安全防护用具及机械设备的采购、使用、定期检查、维修和保养责任制度。

（12）施工单位必须采购具有生产许可证，产品合格证的安全防护用具及机械设备，该用具和设备进场使用之前必须经过检查，检查不合格的，不得投入使用。施工现场的安全防护用具及机械设备必须由专人管理，按照标准规范定期进行检查、维修和保养，并建立相应的资料档案。

（13）进入施工现场的垂直运输和吊装、提升机械设备，应当经检测检验机构检测检验合格后方可投入使用，检测检验机构对检测检验结果承担相应的责任。

3.2　施工现场安全管理的主要内容

安全管理的主要内容应符合下列规定。

1．安全生产责任制

（1）工程项目部应建立以项目经理为第一责任人的各级管理人员安全生产责任制。

（2）安全生产责任制应经责任人签字确认。

（3）工程项目部应有各工种安全技术操作规程。

（4）工程项目部应按规定配备专职安全员。

（5）对实行经济承包的工程项目，承包合同中应有安全生产考核指标。

（6）工程项目部应制定安全生产资金保障制度。

（7）按安全生产资金保障制度，应编制安全资金使用计划，并应按计划实施。

（8）工程项目部应制定以伤亡事故控制、现场安全达标、文明施工为主要内容的安全生产管理目标。

（9）按安全生产管理目标和项目管理人员的安全生产责任制，应进行安全生产责任目标分解。

（10）应建立对安全生产责任制和责任目标的考核制度。

（11）按考核制度，应对项目管理人员定期进行考核。

2．施工组织设计及专项施工方案

（1）工程项目部在施工前应编制施工组织设计。施工组织设计应针对工程特点、施工工艺制定安全技术措施。

（2）危险性较大的分部分项工程应按规定编制安全专项施工方案，专项施工方案应有针对性，并按有关规定进行设计计算。

（3）超过一定规模危险性较大的分部分项工程，施工单位应组织专家对专项施工方案进行论证。

（4）施工组织设计、安全专项施工方案，应由有关部门审核，施工单位技术负责人、监理单位项目总监批准。

（5）工程项目部应按施工组织设计、专项施工方案组织实施。

3. 安全技术交底

（1）施工负责人在分派生产任务时，应对相关管理人员、施工作业人员进行书面安全技术交底。

（2）安全技术交底应按施工工序、施工部位、施工栋号分部分项进行。

（3）安全技术交底应结合施工作业场所状况、特点、工序，对危险因素、施工方案、规范标准、操作规程和应急措施进行交底。

（4）安全技术交底应由交底人、被交底人、专职安全员进行签字确认。

4. 安全检查

（1）工程项目部应建立安全检查制度。

（2）安全检查应由项目负责人组织，专职安全员及相关专业人员参加，定期进行并填写检查记录。

（3）对检查中发现的事故隐患应下达隐患整改通知单，定人、定时间、定措施进行整改。重大事故隐患整改后，应由相关部门组织复查。

5. 安全教育

（1）工程项目部应建立安全教育培训制度。

（2）当施工人员入场时，工程项目部应组织进行以国家安全法律法规、企业安全制度、施工现场安全管理规定及各工种安全技术操作规程为主要内容的三级安全教育培训和考核。

（3）当施工人员变换工种或采用新技术、新工艺、新设备、新材料施工时，应进行安全教育培训。

（4）施工管理人员、专职安全员每年度应进行安全教育培训和考核。

6. 应急救援

（1）工程项目部应针对工程特点，进行重大危险源的辨识。应制定防触电、防坍塌、防高处坠落、防起重及机械伤害、防火灾、防物体打击等主要内容的专项应急救援预案，并对施工现场易发生重大安全事故的部位、环节进行监控。

（2）施工现场应建立应急救援组织，培训、配备应急救援人员，定期组织员工进行应急救援演练。

（3）按应急救援预案要求，应配备应急救援器材和设备。

7. 分包单位安全管理

（1）总包单位应对承揽分包工程的分包单位进行资质、安全生产许可证和相关人员安全生产资格的审查。

（2）当总包单位与分包单位签订分包合同时，应签订安全生产协议书，明确双方的安全责任。

（3）分包单位应按规定建立安全机构，配备专职安全员。

8. 持证上岗

（1）从事建筑施工的项目经理、专职安全员和特种作业人员，必须经行业主管部门培训考核合格，取得相应资格证书，方可上岗作业。

（2）项目经理、专职安全员和特种作业人员应持证上岗。

9. 生产安全事故处理

（1）当施工现场发生生产安全事故时，施工单位应按规定及时报告。

（2）施工单位应按规定对生产安全事故进行调查分析，制定防范措施。

（3）应依法为施工作业人员办理保险。

10. 安全标志

（1）施工现场入口处及主要施工区域、危险部位应设置相应的安全警示标志牌。

（2）施工现场应绘制安全标志布置图。

（3）应根据工程部位和现场设施的变化，调整安全标志牌设置。

（4）施工现场应设置重大危险源公示牌。

3.3 施工现场安全管理的主要方式

建筑施工企业各管理层级职能部门和岗位，按职责分工，对工程项目实施安全管理。

1. 企业的工程项目部

应根据企业安全管理制度，实施施工现场安全生产管理主要内容包括：

（1）制定项目安全管理目标，建立安全生产责任体系，实施责任考核。

（2）配置满足要求的安全生产、文明施工措施资金、从业人员和劳动防护用品。

（3）选用符合要求的安全技术措施、应急预案、设施与设备。

（4）有效落实施工过程的安全生产，隐患整改。

（5）组织施工现场场容场貌、作业环境和生活设施安全文明达标。

（6）组织事故应急救援抢险。

（7）对施工安全生产管理活动进行必要的记录，保存应有的资料和记录。

2. 施工现场安全生产责任体系的基本要求

（1）项目经理是工程项目施工现场安全生产第一责任人，负责组织落实安全生产责任，实施考核，实现项目安全管理目标。

（2）工程项目施工实行总承包的，应成立由总承包单位、专业承包和劳务分包单位项目经理、技术负责人和专职安全生产管理人员组成的安全管理领导小组。

（3）按规定配备项目专职安全生产管理人员，负责施工现场安全生产日常监督管理。

（4）工程项目部其他管理人员应承担本岗位管理范围内与安全生产相关的职责。

（5）分包单位应服从总包单位管理，落实总包企业的安全生产要求。

（6）施工作业班组应在作业过程中实施安全生产要求。

（7）作业人员应严格遵守安全操作规程，做到不伤害自己、不伤害他人和不被他人所伤害。

3．项目专职安全生产管理人员

应由企业委派，并承担以下主要的安全生产职责：

（1）监督项目安全生产管理要求的实施，建立项目安全生产管理档案。

（2）对危险性较大分部分项工程实施现场监护并做好记录。

（3）阻止和处理违章指挥、违章作业和违反劳动纪律等现象。

（4）定期向企业安全生产管理机构报告项目安全生产管理情况。

（5）工程项目开工前，工程项目部应根据施工特征，组织编制项目安全技术措施和专项施工方案，包括应急预案，并按规定审批，论证，交底、验收，检查；专项施工方案内容应包括工程概况、编制依据、施工计划、施工工艺施工安全技术措施、检查验收内容及标准、计算书及附图等。

（6）加强三级安全教育特别是有针对性的项目级和班组级安全教育。

（7）工程项目部应接受企业上级各管理层、建设行政主管部门及其他相关部门的业务指导与监督检查，对发现的问题按要求组织整改。

4 施工项目安全生产管理体系计划的实施持续改进

4.1 施工项目安全生产管理体系计划的内容实施

1．计划实施的目的

计划实施的目的是要求施工单位单位依据自身的危害与风险情况，针对安全生产方针的要求做出明确具体的规划，并建立和保持必要的程序或计划，以持续、有效地实施与运行安全生产管理规划，包括初始评审、目标、管理方案、运行控制、应急预案与响应。

2．计划实施的内容与编制要求

1）初始评审

初始评审是指对施工单位现有安全生产管理体系及其相关管理方案进行评价，目的是依据安全生产方针总体目标和承诺的要求，为建立和完善安全生产管理体系中的各项决策（重点是目标和管理方案）提供依据，并为持续改进企业的安全生产管理体系提供一个能够测量的基准。

对于尚未建立或欲重新建立安全生产管理体系的施工单位单位，或该企业属于新建组织时，初始评审过程可作为其建立安全生产管理体系的基础。

初始评审过程主要包括危害辨识、风险评价和风险控制的策划，法律、法规及其他要求。施工单位的初始评审工作应组织相关专业人员来完成，以确保初始评审的工作质量。此工作还应以适当的形式（如安全生产委员会）与企业的员工及其代表进行协商交流。初始评审的结果应形成文件。

（1）危害辨识、风险评价和风险控制策划。

施工单位应通过定期或及时地开展危害辨识、风险评价和风险控制策划工作，来识别、预测和评价本单位现有或预期的作业环境和作业组织中存在哪些危害（风险），并确定消除、降低或控制此类危害（风险）所应采取的措施。

施工单位应首先结合自身的实际情况建立并保持一套程序，重点提供和描述危害辨识、风险评价和风险控制策划活动过程的范围、方法、程度与要求。

施工单位在开展危害辨识、风险评价和风险控制的策划时，应注意满足下列要求：

在任何情况下，不仅考虑常规的活动，而且还应考虑非常规的活动；

除考虑自身员工的活动所带来的危害和风险外，还应考虑承包方、供货方包括访问者等相关方的活动，以及使用外部提供的服务所带来的危害和风险；

考虑作业场所内所有的物料、装置和设备造成的各类安全危害，包括过期老化以及租赁和库存的物料、装置和设备。

施工单位的危害辨识、风险评价和风险控制策划的实施过程应遵循下列基本原则，以确保该项活动的合理性与有效性：

在进行危害辨识、风险评价和风险控制的策划时，要确保满足实际需要和适用的安全法律、法规及其他要求；

危害辨识、风险评价和风险控制的策划过程应作为一项主动的而不是被动的措施执行，即应在承接新的工程活动和引入新的建筑作业程序，或对原有建筑作业程序进行修改之前进行。在这些活动或程序改变之前，应对已识别出的风险策划必要的降低和控制措施。

应对所评价的风险进行合理的分级，确定不同风险的可承受性，以便在制定目标特别是制定管理方案时予以侧重和考虑。

施工单位应针对所辨识和评价的各类影响员工安全危害和风险，确定出相应的预防和控制的措施。所确定的预防和控制措施，应作为制定管理方案的基本依据，而且，应有助于设备管理方法、培训需求以及运行（作业）标准的确定，并为确定监测体系运行绩效的测量标准提供适宜信息。

施工单位应按预定的或由管理者确定的时间或周期对危害辨识、风险评价和风险控制过程进行评审。同时，当企业的客观状况发生变化，使得对现有辨识与评价的有效性产生疑义时，也应及时进行评审，并注意在发生变化前即采取适当的预防性措施，并确保在各项变更实施之前，通知所有相关人员并对其进行相应的培训。

（2）法律法规及其他要求：

为了实现职业健康安全方针中遵守相关适用法律法规等的承诺，施工单位应认识和了解影响其活动的相关适用的法律、法规和其他安全要求，并将这些信息传达给有关的人员，同时，确定为满足这些适用法律法规等所必须采取的措施。

施工单位应将识别和获取适用法律、法规和其他要求的工作形成一套程序。此程序应说明企业应由哪些部门（如各相关职能管理部门及各项目部），如何（主要指渠道与方式，如通过各级政府、行业协会或团体、上级主管机构、商业数据库和职业健康安全服务机构等）及时全面地获取这类信息，如何准确地识别这些法律法规等对企业的适用性及其适用的内容要求和相应适用的部门，如何确定满足这些适用法律法规等内容要求所必需的具体措施，如何将上述适用内容和具体措施等有关信息及时传达到相关部门等。

施工单位还应及时跟踪法律、法规和其他要求的变化，保持此类信息为最新，并为评审和修订目标与管理方案提供依据。

2）目　标

安全生产目标是安全生产方针的具体化和阶段性体现，因此，施工单位在制定目标时，应以方针要求为框架，并应充分考虑下列因素以确保目标合理、可行：

（1）以危害辨识和风险评价的结果为基础，确保其对实现安全生产方针要求的针对性和持续渐进性。

（2）以获取的适用法律、法规及上级主管机构和其他相关方的要求为基础，确保方针中守法承诺的实现。

（3）考虑自身技术与财务能力以及整体经营上有关安全的要求，确保目标的可行性与实用性。

（4）考虑以往安全生产目标、管理方案的实施与实现情况，以及以往事故、事件、不符合的发生情况，确保目标符合持续改进的要求。

施工单位除了制定整个公司的安全生产目标外，还应尽可能以此为基础，对与其相关的职能管理部门和不同层次制定安全生产目标。制定安全生产目标时，应通过适当的形式（如安全生产委员会）征求员工及其代表的意见。

为了确保能够对所制定目标的实现程度进行客观的评价，目标应尽可能予以量化，并形成文件，传达到企业内所有相关职能和层次的人员，并应通过管理评审进行定期评审，在可行或必要时予以更新。

3）管理方案

制定管理方案的目的是制定和实施安全生产计划，确保安全生产目标的实现。

施工单位的安全生产管理方案应阐明下列基本内容：

（1）实现目标的措施。

（2）实现目标的措施所对应的职责部门（人员）及其绩效标准。

（3）实施措施所要求的时间表。

（4）实施措施所必需的资源保证，包括人力、资金及技术支持。

4）运行控制

包括与所识别的风险有关的辅助性维护工作，需要采取控制措施时，应建立和保持计划安排或程序规定，提出并实施有效的控制和防范措施，以确保制定的安全生产管理方案得以有效、持续地落实，从而实现安全生产方针、目标和遵守法律、法规等要求。

对于缺乏程序指导可能导致偏离安全生产方针和目标的运行情况，应建立并保持文件化的程序与规定。明确此类运行与活动的流程以及每一流程所需遵循的运行标准。

对于材料与设备的采购和租赁活动应建立并保持管理程序，以确保此项活动符合企业在采购与租赁说明书中提出的安全方面的要求以及相关法律法规等的要求，并在材料与设备使用之前能够做出安排，使其使用符合企业的各项安全生产要求。

对于劳务或工程等分包商或临时工的使用，应建立并保持管理程序，以确保企业的各项安全规定与要求（或至少相类似的要求）适用于分包商及他们的员工。

对于作业场所、工艺过程、装置、机械、运行程序和工作组织的设计活动，包括它们对人的能力的适应，应建立并保持管理程序，以便于从根本上消除或降低安全风险。

5）应急预案与响应

目的是确保施工单位主动评价其潜在事故与紧急情况发生的可能性及其应急响应的需求，制定相应的应急计划、应急处理的程序和方式，检验预期的响应效果，并改善其响应的有效性。

施工单位应依据危害辨识、风险评价和风险控制的结果、相关法律法规等要求、以往事故、事件和紧急状况的经历，以及应急响应演练及改进措施效果的评审结果，针对其潜在事故或紧急情况，从预案与响应的角度建议并保持应急计划。

施工单位应针对潜在事故与紧急情况的应急响应，确定应急设备的需求，并予保证按要求配备。要定期对应急设备进行进行检查与测试，确保其处于完好和有效状态。

施工单位应按预定的计划，尽可能采用符合实际情况的应急演练方式（包括对事件进行全面的模拟），检验应急计划的响应能力，特别要重点检验应急计划的完整性和应急计划中关键部分的有效性。

4.2 施工项目安全管理体系计划的检查评价

4.2.1 检查评价的目的

检查评价的目的是要求施工单位定期或及时地发现体系运行过程或体系自身所存在的问题，并确定问题产生的根源或需要持续改进的地方。检查与评价主要包括绩效测量与监测、事故事件与不符合的调查、审核与管理评审。

4.2.2 检查评价的内容与要求

1. 绩效测量和监测

施工单位单位绩效测量和监测程序以确保：

（1）监测职业安全生产目标的实现情况。

（2）将绩效测量和监测的结果予以记录。

（3）能够支持企业的评审活动包括管理评审。

（4）包括主动测量与被动测量两个方面。

主动测量应作为一种预防机制，根据危害辨识和风险评价的结果、法律及法规要求，制定包括监测对象与监测频次的监测计划，并以此对企业活动的必要基本过程进行监测。内容包括：

监测安全生产管理方案的各项计划及运行控制中各项运行标准的实施与符合情况；

系统地检查各项作业制度、安全技术措施、施工机具和机电设备、现场安全设施以及个人防护用品的实施与符合情况；

监测作业环境（包括作业组织）的状况；

对员工实施健康监护，如通过适当的体检或对员工的早期有害健康的症状进行跟踪，以确定预防和控制措施的有效性；

对国家法律法规及企业签署的有关职业健康安全集体协议及其他要求的符合情况。

被动测量包括对与工作有关的事故、事件，其他损失（如财产损失），不良的安全绩效和安全生产管理体系的失效情况的确认、报告和调查。

施工单位应列出用于评价安全生产状况的测量设备清单，使用唯一标识并进行控制，设备的精度应是已知的。施工单位应有文件化的程序描述如何进行安全生产测量，用于安全生产测量的设备应按规定维护和保管，使之保持应有的精度。

2. 事故、事件、不符合及其对安全绩效影响的调查

目的是建立有效的程序，对施工单位的事故、事件、不符合进行调查、分析和报告，识

别和消除此类情况发生的根本原因，防止其再次发生，并通过程序的实施，发现、分析和消除不符合的潜在原因。

施工单位应保存对事故、事件、不符合的调查、分析和报告的记录，按法律法规的要求，保存一份所有事故的登记簿，并登记可能有重大安全生产后果的事件。

3．审　核

目的是建立并保持定期开展安全生产管理体系审核的方案和程序，以评价施工单位安全生产管理体系及其要素的实施能否恰当、充分、有效地保护员工的安全与健康，预防各类事故的发生。

施工单位的安全生产管理体系审核应主要考虑自身的安全生产方针、程序及作业场所的条件和作业规程，以及适用的安全法律、法规及其他要求。

4．管理评审

目的是要求施工单位单位的最高管理者依据自己预定的时间间隔对安全生产管理体系进行评审，以确保体系的持续适宜性、充分性和有效性。

施工单位的最高管理者在实施管理评审时应主要考虑绩效测量与监测的结果、审核活动的结果、事故、事件、不符合的调查结果和可能影响企业安全生产管理体系的内、外部因素及各种变化，包括企业自身的变化的信息。

4.3　施工项目安全管理体系计划的持续改进措施

1．改进措施的目的

改进措施的目的是要求施工单位针对组织安全管理体系计划绩效测量与监测、事故事件调查、审核和管理评审活动所提出的纠正与预防措施的要求，制定具体的实施方案并予以保持，确保体系的自我完善功能，并不断寻求方法，持续改进施工单位自身安全生产管理体系及其安全绩效，从而不断消除、降低或控制各类安全危害和风险。

2．改进措施的内容与要求

改进措施主要包括纠正与预防措施和持续改进两个方面。

（1）纠正与预防措施。

施工单位针对安全生产管理体系计划绩效测量与监测、事故事件调查、审核和管理评审活动所提出的纠正与预防措施的要求，应制定具体的实施方案并予以保持，确保体系的自我完善功能。

（2）持续改进。

施工单位应不断寻求方法持续改进自身安全生产管理体系计划及其安全绩效，从而不断消除、降低或控制各类安全危害和风险。

5 安全专项施工方案的内容和编制办法

5.1 安全专项施工方案的主要内容

5.1.1 专项施工方案中主要包含安全技术措施和安全技术交底

1. 安全技术措施是专项施工方案（或施工组织设计）中的重要组成部分

（1）安全技术措施是具体安排和指导工程安全施工的安全管理与技术文件，是针对每项工程在施工过程中可能发生的事故隐患和可能发生安全问题的环节进行预测，从而在技术上和管理上采取措施，消除或控制施工过程中的不安全因素，防范发生事故。

（2）建筑施工企业在编制施工组织设计时，应当根据建筑工程的特点制定相应的专项施工方案和安全技术措施。因此，施工安全技术措施是工程施工中安全生产的指令性文件，在施工现场管理中具有安全生产法规的作用，必须认真编制和贯彻执行。

2. 专项施工方案的安全技术措施主要内容

（1）进入施工现场的安全规定。
（2）地面及深坑作业的防护。
（3）高处及立体交叉作业的防护。
（4）施工用电安全。
（5）机械设备的安全使用。
（6）为确保安全，对于采用的新工艺、新材料、新技术和新结构，制定有针对性的、行之有效的专门安全技术措施。
（7）预防因自然灾害（防台风、防雷击、防洪水、防地震、防暑降温、防冻、防寒、防滑等）促成事故的措施。
（8）防火防爆措施。

5.1.2 分部、分项工程安全技术交底是专项施工方案的针对性和操作性的重要细化

1. 安全技术交底的基本要求

（1）安全技术交底须分级进行。
项目经理部必须实行逐级安全技术交底制度，纵向延伸到班组全体作业人员。根据安全措施要求和现场实际情况，各级管理人员需亲自逐级进行书面交底，职责明确，落实到人。
（2）安全技术交底必须贯穿于施工全过程，全方位。
安全技术交底必须贯穿于施工全过程，全方位。分部（分项）工程的安全交底一定要细、

要具体化，必要时画大样图。

（3）安全技术交底应实施签字制度。

安全技术交底必须履行交底认签手续，由交底人签字，由被交底班组的集体签字认可，不准代签和漏签，必须准确填写交底作业部位和交底日期，并存档以备查用。

2. 安全技术交底的主要内容

（1）工程开工前，由公司环境安全监督部门负责向项目部进行安全生产管理首次交底。交底内容：

① 国家和地方有关安全生产的方针、政策、法律法规、标准、规范、规程和企业的安全规章制度。

② 项目安全管理目标、伤亡控制指标、安全达标和文明施工目标。

③ 危险性较大的分部分项工程及危险源的控制、专项施工方案清单和方案编制的指导、要求。

④ 施工现场安全质量标准化管理的一般要求。

⑤ 公司部门对项目部安全生产管理的具体措施要求。

（2）项目部负责向施工队长或班组长进行书面安全技术交底。交底内容：

① 工程概况、施工方法、施工程序、项目各项安全管理制度、办法，注意事项、安全技术操作规程。

② 每一分部、分项工程施工安全技术措施、施工生产中可能存在的不安全因素以及防范措施等，确保施工活动安全。

③ 特殊工种的作业、机电设备的安拆与使用，安全防护设施的搭设等，项目技术负责人均要对操作班组做安全技术交底。

④ 两个以上工种配合施工时，项目技术负责人要按工程进度定期或不定期地向有关班组长进行交叉作业的安全交底。

（3）施工队长或班组长要根据交底要求，对操作工人进行针对性的班前作业安全交底，操作人员必须严格执行安全交底的要求。交底内容：

① 施工要求、作业环境、作业特点、相应的安全操作规程和标准。

② 现场作业环境要求本工种操作的注意事项，即危险点，针对危险点的具体预防措施；应注意的安全事项。

③ 个人防护措施。

④ 发生事故后应及时采取的避难和急救措施。

5.2 安全专项施工方案的基本编制办法

5.2.1 安全施工组织设计的概念

安全施工组织设计是以施工项目为对象，用以指导工程项目管理过程中各项安全施工活动的组织、协调、技术、经济和控制的综合性文件；统筹计划安全生产，科学组织安全管理，采用有效的安全措施，在配合技术部门实现设计意图的前提下，保证现场人员人身安全及建筑产品自身安全，环保、节能、降耗。专项施工方案是安全施工组织设计的重要组成部分。

5.2.2 安全施工组织设计的编制与审批

1. 安全施工组织设计的编制要求

（1）项目安全施工组织设计是项目施工组织总设计的组成部分，它应在施工图设计交底图纸会审后，开工前编制、审核、批准；专项施工方案的安全技术措施是专项施工方案内容之一，它必须在施工作业前编制、审核、批准。

（2）施工组织设计和专项施工方案，应当根据现行有关技术标准、规范、施工图设计文件，结合工程特点企业实际技术水平编制。

（3）施工组织设计和专项施工方案要突出主要施工工序的施工方法和确保工程安全、质量的技术措施。措施要明确，要有针对性和可操作性，同时还要明确规定落实技术措施的各级责任人。

（4）对规模较大而图纸不能全面到位的工程，可预先编制施工组织总设计，在分阶段施工图到位并设计交底、图纸会审后编制施工组织设计。

（5）在编制施工组织设计的基础上，对技术要求高、施工难度大的分部分项工程须编制施工方案。较小单位工程可以直接编制施工方案。

2. 安全施工组织设计的编制步骤

（1）编制依据。

（2）工程概况。

（3）现场危险源辨识及安全防护重点。

① 现场危险源清单。

② 现场重大危险源及控制措施要点。

③ 项目安全防护重点部位。

（4）安全文明施工控制目标及责任分解。

（5）项目部安全生产管理机构及相关安全职责。

（6）项目部安全生产管理计划。

① 项目安全管理目标保证计划。

② 安全教育培训计划。

③ 安全防护计划。

④ 安全检查计划。

⑤ 安全活动计划。

⑥ 安全资金投入计划。

⑦ 季节性施工安全生产计划。

⑧ 特种作业人员管理计划。

（7）项目部安全生产管理制度。

① 安全生产责任制度。

② 安全教育培训制度。

③ 安全事故管理制度。

④ 安全检查与验收制度。

⑤ 安全物资管理制度。

⑥ 安全文施资金管理制度。

⑦ 劳务分包安全管理制度。

⑧ 安全技术措施的编审制度。

⑨ 安全技术交底制度。

⑩ 班前教育活动制度。

（8）施工安全事故的应急与救援。

3. 安全施工组织设计的审批

（1）施工组织设计必须经审批以后才能实施施工。

（2）对专业性较强的项目，应单独编制专项施工组织设计（方案）。

项目工程施工组织设计或安全专项施工方案的审批程序一般为：

① 规模较大、技术复杂的项目（重要项目或重要工程）由总公司审批；一般项目由分公司审批（报总公司技术质量部门备案）。

② 重要项目或重要工程施工组织设计和专项施工方案，由分公司技术部门负责编制，经分公司总工审核后，送总公司技术质量部门会同安全生产部门审核最后报总公司总工程师批准。

③ 对于高、大、难、深、新工程的施工组织设计和危险性较大工程技术（安全）专项施工方案，应当组织专家进行论证、审查安全专项施工方案，经审查批准后实施。

④ 施工组织设计和专项施工方案的编制、审核和批准人要逐一签字负责。

⑤ 施工组织设计及专项施工方案一旦批准必须严格执行，如有变更，必须根据审核程序，办理变更审批手续。

6 施工现场安全事故的防范知识

6.1 施工现场安全事故的主要类型及防范措施

6.1.1 高处坠落

建筑施工高处坠落事故，在五大伤害中发生频率最高，死亡率大，因而高处坠落事故被列为建筑施工五大伤害之首。

1. 高处坠落事故的特点

（1）从发生事故的主体分析：由于违反操作规程或劳动纪律，由于未使用或正确使用个人防护用品而造成坠落事故的占事故多数。

（2）从发生事故的客体分析，包括安全生产责任制不落实，安全经费投入不足，安全检查流于形式，劳动组织不合理，三级安全教育不到位，施工现场缺乏良好的安全生产环境与生产秩序等。

（3）从发生事故的结果分析，作业面离地面越高，冲击力越大，伤害程度越大。

（4）从发生事故的类型分析，高处坠落事故最容易发生在建筑安装登高架设作业过程中，脚手架、吊篮处、使用梯子登高作业，以及悬空高处作业时发生。其次在"四口五临边"处，还有部分坠落事故是在拆除工程和立体交叉等其他相关作业时发生。

2. 高处坠落事故的成因

（1）人的不安全因素：

① 作业者本身患有高血压、心脏病、贫血、癫痫病等妨碍高处作业的疾病或生理缺陷。

② 作业者本身处于身体生理亚健康状态，精神萎靡，反应迟钝，懒于思考，动作失误增多，而导致事故发生。

③ 作业者生理或心理上过度疲劳，注意力分散，反应迟缓，动作失误，思维判断失误增多，导致事故发生。

④ 作业者习惯性违章行为，如酒后作业，攀爬横立杆并在上面行走。

⑤ 作业者对安全操作技术没掌握。如悬空作业时未系或未正确使用安全带，操作时弯腰、转身时不慎碰撞杆件等使身体失去平衡，走动时不慎踩空或脚底打滑。

⑥ 缺乏劳动危险性认识。表现为对遵守安全操作规程认识不足，思想上麻痹，在栏杆或脚手架上休息打闹，意识不到潜在的危险。

（2）物的不安全状态：

① 脚手板漏铺或有探头板，或铺设不平衡。

② 材料有缺陷，钢管与扣件不符合要求。

③ 安全装置失效或不齐全。如人字梯无防滑、防陷措施，无保险链。

④ 脚手架架设不规范。如未绑扎防护栏杆或防护栏杆损坏，操作层下面未铺设安全防护层。

⑤ 个人防护用品本身有缺陷。如使用三无产品或已老化的产品。

⑥ 材料堆放过多造成脚手架超载断裂。

⑦ 安全网损坏或间距过大，宽度不足或未设安全网。

⑧ "四口五临边"无防护设施或安全设施不牢固、已损坏未及时补救处理，无明显警示标志。

（3）方法不当：

① 行走或移动不小心，走动时踩空、脚底打滑或被绊倒、跌倒。

② 用力过猛，身体失去平衡。

③ 登高作业时未踩稳脚踏物。

（4）环境不适：

① 在大风、大雨、大雪等恶劣天气从事露天高空作业。

② 在照明光线不足的情况下，从事夜间悬空作业。

3. 高处坠落事故的预防

（1）控制人的因素，减少人的不安全行为。

① 经常对从事高处作业人员进行观察检查，一旦发现不安全情况，及时进行心理疏导，消除心理压力，或调离岗位。禁止患有高血压、心脏病、癫痫病等疾病或生理缺陷的人员从事高处作业，应当定期给从事高空作业的人员进行体格检查，发现有妨碍高处作业疾病或生理缺陷的人员，应将其调离岗位。

② 对高处作业人员除进行安全知识教育外，还应加强安全态度教育和安全法制教育，提高他们的安全意识和自身防护能力，减少作业风险。

③ 运用行为科学理论对违章行为负强化，对遵章行为强化，从而提高遵章守纪的自觉性。

④ 组织从事高处作业人员对有关规程、标准进行学习。

（2）控制物的因素，减少物的不安全状态。

① 把好材料关，施工中所搭设的脚手架必须坚固、可靠，满足有关规定的要求。

② 根据不同的施工条件设置合格安全网。

③ 严格控制"四口五临边"安全防护措施。

④ 从事悬空作业或具有危险性的高处作业的人员应挂好安全带。

（3）控制操作方法，防止违章行为。

① 从事高处作业人员禁止穿高跟鞋、硬底鞋、拖鞋等易滑鞋上岗或酒后作业。

② 从事高处作业人员应注意身体重心，注意用力方法，防止因身体重心超出支承面而发生事故。

（4）强化组织管理，避免违章指挥。及时根据季节变化，调整作息时间，防止高处作业人员产生过度生理疲劳。

（5）控制环境因索，改良作业环境。

① 禁止在大雨，大雪及六级以上强风天等恶劣天气从事露天悬空作业。大雪、大雨、六级以上强风天过后，应当对脚手架进行检查和清理。

② 在脚手架上进行撬、拨、推拉、冲地、冲击等危险性较大的作业，应当采取可靠的安全技术措施。

③ 夜间施工，照明光线不足，不得从事悬空作业。

6.1.2　坍塌事故

施工现场坍塌事故主要类型：土方坍塌、脚手架坍塌、模板坍塌、拆除工程坍塌等。

1. 现场一般坍塌事故主要原因分析

（1）工程结构设计不合理或计算错误。

（2）脚手架、模板支架、起重设备结构设计不合理或计算错误。

（3）施工前没有编制切实可行的施工组织设计和专项施工方案，未做具体技术安全措施交底，危险性较大的分部分项未经专家评审论证。

（4）施工现场管理松弛，各项质量、安全管理制度流于形式。

（5）片面追求经济利益，偷工减料，施工质量差。

（6）施工队伍素质差，不执行法规、标准，违章指挥，违章作业，违反劳动纪律，思想上存在盲目性、冒险性、随意性。

（7）现场作业环境不良，安全防护设施缺乏。

2. 危险性较大的分部分项工程坍塌主要原因分析

（1）脚手架及高大模板支架坍塌：架体结构搭设不符合设计与规范要求，整体安全稳定性差；超载或严重偏心荷载；遇外力冲击或振动；高架体纵横拉结不足施工振动失稳，基底架底位移沉降，不按程序拆除架体等因素造成结构失稳。

（2）基坑（槽）土方坍塌：挖土时土壁不按规定留设安全边坡，边坡未经计算，缺乏支护或支护不良；土质不良或出现地下水、地表水的渗透；土壁经不起重载侧压力或遇外力振动、冲击等因素造成土壁失稳、滑坡坍塌。特别是支撑结构失稳造成坍塌，与边坡坡度、施工方法、土质均匀程度及外荷载等综合因素有密切关系。

（3）起重设备倒塌（特别严重的是塔吊倒塌）：设备安装技术违规，安全稳定性能差，结构强度不足；安全防护装置不完善；垂直起重设备与建筑物拉结差：拉结点受力设计不合理，出现超载、碰撞、阻力、失效；塔吊升降顶升过度或违章操作等原因而造成起重设备失稳倒塌。

3. 预防坍塌事故的主要措施

（1）加强对职工的培训教育，提高队伍素质，强化质量安全意识。

（2）周密进行工程技术设计、审查和交底工作。

（3）认真编制施工组织设计和专项施工技术方案及监控、应急方案，做好特定施工项目专家评审论证及技术安全交底工作。

（4）切实贯彻执行相关质量安全法规、规范、标准与规定。

（5）强化工程质量报验与检验、签证制度，不经检验合格，不准进行下道工序施工。

（6）施工单位加强现场管理，监理单位加强检查监督，督促整改，清除隐患。

6.1.3 物体打击

1. 物体打击的分类

常见物体打击事故主要有六类：

（1）在高空作业中，由于工具零件、木块等物从高处掉落伤人。

（2）人为乱扔废物、杂物伤人。

（3）起重吊装物品掉落伤人。

（4）设备带病运转伤人。

（5）设备运转中违章操作。

（6）压力容器爆炸的飞出物伤人。

2. 物体打击事故预防措施

（1）必须认真贯彻有关安全规程，克服麻痹思想。

（2）高空作业时禁止投掷物料。

（3）吊运工作时要保证物料捆绑牢固，不能超吊。

（4）禁止操作故障设备。

（5）合格的人员才能操作或施工。

（6）做好压力容器等特种设备的安全管理。

6.1.4 触电事故

1. 触电事故主要原因

（1）临时用电线路乱拉乱接；零线相线接错或设备外壳未接保护零线及保护接零和保护接地混用；没有采用三级配电二级保护措施和设置漏电保护开关等。

（2）手持电动工具、临时性设施触电事故多，或伪劣电气产品通过不同渠道进入市场直到施工现场使用导致触电。

（3）错误操作和违章作业触电多；高温、潮湿，有导电粉尘或腐蚀性介质、现场混乱、现场设备多的作业环境中的触电事故多等。

2. 触电事故的预防措施

（1）努力提高职工素质。

电工应经培训考核审查合格后发给操作证，持证上岗。对一般电器设备操作人员也应进行岗前教育培训，明确电气设备的性能及触电的危害。

（2）做好防触电保护。

① 采用 TN-S 供电系统，认真做好重复接地。TN-S 系统中将工作零线 N 与保护接地线 PE 分开，设备外壳与保护接地线 PE 线直接相连接，为防止断线，应在 PE 线接近施工现场的起端、中端、末端做不少于 3 处的重复接地。

② 正确安装使用漏电保护器。采用 TN-S 系统后，当发生漏电时，保护零线为漏电电流提供了通路和起到降低设备外壳对地的电位的作用。当漏电较严重时，如果短路保护器不动作，则 PE 线仍将流过较大漏电电流，设备外壳对地电位仍较高，当人体触及时会受到不同程度的伤害，为克服 TN-S 系统的不足，在技术上构造一个可靠的触电保护系统。即装设漏电保护器，其必须设置至少二级漏电保护，一般要求在一级或二级配电处设置第一级漏电保护，要求单机设备在开关箱接近设备端设置第二级漏电保护，其漏电动作电流应 < 30 mA，动作时间应 < 0.1 s。

6.1.5 机械伤害

1. 机械伤害事故原因

（1）检修、检查机械、处理隐患忽视安全措施。如人检修设备、检查作业或处理安全隐患，不切断电源，未挂不准合闸警示牌，未设专人监护等措施而造成严重后果。

（2）缺乏安全装置。如有的机械传动带、皮带轮、飞轮等易伤害人体部位没有完好防护装置；人一疏忽误接触这些部位，就会造成事故。

（3）电源开关布局不合理，一种是有了紧急情况不立即停止，另一种是好几台机械开关设在一起，极易造成误开机械引发严重后果。

（4）自制或任意改造机械设备，不符合安全要求。

（5）在机械运行中进行清理活动。

（6）任意进入机械运行危险作业区（干活、借道、拣物等）。

（7）不具操作机械素质的人员上岗或其他人员乱动机械。

2. 机械伤害事故的防范措施

（1）检修机械必须严格执行断电挂禁止合闸警示牌和设专人监护的制度。机械检修完毕，试运转前，必须对现场进行细致检查，确认机械部位人员全部彻底撤离才可取牌合闸。

（2）人手直接频繁接触的机械，必须有完好紧急制动装置，该制动钮位置必须使操作者在机械作业活动范围内随时可触及；机械设备各传动部位必须有可靠防护装置；作业环境保持整洁卫生。

（3）各机械开关布局必须合理，必须符合两条标准：一是便于操作者紧急停车；二是避免误开动其他设备。

（4）对机械进行清理作业，应遵守停机断电挂警示牌制度。

（5）严禁无关人员进入危险因素大的机械作业现场。

（6）操作各种机械人员必须经过专业培训，掌握设备性能的基础知识，经考试合格，持证上岗。上岗作业中，精心操作，严格执行有关规章制度，正确使用劳动防护用品，严禁无证人员擅自开动机械设备。

6.2　施工现场安全生产重大隐患及多发性事故

一般工地现场重大危险源分析见表 6-1。

表 6-1　重大危险源及控制措施表

序号	工作活动及地点	主要危险源	主要控制措施
1	施工用电、电气焊	漏电、起火	持证上岗、专人检查、配备消防器材
2	土方开挖、深基坑	土壁基坑坍塌	严格按专项方案施工，专人监控
3	模板支撑	高处坠落、物体打击	严格遵守相关安全操作规程
4	脚手架、钢支撑	支架垮塌	持证上岗，严格按照专项安全方案施工
5	起重吊装	物体打击、机械倾覆	持证上岗，专人指挥，严格执行十不吊、七禁止制度
6	高处作业	高处坠落	持证上岗，正确佩戴个人劳保用品，按照相关操作规程操作
7	外架悬挑挂蓝	高处坠落、物体打击	持证上岗正确佩戴个人劳保用品，按照相关操作规程操作
8	钢栈桥施工	物体打击、垮塌	持证上岗正确佩戴个人劳保用品，按照相关操作规程操作

除上述重大危险源外，注意施工现场内主要危险的区域：

（1）场内道路交通区域：现场运动车辆、机械较多，主要有渣土车、挖机、铲车、吊机、其他材料运输车辆及小汽车、电动车等机动车辆，施工场地比较狭窄，大多存在立体交叉作业，因此车辆驾驶人员集中精力，减速行驶，遵守操作规程。作业人员遵守劳动纪律，注意警示、避让，避免受伤。现场内一切车辆行驶时速不允许超过 5 km。

（2）场内临边作业区域：深基坑现场水域较多，开挖或降水深度较深处可达5 m以上。作业人员不可随意靠近靠近临边，禁止无临边防护冒险作业。确因作业需要，必须有人监护并且穿戴好个人劳保品。

（3）场内起重吊装作业区域：必须持证上岗，严禁疲劳带病作业。严格执行十不吊七禁止制度，指挥人员注意吊机周围作业人员及吊机的防护情况，高空立体交叉作业。

（4）场内夜间作业区域：施工及劳务单位配夜间足够的照明设施，尤其是临边、坑洞边必须加强照明警示，现场施工面场地必须大面基本平整，无杂物。作业人员晚班前，必须对现场情况认真了解做好班前安全技术交底，明确避让或逃生路线。

（5）场内防火消防区域：现场宿舍人员集中，常用电器较多。严禁私接电线，违规使用容易引起火灾的用电器。万一不幸发生起火，一定要沉着冷静，第一时间报警消防119，及时互相告知并组织自救灭火。扑救火灾时，手提或肩扛灭火器到火场，并上下颠倒几次，离火点3~4 m拔出保险销一手握喷嘴，一手将压把按下，干粉即可喷出。灭火要彻底、迅速，不要遗留残火，以防复燃，并及时告知人员疏散。

7 安全事故处理救援相关知识

7.1 安全事故的处理程序及要求

1. 安全事故等级划分

《生产安全事故报告和调查处理条例》规定，根据生产安全事故造成的人员伤亡或者直接经济损失，事故一般分为以下等级：

（1）特别重大事故，是指造成 30 人以上死亡，或者 100 人以上重伤（包括急性工业中毒，下同），或者 1 亿元以上直接经济损失的事故。

（2）重大事故，是指造成 10 人以上 30 人以下死亡，或者 50 人以上 100 人以下重伤，或者 5 000 万元以上 1 亿元以下直接经济损失的事故。

（3）较大事故，是指造成 3 人以上 10 人以下死亡，或者 10 人以上 50 人以下重伤，或者 1 000 万元以上 5 000 万元以下直接经济损失的事故。

（4）一般事故，是指造成 3 人以下死亡，或者 10 人以下重伤，或者 1 000 万元以下直接经济损失的事故。

国务院安全生产监督管理部门可以会同国务院有关部门，制定事故等级划分的补充性规定。

说明：本条款所称的"以上"包括本数，所称的"以下"不包括本数。

2. 事故报告

《生产安全事故报告和调查处理条例》规定：

（1）事故发生后，事故现场有关人员应当立即向本单位负责人报告；单位负责人接到报告后，应当于 1 小时内向事故发生地县级以上人民政府安全生产监督管理部门和负有安全生产监督管理职责的有关部门报告。

情况紧急时，事故现场有关人员可以直接向事故发生地县级以上人民政府安全生产监督管理部门和负有安全生产监督管理职责的有关部门报告。

（2）安全生产监督管理部门和负有安全生产监督管理职责的有关部门接到事故报告后，应当依照下列规定上报事故情况，并通知公安机关、劳动保障行政部门、工会和人民检察院：

① 特别重大事故、重大事故逐级上报至国务院安全生产监督管理部门和负有安全生产监督管理职责的有关部门；

② 较大事故逐级上报至省、自治区、直辖市人民政府安全生产监督管理部门和负有安全生产监督管理职责的有关部门；

③ 一般事故上报至设区的市级人民政府安全生产监督管理部门和负有安全生产监督管理职责的有关部门。

（3）安全生产监督管理部门和负有安全生产监督管理职责的有关部门逐级上报事故情况，

每级上报的时间不得超过 2 小时。

（4）事故报告后出现新情况的，应当及时补报。

自事故发生之日起 30 日内，事故造成的伤亡人数发生变化的，应当及时补报。道路交通事故、火灾事故自发生之日起 7 日内，事故造成的伤亡人数发生变化的，应当及时补报。

（5）事故发生单位负责人接到事故报告后，应当立即启动事故相应应急预案，或者采取有效措施，组织抢救，防止事故扩大，减少人员伤亡和财产损失。

（6）事故发生地有关地方人民政府、安全生产监督管理部门和负有安全生产监督管理职责的有关部门接到事故报告后，其负责人应当立即赶赴事故现场，组织事故救援。

（7）事故发生后，有关单位和人员应当妥善保护事故现场以及相关证据，任何单位和个人不得破坏事故现场、毁灭相关证据。

因抢救人员、防止事故扩大以及疏通交通等原因，需要移动事故现场物件的，应当做出标志，绘制现场简图并做出书面记录，妥善保存现场重要痕迹、物证。

（8）事故发生地公安机关根据事故的情况，对涉嫌犯罪的，应当依法立案侦查，采取强制措施和侦查措施。犯罪嫌疑人逃匿的，公安机关应当迅速追捕归案。

（9）安全生产监督管理部门和负有安全生产监督管理职责的有关部门应当建立值班制度，并向社会公布值班电话，受理事故报告和举报。

（10）报告事故应当包括下列内容：

① 事故发生单位概况；

② 事故发生的时间、地点以及事故现场情况；

③ 事故的简要经过；

④ 事故已经造成或者可能造成的伤亡人数（包括下落不明的人数）和初步估计的直接经济损失；

⑤ 已经采取的措施；

⑥ 其他应当报告的情况。

3. 事故调查

《生产安全事故报告和调查处理条例》规定：

（1）特别重大事故由国务院或者国务院授权有关部门组织事故调查组进行调查。

重大事故、较大事故、一般事故分别由事故发生地省级人民政府、设区的市级人民政府、县级人民政府负责调查。省级人民政府、设区的市级人民政府、县级人民政府可以直接组织事故调查组进行调查，也可以授权或者委托有关部门组织事故调查组进行调查。

未造成人员伤亡的一般事故，县级人民政府也可以委托事故发生单位组织事故调查组进行调查。

（2）上级人民政府认为必要时，可以调查由下级人民政府负责调查的事故。自事故发生之日起 30 日内（道路交通事故、火灾事故自发生之日起 7 日内），因事故伤亡人数变化导致事故等级发生变化，依照本条例规定应当由上级人民政府负责调查的，上级人民政府可以另行组织事故调查组进行调查。

（3）特别重大事故以下等级事故，事故发生地与事故发生单位不在同一个县级以上行政区域的，由事故发生地人民政府负责调查，事故发生单位所在地人民政府应当派人参加。

（4）事故调查组的组成应当遵循精简、效能的原则。

根据事故的具体情况，事故调查组由有关人民政府、安全生产监督管理部门、负有安全生产监督管理职责的有关部门、监察机关、公安机关以及工会派人组成，并应当邀请人民检察院派人参加。事故调查组可以聘请有关专家参与调查。

（5）事故调查组成员应当具有事故调查所需要的知识和专长，并与所调查的事故没有直接利害关系。

（6）事故调查组组长由负责事故调查的人民政府指定。事故调查组组长主持事故调查组的工作。

（7）事故调查组履行下列职责：

① 查明事故发生的经过、原因、人员伤亡情况及直接经济损失；

② 认定事故的性质和事故责任；

③ 提出对事故责任者的处理建议；

④ 总结事故教训，提出防范和整改措施；

⑤ 提交事故调查报告。

（8）事故调查组有权向有关单位和个人了解与事故有关的情况，并要求其提供相关文件、资料，有关单位和个人不得拒绝。

（9）事故调查中需要进行技术鉴定的，事故调查组应当委托具有国家规定资质的单位进行技术鉴定。必要时，事故调查组可以直接组织专家进行技术鉴定。技术鉴定所需时间不计入事故调查期限。

（10）事故调查组成员在事故调查工作中应当诚信公正、恪尽职守，遵守事故调查组的纪律，保守事故调查的秘密。未经事故调查组组长允许，事故调查组成员不得擅自发布有关事故的信息。

（11）事故调查组应当自事故发生之日起60日内提交事故调查报告；特殊情况下，经负责事故调查的人民政府批准，提交事故调查报告的期限可以适当延长，但延长的期限最长不超过60日。

（12）事故调查报告应当包括下列内容：

① 事故发生单位概况；

② 事故发生经过和事故救援情况；

③ 事故造成的人员伤亡和直接经济损失；

④ 事故发生的原因和事故性质；

⑤ 事故责任的认定以及对事故责任者的处理建议；

⑥ 事故防范和整改措施。

事故调查报告应当附具有关证据材料。事故调查组成员应当在事故调查报告上签名。

（13）事故调查报告报送负责事故调查的人民政府后，事故调查工作即告结束。事故调查的有关资料应当归档保存。

4. 事故处理

《生产安全事故报告和调查处理条例》规定：

（1）重大事故、较大事故、一般事故，负责事故调查的人民政府应当自收到事故调查报告之日起 15 日内做出批复；特别重大事故，30 日内做出批复，特殊情况下，批复时间可以适当延长，但延长的时间最长不超过 30 日。

有关机关应当按照人民政府的批复，依照法律、行政法规规定的权限和程序，对事故发生单位和有关人员进行行政处罚，对负有事故责任的国家工作人员进行处分。

事故发生单位应当按照负责事故调查的人民政府的批复，对本单位负有事故责任的人员进行处理。负有事故责任的人员涉嫌犯罪的，依法追究刑事责任。

（2）事故发生单位应当认真吸取事故教训，落实防范和整改措施，防止事故再次发生。防范和整改措施的落实情况应当接受工会和职工的监督。

（3）安全生产监督管理部门和负有安全生产监督管理职责的有关部门应当对事故发生单位落实防范和整改措施的情况进行监督检查。

（4）事故处理的情况由负责事故调查的人民政府或者其授权的有关部门、机构向社会公布，依法应当保密的除外。

（5）事故发生单位主要负责人有下列行为之一的，处上一年年收入 40% ~ 80% 的罚款；属于国家工作人员的，并依法给予处分；构成犯罪的，依法追究刑事责任：

① 不立即组织事故抢救的；

② 迟报或者漏报事故的；

③ 在事故调查处理期间擅离职守的。

7.2　安全事故的主要救援方法

7.2.1　事故的应急与救援

1. 应急响应和解除程序

1）重大事故

首先发现者紧急大声呼救、同时可用手机或对讲机立即报告工地当班负责人→条件许可紧急施救→报告联络有关人员（紧急时立刻报警、打求助电话）→成立指挥部（组）→必要时向社会发出请求→实施应急救援、上报有关部门、保护事故现场等→善后处理。

2）一般伤害事故或潜在危害

首先发现者紧急大声呼救→条件许可紧急施救→报告联络有关人员→实施应急救援、保护事故现场等→事故调查处理。

3）应急救援的解除程序和要求

如写明决定终止应急、恢复正常秩序的负责人；确保不会发生未授权而进入事故现场的措施；应急取消、恢复正常状态的条件。

2. 事故的应急与救援措施

（1）各有关人员接到报警救援命令后，应迅速到达事故现场。尤其是现场急救人员要在第一时间到达事故地点，以便能使伤者得到及时、正确的救治。

（2）当医生未到达事故现场之前，急救人员要按照有关救护知识，立即救护伤员，在等待医生救治或送往医院抢救过程中，不要停止和放弃施救。

（3）当事故发生后或发现事故预兆时，应立即分析事故的情况及影响范围，积极采取措施，并迅速组织疏散无关人员撤离事故现场，组织治安队人员建立警戒，不让无关人员进入事故现场，保证事故现场的救援道路畅通，以便救援的实施。

（4）安全事故的应急和救援措施应根据事故发生的环境、条件、原因、发展状态和严重程度的不同，而采取相应合理的措施。在应急和救援过程中应防止二次事故的发生而造成救援人员的伤亡。

7.2.2　相关规定和注意事项

施工现场日常培训学习、救援训练、规章纪律、设施的保养维护等。要写明有关的纪律，救援训练，学习和应急设备的保管和维护，更新和修订应急预案等各种制度和要求。

7.2.3　普及常见事故的自救和急救常识

建筑施工安全事故的发生具有不确定性和多样性，因此全体施工人员掌握常见的自救和急救的知识是非常必要的。因此，应急救援预案应根据本工程的具体情况附有关常见事故的自救和急救常识。

专业技能篇

8　项目安全技术措施

项目安全技术措施是在施工项目生产活动中，根据工程特点、规模、结构复杂程度、工期、施工现场环境、劳动组织、施工方法、施工机械设备、变配电设施、架设工具及各项安全防护措施等，针对施工中存在的不安全因素进行预测和分析，找出危险点，未消除和控制危险隐患，从技术和管理上采取措施加以防范，消除不安全因素，防止事故发生，确保项目安全施工。

《建设工程安全生产管理条例》第二十六条规定：施工单位应当在施工组织设计中编制安全技术措施和施工现场临时用电方案，对下列达到一定规模的危险性较大的分部分项工程编制专项施工方案，并附具安全验算结果，经施工单位技术负责人、总监理工程师签字后实施，由专职安全生产管理人员进行现场监督：基坑支护与降水工程、土方开挖工程、模板工程、起重吊装工程、脚手架工程、拆除工程、爆破工程、国务院建设行政主管部门或者其他有关部门规定的其他危险性较大的工程。

8.1　编制依据

项目安全技术措施的编制依据如下所述。

1. 工程设计图纸

2. 国家现行施工规范、标准，国家及地方颁发的法律、法规及有关文件

1）行业现行标准

（1）《建筑施工安全检查标准》（JGJ59—2011）。

（2）《建筑模板安全技术规范》（JGJ162—2008）。

（3）《外墙外保温工程技术规程》（JGJ144—2004）。

（4）《建筑施工现场环境与卫生》（JGJ146—2004）。

（5）《建筑机械使用安全技术规范》（JGJ33—2001）。

（6）《钢筋机械连接通用技术规程》（JGJ107—2003）。

（7）《建筑施工高处作业安全技术规范》（JGJ80—91）。

（8）《施工现场临时用电安全技术规范》（JGJ46—2005）。

（9）《外墙饰面砖工程施工及验收规范》（JGJ126—2000）。

（10）《建筑施工扣件钢管脚手架安全技术规范》（JGJ130—2011）。

（11）其他行业现行标准

2）相关法律、法规

（1）《中华人民共和国建筑法》。

（2）《中华人民共和国劳动法》。

（3）《中华人民共和国安全生产法》。

（4）《中华人民共和国消防法》。

（5）《建筑工程质量管理条例》。

（6）《建设工程安全生产管理条例》。

（7）《工伤保险条例》。

（8）其他相关法律法规。

8.2 编制要求

1. 及时性

（1）项目安全措施在施工前必须编制好，并且经过审核批准后指导施工。

（2）在施工过程中，发生设计变更时，安全技术措施必须及时变更或作补充，并及时经原编制、审核人员办理变更手续，否则不得施工。

（3）施工条件发生变化时，必须变更安全技术措施内容，并及时经原编制、审核人员办理变更手续，不得擅自变更。

2. 针对性

（1）要根据施工不同的结构特点，凡在施工生产中可能出现的、危险因素，必须从技术上采取措施，消除危险，保证施工安全。

（2）不同的施工方法和施工工艺应制定相应的安全技术措施，技术措施要有设计，有详图，有文字要求，有计算。

（3）根据不同的分部分项工程的施工工艺可能给施工带来的不安全因素，从技术上采取措施保证其安全。

（4）编制项目安全技术措施在使用新技术、新规范、新设备、新材料的同时，必须编制相应的安全技术措施。

（5）针对使用的各种机械设备、用电设备可能给施工人员带来危险因素，从安全保险、限位装置等方面采取安全技术措施。

（6）针对现场及周围环境可能给施工人员及周围居民带来危险因素，以及材料、设备运输的困难和不安全因素，应制定相应的安全技术措施。

（7）夏季气候炎热、高温时间较长，要制定防暑降温措施和方案；雨期施工要制定防触电、防雷击、防坍塌措施和方案；冬季施工要制定防风、防火、防滑、防煤气中毒等的措施和方案。

3．具体性

（1）安全技术措施必须具体明确，能指导施工，绝不能搞"口号化"。

（2）安全技术措施中必须有施工总平面图、各种材料、机械设备的位置图以及安全操作规程要求明确定位。

（3）安全技术措施必须由技术负责人或技术负责人指定的施工技术人员编制。

（4）安全技术措施及方案的编制人员必须掌握工程项目概况、施工方法、场地环境等第一手资料，并熟悉有关安全生产法规和标准，具有一定的专业水平和施工经验。

4．审　批

（1）编制审核：建筑施工企业专业工程技术人员编制的安全专项方案，由施工企业技术部门、安全部门、材料部门等的专业技术人员及监理单位专业监理工程师进行审核，审核合格，由施工企业技术负责人、监理单位总监理工程师签字。

（2）专家论证审查：属于《危险性较大的分部分项工程安全管理办法》所规定的范围的分部、分项工程。要求：

① 建筑施工企业应当组织不少于 5 人的专家组，对已编制的专项施工方案进行论证审查。

② 安全专项施工方案专家组必须提出书面论证审查报告，施工企业应根据论证审查报告进行完善，施工企业技术负责人、总监理工程师签字后实施。

③ 专家组书面论证报告应当作为安全专项施工方案的附件，在实施过程中，施工企业应严格按照安全专项方案组织施工。

5．实　施

施工过程中，必须严格按照安全技术措施组织施工。

（1）施工前，应严格执行安全技术交底制度，进行分级交底；相应的施工设备设施的搭建、安装完成后要组织验收，合格后方可投入使用。

（2）施工中，对安全技术措施中要求检测项目（如标高、垂直度等）要落实检测，及时反馈信息，对危险性较大的作业还应安排专业人员进行安全监控。

（3）施工完成后，应及时对安全技术措施进行总结。

9 安全事故应急救援预案与响应

9.1 危险源的识别评价和重特大危险源的调查

建筑施工现场重大危险源和可能的突发事件如下所述。

1. 火　灾

易发生地点：仓库、职工宿舍、防水作业区、木材加工存储区、总配电箱等。

火灾类型：含碳固体可燃物，甲、乙、丙类液体（如汽油、煤油、柴油、甲醇等）燃烧的火灾，带电物体燃烧的火灾。

2. 高处坠落

易发生地点：脚手架施工区、外墙施工区、临边施工区、塔吊与物料提升机安拆区等。

事故后果：人员外伤、骨折、死亡等。

3. 物体打击

易发生地点：无安全通道建筑物进出入口、脚手架施工区、塔吊（龙门架）安拆区等。

事故后果：人员外伤、颅骨损伤等。

4. 触　电

易发生地点：整个施工区域。

事故后果：人员电击伤、死亡。

5. 机械事故

易发生地点：钢筋加工区、木工加工区、搅拌站等。

事故后果：人员外伤、肢体缺失、死亡。

6. 起重设备倾覆事故

易发生地点：塔吊、吊车活动区内。

事故后果：设备严重损坏、人员外伤、死亡。

7. 坍塌事故

易发生地点：基础施工区、管沟、脚手架、模板支撑体系等。

事故后果：人员窒息、人员外伤、死亡等。

8. 其他突发事件

施工人员来自多个省区市，可能发生交叉感染（如探亲回归），夏季露天作业发生中暑，食用变质或受污染食品，食堂工作人员渎职而发生群体食物中毒，工地内环境卫生条件恶化而发生传染疾病，季节周期性所特有的传染疾病传入工地等，因此施工现场可能突发疫情、食物中毒、中暑等情况。

由于施工的地理位置，其他可能的突发事件还有台风、洪水等。

项目工程在编制事故应急救援预案前，应按本公司有关规定和标准，对工程的重特大危险源进行辨识和评价，应明确以下重特大危险源的信息：

（1）危险源的基本情况。重特大危险源存在的具体部位，发生事故时可能的位置。

（2）危险源周围环境的基本情况。考虑危险源一旦发生事故对周围环境的影响以及周边环境中危险因素对危险源的影响程度。

（3）危险源周边环境情况。它包括可能灾害形式、最大危险区域面积等。

（4）周边情况对危险源的影响。主要考虑的危险因素是火源、输配电装置及其他。

9.2　建立应急救援组织

1. 成立应急救援的独立领导小组（指挥中心）

应急预案领导小组及其人员组成如图 9-1 所示。

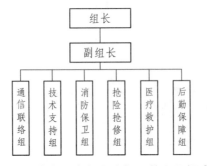

图 9-1　应急预案领导小组及其人员组成

2. 应急领导小组成员姓名及联系电话

组长：××××××	联系电话：××××××××××
副组长：××××××	联系电话：××××××××××
通信联络组：××××××	联系电话：××××××××××
技术支持组：××××××	联系电话：××××××××××
消防保卫组：××××××	联系电话：××××××××××
抢险抢修组：××××××	联系电话：××××××××××
医疗救治组：××××××	联系电话：××××××××××
后勤保障组：××××××	联系电话：××××××××××

3. 应急组织的分工职责

1）组长职责

（1）决定是否存在或可能存在重大紧急事故，要求应急服务机构提供帮助实施场外应急计划，在不受事故影响的地方进行直接操作控制。

（2）复查和评估事故（事件）可能发展的方向，确定其可能的发展过程。

（3）指导设施的部分停工，并与领导小组成员的关键人员配合指挥现场人员搬离，并确保任何伤害者都能得到足够的重视。

（4）与场外应急机构取得联系及对紧急情况的记录作业安排。

（5）在场（设施）内实行交通管制，协助场外应急机构开展服务工作。

（6）在紧急状态结束后，控制受影响地点的恢复，并组织人员参加事故的分析和处理。

2）副组长职责

（1）评估事故的规模和发展态势，建立应急步骤和财产损失；确保员工的安全和减少设施和财产损失。

（2）如有必要，在救援服务机构来之前直接参与救护活动。

（3）安排寻找受伤者及安排非重要人员撤离到集中地带。

（4）设立与应急中心的通信联络，为应急服务机构提供建议和信息。

3）通信联络组职责

（1）确保与最高管理者和外部联系畅通、内外信息反馈迅速。

（2）保持通信设施和设备处于良好状态。

（3）负责应急过程的记录与整理及对外联络。

4）技术支持组职责

（1）提出抢险抢修及避免事故扩大的临时应急方案和措施。

（2）指导抢险抢修组实施应急方案和措施。

（3）修补实施中的应急方案和措施存在的缺陷。

（4）绘制事故现场平面图，标明重点部位，向外部救援机构提供准确的抢险救援信息资料。

5）消防保卫组职责

（1）事故引发火灾，执行防火方案中应急预案程序。

（2）设置事故现场警戒线、岗，维持项目部内抢险救护的正常运作。

（3）保持抢险救援通道的通畅，引导抢险救援人员及车辆的进入。

（4）保护受害人财产。

（5）抢救救援结束后，封闭事故现场，直到收到明确解除指令。

6）抢险抢修组职责

（1）实施抢险抢修的应急方案和措施，并不断加以改进。

（2）寻找受害者并转移至安全地带。

（3）在事故有可能扩大的情况下进行抢险抢修或救援时，高度注意避免意外伤害。

（4）抢险抢修或救援结束后，报告组长并对结果进行复查。

7）医疗救治组职责

（1）在外部救援机构未到达前，对受害者进行必要的抢救（如人工呼吸、包扎止血、防止受伤部位受污染等）。

（2）使重度受害者优先得到外部救援机构的救护。

（3）协助外部救援机构转送受害者至医疗机构，并指定人员护理受害者。

8）后勤保障组职责

（1）保障系统内各组人员必需的防护、救护用品及生活物资的供给。

（2）提供合格的抢险抢修或救援的物质及设备。

如发生安全事故立即上报，具体程序如图9-2所示。

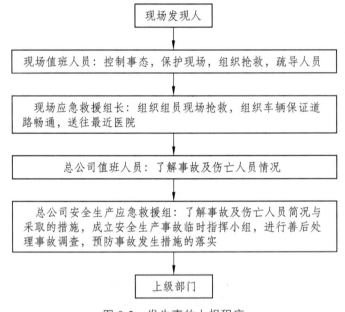

图 9-2　发生事故上报程序

4. 施工现场的应急处理

（1）应急电话的正确使用。为合理安排施工，事先应掌握近期和中长期气候，以便采取针对性措施组织施工，既有利于生产，又有利于工程的质量和安全。工伤事故现场，重病人抢救应拨打120救护电话，请医疗单位急救。火警、火灾事故应拨打119火警电话，请消防部门急救。发生抢劫、偷盗、斗殴等情况应拨打报警电话110，向公安部门报警。煤气管道设备急修、自来水报修、供电报修，以及向上级单位汇报情况争取支持，都可以通过应急电话，达到方便快捷的目的。在施工过程中保证通信的畅通，以及正确利用好电话等通信工具，可以对现场事故应急处理发挥很大作用。

（2）拨打电话时要尽量说清楚以下几件事：

① 说明伤情（病情、火情、案情）和已经采取了什么措施，以便让救护人员事先做好急救的准备。

② 讲清楚伤者（事故）发生在什么地方，什么路几号、靠近什么路口、附近有什么特征。

③ 说明报救者单位、姓名（或事故地）、电话，以便救护车（消防车、警车）找不到所

报地方时，随时通过电话联系。基本打完报救电话后，应问接报人员还有什么问题不清楚，如无问题才能挂断电话。通完电话后，应派人在现场外等候接应救护车，同时把救护车进项目部现场的路上障碍及时予以清除，以利救护车到达后，能及时进行抢救。

9.3 配备应急救援设备、物资

1. 工程项目部需配备基本装备

（1）特种防护品：如绝缘鞋、绝缘手套等。
（2）一般防救护品：安全带、安全帽、安全网、防护网、救护担架及常用的救护药品等。

2. 项目部可配备专用装备

（1）消防栓及消防水带、灭火器等。
（2）自备车辆。
（3）手机等通信工具。
（4）可用于应急的设备，如吊车、铲车等。

9.4 制定相应的应急救援技术措施

根据重特大危险源和突发事件的调查结果，制定相应的应急救援技术措施和步骤，技术措施要结合危险源所在部位的实际特点，具有针对性和可操作性。相应的技术措施应编入施工组织设计和专项方案中。

1. 高空坠落事故应急响应

一旦发生高空坠落事故，由医疗救护组组织抢救伤员，通信联络组打电话"120"给急救中心，由抢险抢修组保护好现场，防止事态扩大。其他义务小组人员协助做好现场救护工作，并护送伤员接受外部救护工作，如有轻伤或休克人员，现场医疗救护组组织临时抢救、包扎止血或做人工呼吸或胸外心脏按压，尽最大努力抢救伤员，将伤亡事故控制到最小程序，损失降到最小。

2. 坍塌事故应急响应

（1）坍塌事故发生，项目部立即启动应急救援预案。
（2）发生坍塌事故后，由项目经理（应急救援小组组长）负责现场总指挥，发现事故发生人员首先高声呼喊，通知现场其他人员，由通信联络组打事故抢救电话，向上级有关部门或医院打电话抢救，同时通知抢险抢修组、医疗救护组进行现场抢救。抢险抢修组组织有关人员进行清理土方或杂物，如有人员被埋，应首先按部位进行抢救人员，其他组员采取有效措施，防止事故发展扩大，让外包队负责人随时监护边坡状况，及时清理边坡上堆放的材料，防止再次事故的发生。在向有关部门通知抢救电话的同时，医疗救护组对轻伤人员在现场采取可行的应急抢救，如现场包扎止血等措施，防止受伤人员流血过多造成死亡事故发生。预先成立的应急小组人员各司其职，各负其责，重伤人员由医疗救护组送外抢救，工作门卫在大门口迎接救护的车辆，有程序地处理事故、事件，最大限度地减少人员和财产损失。

（3）如果发生脚手架坍塌事故，按预先分工进行抢救。抢险抢修组组织所有架子工进行倒塌架子的拆除和拉牢工作，防止其他架子再次倒塌。现场由外包队管理者组织有关职工协助清理，如有人员被砸，应首先清理被砸人员身上的材料，集中人力先抢救受伤人员，最大限度地减小事故损失。

3. 倾覆事故应急响应

（1）如果有塔吊倾覆事故发生，首先旁观者在现场高呼，提醒现场有关人员立即通知现场负责人，由通信联络组负责拨打应急救护电话"120"，通知有关部门和附近医院，到现场救护。现场总指挥由项目经理担当，负责全面组织协调工作，生产负责人亲自带领有关工长及外包队负责人等组成抢险抢修组，分别对事故现场进行抢救。如有重伤人员，由医疗救护组负责送外救护。抢险抢修组派电工先切断相关电源，防止发生触电事故，门卫值勤人员在大门口迎接救护车辆及人员。

（2）医疗救护组和其他人员协助生产负责人对现场清理，抬运物品，及时抢救被砸人员或被压人员，最大限度地减少重伤程度。如有轻伤人员，可采取简易现场救护工作，如包扎、止血等措施，以免造成重大伤亡事故。

（3）如有脚手架倾覆事故发生，按小组预先分工，各负其责，但是架子工长应组织所有架子工，立即拆除相关脚手架。外包队人员应协助清理有关材料，保证现场道路畅通，方便救护车辆出入，以最快的速度抢救伤员，将伤亡程度降到最低。

4. 物体打击事故应急响应

（1）物体打击事故发生，项目部各应急救援小组马上进入应急状态，由项目经理担任组长，生产负责人及安全员、各专业工长为组员，外包队管理人员及后勤人员协助做好相关辅助工作。

（2）发生物体打击事故后，由项目经理（应急小组组长）负责现场总指挥，发现事故发生人员首先高声呼喊，通知现场其他应急人员，由通信联络组向上级有关部门或医院打电话求救，同时通知生产负责人组织应急小组其他人员进行可行的应急抢救，如现场包扎、止血等。防止受伤人员流血过多，造成死亡事故。预先成立的应急小组人员按分工，各负其责，有程序地护送伤员外部抢救，大门口迎接救护的车辆等，有程序地处理事故、事件，最大限度地减少人员和财产损失。

5. 机械伤害应急响应

发生机械伤害事故后，由项目经理（应急救援组组长）负责现场总指挥，发现事故发生人员首先高声呼喊，通知现场其他应急救援人员，由通信联络组向上级有关部门或医院打事故抢救电话，同时通知生产负责人组织应急小组进行可行的应急抢救、医疗救护等，如现场包扎、止血等。防止受伤人员流血过多，造成死亡事故。预先成立的应急小组人员各负其责，有程序地将重伤人员送外抢救，派人到大门口迎接救护的车辆等，有程序地处理事故、事件，最大限度地减少人员和财产损失。

6. 触电事故应急响应

当发生人身触电事故时，首先使触电者脱离电源，迅速急救，关键是"快"。

（1）对于低压触电事故，可采用下列方法使触电者脱离电源：

① 如果触电地点附近有电源开关或插销，可立即拉开电源开关或拔下电源插头，以切断电源。

② 可用有绝缘手柄的电工钳、干燥木柄的斧头、干燥木把的铁锹等切断电源线，也可采用干燥木板等绝缘物隔在触电者身下，以隔离电源。

③ 当电线搭在触电者身上或被压在身下时，也可用干燥的衣服、手套、绳索、木板、木棒等绝缘物为工具，拉开或挑开电线，使触电者脱离电源。切不可直接去拉触电者。

（2）对于高压触电事故，可采用下列方法使触电者脱离电源：

① 立即通知有关部门停电。

② 戴上绝缘手套，穿上绝缘鞋，用相应电压等级的绝缘工具按顺序断掉电源。

③ 用高压绝缘杆挑开触电者身上的电线。

（3）触电者如果在高空作业时触电，断开电源时，要防止触电者摔下来造成二次伤害。

① 如果触电者伤势不重，神志清醒，但有些心慌，四肢麻木，全身无力或者触电者曾一度昏迷，但已清醒过来，应使触电者安静休息，不要走动，严密观察并送医院。

② 如果触电者伤势较重，已失去知觉，但心脏跳动和呼吸还存在，应将触电者抬至空气畅通处，解开衣服，让触电者平直仰卧，并用软衣服垫在身下，使其头部比肩稍低，以免妨碍呼吸。如天气寒冷要注意保温，并迅速将其送往医院。如果发现触电者呼吸困难，发生痉挛，应立即准备对心脏停止跳动或者呼吸停止后的抢救。

③ 如果触电者伤势较重，呼吸停止或心脏跳动停止或二者都已停止，应立即进行口对口人工呼吸法及胸外心脏挤压法进行抢救，并送往医院。在送往医院的途中，不应停止抢救，许多触电者就是在送往医院途中死亡的。

④ 人触电后会出现神经麻痹、呼吸中断、心脏停止跳动、呈现昏迷不醒状态，通常都是假死，万万不可当作"死人"草率从事。

⑤ 对于触电者，特别高空坠落的触电者，要特别注意搬运问题。很多触电者，除电伤外，还有摔伤，搬运不当，如折断的肋骨扎入心脏等，可造成死亡。

⑥ 对于假死的触电者，要迅速持久地进行抢救。有不少的触电者，是经过4小时甚至更长时间的抢救而抢救过来的。有经过6小时的口对口人工呼吸及胸外挤压法抢救而活过来的实例。只有经过医生诊断确定死亡，才能停止抢救。

（4）人工呼吸是在触电者停止呼吸后应用的急救方法。各种人工呼吸方法中，以口对口呼吸法效果最好。

① 施行人工呼吸前，应迅速将触电者身上妨碍呼吸的衣领、上衣等解开，取出口腔内妨碍呼吸的食物，脱落的断齿、血块、黏液等，以免堵塞呼吸道，使触电者仰卧，并使其头部充分后仰（可用一只手拖触电者颈后），鼻孔朝上，以利呼吸道畅通。

② 救护人员用手使触电者鼻孔紧闭，深吸一口气后紧贴触电者的口向内吹气，约2秒。

吹气大小，要根据不同的触电人有所区别，每次呼气要触电者胸部微微鼓起为宜。

③ 吹气后，立即离开触电者的口，并放松触电者的鼻子，使空气呼出，约过 3 秒。然后再重复吹气动作。吹气要均匀，每分钟吹气呼气约 12 次。触电者已开始恢复自由呼吸后，还应仔细观察呼吸是否会再度停止。如果再度停止，应再继续进行人工呼吸，这时人工呼吸要与触电者微弱的自由呼吸规律一致。

④ 如无法使触电者把口张开时，可改用口对鼻人工呼吸法。即捏紧嘴巴贴鼻孔吹气。胸外心脏挤压法是触电者心脏停止跳动后的急救方法。

a. 做胸外挤压时，使触电者仰卧在比较坚实的地方，姿势与口对口人工呼吸法相同，救护者跪在触电者一侧或跪在腰部两侧，两手相叠，手掌根部放在心窝上方，胸骨下 1/3 ~ 1/2 处。掌根用力向下（脊背的方向）挤压压出心脏里面的血液。成人应挤压 3 ~ 5 cm，太快了效果不好，每分钟挤压 60 次为宜。挤压后掌根迅速全部放松，让触电者胸廓自动恢复，血液充满心脏。放松时掌根不必完全离开胸部。

b. 应当指出，心脏跳动和呼吸是互相联系的。心脏停止跳动了，呼吸很快会停止。呼吸停止了，心脏跳动也维持不了多久。一旦呼吸和心脏跳动都停止了，应当同时进行口对口人工呼吸和胸外心脏挤压。如果现场只有一人抢救，两种方法交替进行。可以挤压 4 次后，吹气 1 次，而且吹气和挤压的速度都应提高一些，以不降低抢救效果。

c. 对于儿童触电者，可以用一只手挤压，用力要轻一些且每分钟宜挤压 100 次左右。

7. 火灾事故应急响应

（1）当发生火灾事故时，发现人员在尽可能控制火势的情况下向单位领导报告，并同时拨打当地"119"报警。

（2）项目部应急救援小组接到报告后，应立即组织消防保卫组的义务消防队员携带各种灭火器材进行扑救，并组织医疗救护组人员赶赴现场，救治受伤人员。情况紧急时，请求当地医疗机构援助，同时向公安机关和子公司、集团公司相关部门报告。应明确上述机构、部门的地址、联系电话等。

（3）项目部在火灾事故发生后要尽可能地调用一切人员、物资和车辆进行扑救，尽可能地防止火势蔓延，将火灾的损失降到最低程度。

（4）当公安消防机构和公安机关人员赶到后，发生火灾的单位或项目部领导要全力配合，服从指挥。

（5）当火灾扑灭后，发生火灾的单位要在公安机关和公安消防机构的指挥下对火场进行清理，配合公安机关和公安消防机构对火灾事故进行调查处理。

8. 疫情、食物中毒、中暑应急响应

（1）当发现有疫情发生时，应立即设置传染病隔离室，与人员住宿隔断。在疫情期间，各施工单位人员住宿区实行封闭管理。封闭工地大门，隔断与外界通道，确定最近救援机构，与之取得联系，请求支援。

（2）夏季施工中如有多人发生食物中毒，医疗救护组应采取必要的紧急处理措施，并马上将中毒者送往最近的医疗机构进行救治。同时消防保卫组应将食堂进行封闭，等待卫生防疫部门的调查。

（3）施工中如果发现有人中暑，应立即大声呼救，并迅速将病人移到阴凉通风的地方，解开衣扣，使其平卧休息。用冷水毛巾敷其头部，或用 30% 酒精擦身降温。使其喝一些淡盐水或清凉饮料。清醒者也可服人丹、绿豆汤等。昏迷者针刺人中、十宜穴或立即送医院。

9. 台风、防洪和防泥石流应急响应

（1）一旦发生台风、泥石流或水汛的苗头，应急预案领导小组成员应立即奔赴现场，组织抢险工作。要求施工人员切断一切电源，同时有序疏散人员和物资到安全区域。若发现人员伤亡，应及时组织抢救，并向上级领导及时汇报。

（2）在发生水灾、泥石流时，保卫消防组应加强巡视，隔离安全地带，禁止闲杂人员围观，未经现场负责人同意，禁止一切人员进入危险区域。

（3）事故发生后，及时通知交警部门，对事故发生地的周边道路实施有效的管制，其主要目的是为救援工作提供畅通的道路。

9.5　事故后处理工作

（1）查明事故原因及责任人。

（2）以书面形式向上级写出报告，包括发生事故时间人员姓名、性别、年龄、工种、伤害程度、受伤部位。

（3）制定有效的预防措施，防止此类事故再次发生。

（4）组织所有人员进行事故教育。

（5）向所有人员进行事故教育。

（6）向所有人员宣读事故结果，对责任人的处理意见。

9.6　培训和演练

根据工程项目部自身情况制定应急救援预案培训和演练。

应急救援培训内容一般包括以下内容：

（1）灭火器的使用以及灭火步骤的训练。

（2）施工安全防护、作业区内安全警示设置、个人的防护措施。

（3）施工用电常识、在建工程的交通安全、大型机械的安全使用。

（4）对危险源的突显特性辨识。

（5）事故报警。

（6）紧急情况下人员的安全疏散。

（7）现场抢救的基本知识。

（8）应急救援演练前应制定应急救援演练计划，确定应急救援的具体时间、规模和内容，并且在演练结束后应对以下内容进行评审：

① 事故期间通信系统是否畅通无阻。

② 事故现场人员是否能安全顺利撤离。

③ 事故应急救援预案的实施机构能否及时参与事故抢救。

④ 有关抢险设备能否到位。

⑤ 能否有效控制事故进一步扩大。

9.7 施工项目应急救援预案的编制要求

施工项目应急救援预案，实际上就是将应急救援体系建立的整个策划内容以文件的形式表现出来。在建筑施工安全事故应急救援预案中应包括如下内容：

（1）建设工程的基本情况。含规模、结构类型、工程开工、竣工日期。

（2）应急救援组织机构、人员、职责。包括具体责任人的姓名、职务、联系电话等，以及外部机构的联系方式。

（3）应急救援程序及注意事项。

（4）救援器材、设备配备的数量、名称等具体情况。

（5）应急救援技术措施，可在施工组织设计、专项方案中体现特点制定，禁忌完全抄袭本预案内容。

（6）安全事故救护单位（外部应急机构火警、急救、上级应急机构等）应急救援电话，包括建设工程所在市县医疗救护中心、医院的名称、电话、行驶路线等。

（7）应急救援相应的培训计划和演练计划。包括具体的时间、实施的内容。

（8）应急救援演练或事故发生后的评审内容。

10 施工现场安全检查及评分

10.1 施工现场安全检查的目的、内容与重点

1. 安全检查的目的

（1）了解安全生产的状态，为分析研究加强安全管理提供信息。

（2）发现问题，暴露问题，以便及时采取有效措施，保障安全生产。

（3）发现、总结及交流安全生产的成功经验。

（4）利用检查，进一步宣传、落实安全生产的方针、政策和各项安全生产规章制度。

（5）增强领导和群众安全意识，制止违章指挥，纠正违章作业，提高安全生产的自觉性和责任感。

2. 安全检查的内容

（1）各级管理人员对安全施工规章制度的建立和落实。

（2）施工现场安全措施的落实和有关安全规定的执行情况。

① 安全技术措施。

② 施工现场安全组织。

③ 安全技术交底，操作规章的学习贯彻情况。

④ 安全设施情况。

⑤ 个人防护情况。

⑥ 安全用电情况。

⑦ 施工现场防火设备。

⑧ 安全标志牌。

3. 安全检查的重点

安全检查的重点是：违章指挥和违章作业、违反劳动纪律。

10.2 安全检查的形式

一般采取日常、定期、不定期、季节性、节假日、综合性、专业性等多种检查方式。

1. 日常安全检查

日常安全检查是按检查制度规定的，每天都进行的，贯穿于生产过程的检查。生产岗位的班组长和工人应严格履行交接班检查和班前、班中和班后巡回检查；非生产岗位的班组长

和工人，应根据本岗位特点，在工作前和工作中进行检查；各级领导和各级安全管理人员，应在各自业务范围内经常深入现场，进行安全检查，发现不安全问题，及时督促有关部门解决，以辨别生产过程中一切物的不安全状态和人的不安全行为，并加以控制。

2. 定期安全检查

定期安全检查是指企业在安全制度中规定的，一般来说企业一年中应每季或每月检查一次，项目部应每天检查一次，班组应在每班的班前、班中和班后检查一次。

3. 不定期安全检查

企业应在装置开工前、停工后、检修中、新装置竣工及试运转时，进行不定期的安全检查。企业还应根据国际、国内同行业发生的重大事故，及时组织有针对性的安全检查。

4. 季节性安全检查

季节性安全检查是根据季节特点和对企业安全工作的影响，由安技部门组织有关人员进行。春季防火大检查；雨季"八防"（防触电、防中暑、防工伤事故、防淹溺、防洪汛、防倒塌、防车祸、防中毒）大检查；冬季"六防"（防冻、防火灾、防爆炸、防中毒、防触电、防机械伤害）检查。

5. 节日前后安全检查

春节前、"五一"节前、国庆节前、元旦前及其他节日前的安全检查和每次节后复工的安全检查。

6. 综合性安全大检查

由公司领导负责，根据企业的生产特点和安全情况，组织发动广大职工群众进行检查，同时组织各有关职能部门及工会组织的专业人员进行认真细致全面检查。

7. 专业性安全检查

专业性安全检查是对易发生事故的设备、场所或操作工序，除在综合性大检查时检查外，还要组织有关专业技术人员或委托有关专业检查单位，进行安全检查。如企业每年应对锅炉、压力容器、电气设备、机械设备、安全装备、监测仪器、危险物品、防护器具、消防设施、运输车辆、防尘防毒、液化气系统等分别进行专业检查，检查时应有方案，有明确的检查重点和具体的检查手段与方法。

实施安全检查就是通过访谈、查阅文件和记录、现场观察、仪器测量的方式获取信息的过程。

安全检查的方法有：

（1）常规检查法。

（2）安全检查表法。

（3）仪器检查及数据分析法。

10.3　安全检查的要求

（1）各种安全检查都应根据检查目的配够足够的资源，特别是大范围、全面性的检查应明确责任人，挑选专业人员，明确分工、检查内容、检查标准等要求。

（2）每种安全检查都要明确检查目的、检查内容、检查标准等要求。特殊过程、关键部位应重点检查，检查时应尽量使用检测工具，以便收集监测数据。对现场管理人员和操作人员要检查是否有违章指挥和违章操作的行为，还应进行应知应会的抽查，以便了解管理人员和操作人员的安全素质。

（3）做好检查记录。检查记录是安全评价的依据，要做到认真详细，真实可靠。

（4）对检查的结果要采用定性和定量相结合的方法，认真进行系统分析和安全评价。

（5）整改是安全检查工作的重点，也是检查结果的归宿。

10.4　《建筑施工安全检查标准》（JGJ59—2011）

为科学评价建筑施工现场安全生产，预防生产安全事故的发生，保障施工人员的安全和健康，提高施工管理水平，实现安全检查工作的标准化，制定《建筑施工安全检查标准》（JGJ59—2011）。该标准使安全检查由传统的定性评价到定量评价，使安全检查进一步规范化、标准化。

1.《建筑施工安全检查标准》的内容

1）检查评分方法

（1）建筑施工安全检查评定中，保证项目应全数检查。

（2）建筑施工安全检查评定应符合《建筑施工安全检查标准》第 3 章中各检查评定项目的有关规定，并应按《建筑施工安全检查标准》附录 A、B 的评分表进行评分。

（3）各评分表的评分应符合下列规定：

① 分项检查评分表和检查评分汇总表的满分分值均应为 100 分，评分表的实得分值应为各检查项目所得分值之和。

② 评分应采用扣减分值的方法，扣减分值总和不得超过该检查项目的应得分值。

③ 当按分项检查评分表评分时，保证项目中有一项未得分或保证项目小计得分不足 40 分，此分项检查评分表不应得分。

④ 检查评分汇总表中各分项项目实得分值应按下式计算：

$$A_1 = \frac{B \times C}{100}$$

式中　A_1——汇总表各分项项目实得分值；

　　　　B——汇总表中该项应得满分值；

　　　　C——该项检查评分表实得分值。

⑤ 当评分遇有缺项时，分项检查评分表或检查评分汇总表的总得分值应按下式计算：

$$A_2 = \frac{D}{E} \times 100$$

式中　A_2——遇有缺项时总得分值；

　　　D——实查项目在该表的实得分值之和；

　　　E——实查项目在该表的应得满分值之和。

⑥ 脚手架、物料提升机与施工升降机、塔式起重机与起重吊装项目的实得分值，应为所对应专业的分项检查评分表实得分值的算术平均值。

2）检查评定等级

（1）应按汇总表的总得分和分项检查评分表的得分，对建筑施工安全检查评定划分为优良、合格、不合格三个等级。

（2）建筑施工安全检查评定的等级划分应符合下列规定：

① 优良：分项检查评分表无零分，汇总表得分值应在 80 分及以上。

② 合格：分项检查评分表无零分，汇总表得分值应在 80 分以下，70 分及以上。

③ 不合格：

当汇总表得分值不足 70 分时；

当有一分项检查评分表得零分时。

（3）当建筑施工安全检查评定的等级为不合格时，必须限期整改达到合格。

建筑施工安全检查评分汇总表

企业名称：　　　　　　　　　资质等级：　　　　　年　　月　　日

单位工程（工场）名称	建筑面积/m²	结构类型	总计得分（满分分值100分）	项目名称及分值									
				安全管理（满分10分）	文明施工（满分15分）	脚手架（满分10分）	基坑工程（满分10分）	模板支架（满分10分）	高处作业（满分10分）	施工用电（满分10分）	物料提升机与施工升降机（满分10分）	塔式起重机与起重吊装（满分10分）	施工机具（满分5分）

评语：						
检查单位		负责人		受检项目		项目经理	

2. 检查评分表

检查评分表应分为安全管理、文明施工、脚手架、基坑工程、模板支架、高处作业、施工用电、物料提升机与施工升降机、塔式起重机与起重吊装、施工机具分项检查评分表和检查评分汇总表。检查评分表是进行具体检查时用以评分记录的表格，与汇总表中的 10 个分项内容相对应，但由于一些分项所对应的检查内容不止一项，所以实际共有 19 张检查表。

检查评分表的结构形式分为两类。一类是自成整体系统，如文明施工、施工用电等检查评分表，规定的各检查项目之间存在内在的联系，因此，按结构重要性程度的大小，把影响安全的关键项目列为保证项目，其他项目列为一般项目；第二类是各检查项目之间无相互联系的逻辑关系，因此没有列出保证项目，如"'三宝、四口'及临边防护检查评分表"及"施工机具检查评分表"。

每张检查评分表的满分均为100分，分为保证项目和一般项目的检查表，保证项目满分都是60分，一般项目满分都是40分。若保证项目有一项未得分或保证项目小计得分不足40分（得分率低于66.67%），此分项检查评分表不应得分。

建筑施工安全分项检查评分表

表 B.1　安全管理检查评分表

序号	检查项目		扣分标准	应得分数	扣减分数	实得分数
1	保证项目	安全生产责任制	未建立安全生产责任制扣10分 安全生产责任制未经责任人签字确认扣3分 未制定各工种安全技术操作规程扣10分 未按规定配备专职安全员扣10分 工程项目部承包合同中未明确安全生产考核指标扣8分 未制定安全资金保障制度扣5分 未编制安全资金使用计划及实施扣2~5分 未制定安全生产管理目标（伤亡控制、安全达标、文明施工）扣5分 未进行安全责任目标分解的扣5分 未建立安全生产责任、责任目标考核制度扣5分 未按考核制度对管理人员定期考核扣2~5分	10		
2		施工组织设计	施工组织设计中未制定安全措施扣10分 危险性较大的分部分项工程未编制安全专项施工方案，扣3~8分 未按规定对专项方案进行专家论证扣10分 施工组织设计、专项方案未经审批扣10分 安全措施、专项方案无针对性或缺少设计计算扣6~8分 未按方案组织实施扣5~10分	10		
3		安全技术交底	未采取书面安全技术交底扣10分 交底未做到分部分项扣5分 交底内容针对性不强扣3~5分 交底内容不全面扣4分 交底未履行签字手续扣2~4分	10		
4		安全检查	未建立安全检查（定期、季节性）制度扣5分 未留有定期、季节性安全检查记录扣5分 事故隐患的整改未做到定人、定时间、定措施扣2~6分 对重大事故隐患改通知书所列项目未按期整改和复查扣8分	10		
5		安全教育	未建立安全培训、教育制度扣10分 新入场工人未进行三级安全教育和考核扣10分 未明确具体安全教育内容扣6~8分 变换工种时未进行安全教育扣10分 施工管理人员、专职安全员未按规定进行年度培训考核扣5分	10		

序号	检查项目		扣分标准	应得分数	扣减分数	实得分数
6	保证项目	应急预案	未制定安全生产应急预案扣10分 未建立应急救援组织、配备救援人员扣3~6分 未配置应急救援器材扣5分 未进行应急救援演练扣5分	10		
		小计		60		
7	一般项目	分包单位安全管理	分包单位资质、资格、分包手续不全或失效扣10分 未签订安全生产协议书扣5分 分包合同、安全协议书，签字盖章手续不全扣2~6分 分包单位未按规定建立安全组织、配备安全员扣3分	10		
8		特种作业持证上岗	一人未经培训从事特种作业扣4分 一人特种作业人员资格证书未延期复核扣4分 一人未持操作证上岗扣2分	10		
9		生产安全事故处理	生产安全事故未按规定报告扣3~5分 生产安全事故未按规定进行调查分析处理，制定防范措施扣10分 未办理工伤保险扣5分	10		
10		安全标志	主要施工区域、危险部位、设施未按规定悬挂安全标志扣5分 未绘制现场安全标志布置总平面图扣5分 未按部位和现场设施的改变调整安全标志设置扣5分	10		
		小计		40		
	检查项目合计			100		

表 B.3 扣件式钢管脚手架检查评分表

序号	检查项目		扣分标准	应得分数	扣减分数	实得分数
1	保证项目	施工方案	架体搭设未编制施工方案或搭设高度超过24 m未编制专项施工方案扣10分 架体搭设高度超过24 m，未进行设计计算或未按规定审核、审批扣10分 架体搭设高度超过50 m，专项施工方案未按规定组织专家论证或未按专家论证意见组织实施扣10分 施工方案不完整或不能指导施工作业扣5~8分	10		
2		立杆基础	立杆基础不平、不实、不符合方案设计要求扣10分 立杆底部底座、垫板或垫板的规格不符合规范要求每一处扣2分 未按规范要求设置纵、横向扫地杆扣5~10分 扫地杆的设置和固定不符合规范要求扣5分 未设置排水措施扣8分	10		

序号	检查项目		扣分标准	应得分数	扣减分数	实得分数
3	保证项目	架体与建筑结构拉结	架体与建筑结构拉结不符合规范要求每处扣2分 连墙件距主节点距离不符合规范要求每处扣4分 架体底层第一步纵向水平杆处未按规定设置连墙件或未采用其他可靠措施固定每处扣2分 搭设高度超过24 m的双排脚手架,未采用刚性连墙件与建筑结构可靠连接扣10分	10		
4		杆件间距与剪刀撑	立杆、纵向水平杆、横向水平杆间距超过规范要求每处扣2分 未按规定设置纵向剪刀撑或横向斜撑每处扣5分 剪刀撑未沿脚手架高度连续设置或角度不符合要求扣5分 剪刀撑斜杆的接长或剪刀撑斜杆与架体杆件固定不符合要求每处扣2分	10		
5		脚手板与防护栏杆	脚手板未满铺或铺设不牢、不稳扣7~10分 脚手板规格或材质不符合要求扣7~10分 每有一处探头板扣2分 架体外侧未设置密目式安全网封闭或网间不严扣7~10分 作业层未在高度1.2 m和0.6 m处设置上、中两道防护栏杆扣5分 作业层未设置高度不小于180 mm的挡脚板扣5分	10		
6		交底与验收	架体搭设前未进行交底或交底未留有记录扣5分 架体分段搭设分段使用未办理分段验收扣5分 架体搭设完毕未办理验收手续扣10分 未记录量化的验收内容扣5分	10		
		小计		60		
7	一般项目	横向水平杆设置	未在立杆与纵向水平杆交点处设置横向水平杆每处扣2分 未按脚手板铺设的需要增加设置横向水平杆每处扣2分 横向水平杆只固定端每处扣1分 单排脚手架横向水平杆插入墙内小于18 cm每处扣2分	10		
8		杆件搭接	纵向水平杆搭接长度小于1 m或固定不符合要求每处扣2分 立杆除顶层顶步外采用搭接每处扣4分	10		
9		架体防护	作业层未用安全平网双层兜底,且以下每隔10 m未用安全平网封闭扣10分 作业层与建筑物之间未进行封闭扣10分	10		
10		脚手架材质	钢管直径、壁厚、材质不符合要求扣5分 钢管弯曲、变形、锈蚀严重扣4~5分 扣件未进行复试或技术性能不符合标准扣5分	5		
11		通道	未设置人员上下专用通道扣5分 通道设置不符合要求扣1~3分	5		
		小计		40		
	检查项目合计			100		

表 B.4　悬挑式脚手架检查评分表

序号	检查项目		扣分标准	应得分数	扣减分数	实得分数
1	保证项目	施工方案	未编制专项施工方案或未进行设计计算扣 10 分 专项施工方案未经审核、审批或架体搭设高度超过 20 m 未按规定组织进行专家论证扣 10 分	10		
2		悬挑钢梁	钢梁截面高度未按设计确定或载面高度小于 160 mm 扣 10 分 钢梁固定段长度小于悬挑段长度的 1.25 倍扣 10 分 钢梁外端未设置钢丝绳或钢拉杆与上一层建筑结构拉结每处扣 2 分 钢梁与建筑结构锚固措施不符合规范要求每处扣 5 分 钢梁间距未按悬挑架体立杆纵距设置扣 6 分	10		
3		架体稳定	立杆底部与钢梁连接处未设置可靠固定措施每处扣 2 分 承插式立杆接长未采取螺栓或销钉固定每处扣 2 分 未在架体外侧设置连续式剪刀撑扣 10 分 未按规定在架体内侧设置横向斜撑扣 5 分 架体未按规定与建筑结构拉结每处扣 5 分	10		
4		脚手板	脚手板规格、材质不符合要求扣 7~10 分 脚手板未满铺或铺设不严、不牢、不稳扣 7~10 分 每处探头板扣 2 分	10		
5		荷载	架体施工荷载超过设计规定扣 10 分 施工荷载堆放不均匀每处扣 5 分	10		
6		交底与验收	架体搭设前未进行交底或交底未留有记录扣 5 分 架体分段搭设分段使用，未办理分段验收扣 7~10 分 架体搭设完毕未保留验收资料或未记录量化的验收内容扣 5 分	10		
		小计		60		
7	一般项目	杆件间距	立杆间距超过规范要求，或立杆底部未固定在钢梁上每处扣 2 分 纵向水平杆步距超过规范要求扣 5 分 未在立杆与纵向水平杆交点处设置横向水平杆每处扣 1 分	10		
8		架体防护	作业层外侧未在高度 1.2 m 和 0.6 m 处设置上、中两道防护栏杆扣 5 分 作业层未设置高度不小于 180 mm 的挡脚板扣 5 分 架体外侧未采用密目式安全网封闭或网间不严扣 7~10 分	10		
9		层间防护	作业层未用安全平网双层兜底，且以下每隔 10 m 未用安全平网封闭扣 10 分 架体底层未进行封闭或封闭不严扣 10 分	10		
10		脚手架材质	型钢、钢管、构配件规格及材质不符合规范要求扣 7~10 分 型钢、钢管弯曲、变形、锈蚀严重扣 7~10 分	10		
		小计		40		
检查项目合计				100		

表 B.5 门式钢管脚手架检查评分表

序号	检查项目		扣分标准	应得分数	扣减分数	实得分数
1	保证项目	施工方案	未编制专项施工方案或未进行设计计算扣 10 分 专项施工方案未按规定审核、审批或架体搭设高度超过 50 m 未按规定组织专家论证扣 10 分	10		
2		架体基础	架体基础不平、不实、不符合专项施工方案要求扣 10 分 架体底部未设垫板或垫板底部的规格不符合要求扣 10 分 架体底部未按规范要求设置底座每处扣 1 分 架体底部未按规范要求设置扫地杆扣 5 分 未设置排水措施扣 8 分	10		
3		架体稳定	未按规定间距与结构拉结每处扣 5 分 未按规范要求设置剪刀撑扣 10 分 未按规范要求高度做整体加固扣 5 分 架体立杆垂直偏差超过规定扣 5 分	10		
4		杆件锁件	未按说明书规定组装，或漏装杆件、锁件扣 6 分 未按规范要求设置纵向水平加固杆扣 10 分 架体组装不牢或紧固不符合要求每处扣 1 分 使用的扣件与连接的杆件参数不匹配每处扣 1 分	10		
5		脚手板	脚手板未满铺或铺设不牢、不稳扣 5 分 脚手板规格或材质不符合要求的扣 5 分 采用钢脚手板时挂钩未挂扣在水平杆上或挂钩未处于锁住状态每处扣 2 分	10		
6		交底与验收	脚手架搭设前未进行交底或交底未留有记录扣 6 分 脚手架分段搭设分段使用未办理分段验收扣 6 分 脚手架搭设完毕未办理验收手续扣 6 分 未记录量化的验收内容扣 5 分	10		
		小计		60		
1	一般项目	架体防护	作业层脚手架外侧未在 1.2 m 和 0.6 m 高度设置上、中两道防护栏杆扣 10 分 作业层未设置高度不小于 180 mm 的挡脚板扣 3 分 脚手架外侧未设置密目式安全网封闭或网间不严扣 7～10 分 作业层未用安全平网双层兜底，且以下每隔 10 m 未用安全平网封闭扣 5 分	10		
2		材质	杆件变形、锈蚀严重扣 10 分 门架局部开焊扣 10 分 构配件的规格、型号、材质或产品质量不符合规范要求扣 10 分	10		
3		荷载	施工荷载超过设计规定扣 10 分 荷载堆放不均匀每处扣 5 分	10		
4		通道	未设置人员上下专用通道扣 10 分 通道设置不符合要求扣 5 分	10		
		小计		40		
检查项目合计				100		

表 B.6　碗扣式钢管脚手架检查评分表

序号	检查项目		扣分标准	应得分数	扣减分数	实得分数
1	保证项目	施工方案	未编制专项施工方案或未进行设计计算扣 10 分 专项施工方案未按规定审核、审批或架体高度超过 50 m 未按规定组织专家论证扣 10 分	10		
2		架体基础	架体基础不平、不实，不符合专项施工方案要求扣 10 分 架体底部未设置垫板或垫板的规格不符合要求扣 10 分 架体底部未按规范要求设置底座每处扣 1 分 架体底部未按规范要求设置扫地杆扣 5 分 未设置排水措施扣 8 分	10		
3		架体稳定	架体与建筑结构未按规范要求拉结每处扣 2 分 架体底层第一步水平杆处未按规范要求设置连墙件或未采用其他可靠措施固定每处扣 2 分 连墙件未采用刚性杆件扣 10 分 未按规范要求设置竖向专用斜杆或八字形斜撑扣 5 分 竖向专用斜杆两端未固定在纵、横向水平杆与立杆汇交的碗扣结点处每处扣 2 分 竖向专用斜杆或八字形斜撑未沿脚手架高度连续设置或角度不符合要求扣 5 分	10		
4		杆件锁件	立杆间距、水平杆步距超过规范要求扣 10 分 未按专项施工方案设计的步距在立杆连接碗扣结点处设置纵、横向水平杆扣 10 分 架体搭设高度超过 24 m 时，顶部 24 m 以下的连墙件层未按规定设置水平斜杆扣 10 分 架体组装不牢或上碗扣紧固不符合要求每处扣 1 分	10		
5		脚手板	脚手板未满铺或铺设不牢、不稳扣 7～10 分 脚手板规格或材质不符合要求扣 7～10 分 采用钢脚手板时挂钩未挂扣在横向水平杆上或挂钩未处于锁住状态每处扣 2 分	10		
6		交底与验收	架体搭设前未进行交底或交底未留有记录扣 6 分 架体分段搭设分段使用未办理分段验收扣 6 分 架体搭设完毕未办理验收手续扣 6 分 未记录量化的验收内容扣 5 分	10		
		小计		60		
7	一般项目	架体防护	架体外侧未设置密目式安全网封闭或网间不严扣 7～10 分 作业层未在外侧立杆的 1.2 m 和 0.6 m 的碗扣结点设置上、中两道防护栏杆扣 5 分 作业层外侧未设置高度不小于 180 mm 的挡脚板扣 3 分 作业层未用安全平网双层兜底，且以下每隔 10 m 未用安全平网封闭扣 5 分	10		
8		材质	杆件弯曲、变形、锈蚀严重扣 10 分 钢管、构配件的规格、型号、材质或产品质量不符合规范要求扣 10 分	10		
9		荷载	施工荷载超过设计规定扣 10 分 荷载堆放不均匀每处扣 5 分	10		
10		通道	未设置人员上下专用通道扣 10 分 通道设置不符合要求扣 5 分	10		
		小计		40		
检查项目合计				100		

表 B.7　附着式升降脚手架检查评分表

序号	检查项目		扣分标准	应得分数	扣减分数	实得分数
1	保证项目	施工方案	未编制专项施工方案或未进行设计计算扣10分 专项施工方案未按规定审核、审批扣10分 脚手架提升高度超过150 m，专项施工方案未按规定组织专家论证扣10分	10		
2		安全装置	未采用机械式的全自动防坠落装置或技术性能不符合规范要求扣10分 防坠落装置与升降设备未分别独立固定在建筑结构处扣10分 防坠落装置未设置在竖向主框架处与建筑结构附着扣10分 未安装防倾覆装置或防倾覆装置不符合规范要求扣10分 在升降或使用工况下，最上和最下两个防倾装置之间的最小间距不符合规范要求扣10分 未安装同步控制或荷载控制装置扣10分 同步控制或荷载控制误差不符合规范要求扣10分	10		
3		架体构造	架体高度大于5倍楼层高扣10分 架体宽度大于1.2 m扣10分 直线布置的架体支承跨度大于7 m，或折线、曲线布置的架体支撑跨度的架体外侧距离大于5.4 m扣10分 架体的水平悬挑长度大于2 m或水平悬挑长度未大于2 m但大于跨度1/2扣10分 架体悬臂高度大于架体高度2/5或悬臂高度大于6 m扣10分 架体全高与支撑跨度的乘积大于110 m²扣10分	10		
4		附着支座	未按竖向主框架所覆盖的每个楼层设置一道附着支座扣10分 在使用工况时，未将竖向主框架与附着支座固定扣10分 在升降工况时，未将防倾、导向的结构装置设置在附着支座处扣10分 附着支座与建筑结构连接固定方式不符合规范要求扣10分	10		
5		架体安装	主框架和水平支撑桁架的结点未采用焊接或螺栓连接或各杆件轴线未交汇于主节点扣10分 内外两片水平支承桁架的上弦和下弦之间设置的水平支撑杆件未采用焊接或螺栓连接扣5分 架体立杆底端未设置在水平支撑桁架上弦各杆件汇交结点处扣10分 与墙面垂直的定型竖向主框架组装高度低于架体高度扣5分 架体外立面设置的连续式剪刀撑未将竖向主框架、水平支撑桁架和架体构架连成一体扣8分	10		
6		架体升降	两跨以上架体同时整体升降采用手动升降设备扣10分 升降工况时附着支座在建筑结构连接处砼强度未达到设计要求或小于C10扣10分 升降工况时架体上有施工荷载或有人员停留扣10分	10		
		小计		60		
7	一般项目	检查验收	构配件进场未办理验收扣6分 分段安装、分段使用未办理分段验收扣8分 架体安装完毕未履行验收程序或验收表未经责任人签字扣10分 每次提升前未留有具体检查记录扣6分 每次提升后、使用前未履行验收手续或资料不全扣7分	10		
8		脚手板	脚手板未满铺或铺设不严、不牢扣3～5分 作业层与建筑结构之间空隙封闭不严扣3～5分 脚手板规格、材质不符合要求扣5～8分	10		
9		防护	脚手架外侧未采用密目式安全网封闭或网间不严扣10分 作业层未在高度1.2 m和0.6 m处设置上、中两道防护栏杆扣5分 作业层未设置高度不小于180 mm的挡脚板扣5分	10		
10		操作	操作前未向有关技术人员和作业人员进行安全技术交底扣10分 作业人员未经培训或未定岗定责扣7～10分 安装拆除单位资质不符合要求或特种作业人员未持证上岗扣7～10分 安装、升降、拆除时未采取安全警戒扣10分 荷载不均匀或超载扣5～10分	10		
		小计		40		
检查项目合计				100		

表 B.8　承插型盘扣式钢管支架检查评分表

序号	检查项目		扣分标准	应得分数	扣减分数	实得分数
1	保证项目	施工方案	未编制专项施工方案或搭设高度超过 24 m 未另行专门设计和计算扣 10 分 专项施工方案未按规定审核、审批扣 10 分	10		
2		架体基础	架体基础不平、不实、不符合方案设计要求扣 10 分 架体立杆底部缺少垫板或垫板的规格不符合规范要求每处扣 2 分 架体立杆底部未按要求设置底座每处扣 1 分 未按规范要求设置纵、横向扫地杆扣 5～10 分 未设置排水措施扣 8 分	10		
3		架体稳定	架体与建筑结构未按规范要求拉结每处扣 2 分 架体底层第一步水平杆处未按规范要求设置连墙件或未采用其它可靠措施固定每处扣 2 分 连墙件未采用刚性杆件扣 10 分 未按规范要求设置竖向斜杆或剪刀撑扣 5 分 竖向斜杆两端未固定在纵、横向水平杆与立杆汇交的盘扣结点处每处扣 2 分 斜杆或剪刀撑未沿脚手架高度连续设置或角度不符合要求扣 5 分	10		
4		杆件	架体立杆间距、水平杆步距超过规范要求扣 2 分 未按专项施工方案设计的步距在立杆连接盘处设置纵、横向水平杆扣 10 分 双排脚手架的每步水平杆层，当无挂扣钢脚手板时未按规范要求设置水平斜杆扣 5～10 分	10		
5		脚手板	脚手板不满铺或铺设不牢、不稳扣 7～10 分 脚手板规格或材质不符合要求扣 7～10 分 采用钢脚手板时挂钩未挂扣在水平杆上或挂钩未处于锁住状态每处扣 2 分	10		
6		交底与验收	脚手架搭设前未进行交底或未留有交底记录扣 5 分 脚手架分段搭设分段使用未办理分段验收扣 10 分 脚手架搭设完毕未办理验收手续扣 10 分 未记录量化的验收内容扣 5 分	10		
		小计		60		
7	一般项目	架体防护	架体外侧未设置密目式安全网封闭或网间不严扣 7～10 分 作业层未在外侧立杆的 1 m 和 0.5 m 的盘扣节点处设置上、中两道水平防护栏杆扣 5 分 作业层外侧未设置高度不小于 180 mm 的挡脚板扣 3 分	10		
8		杆件接长	立杆竖向接长位置不符合要求扣 5 分 搭设悬挑脚手架时，立杆的承插接长部位未采用螺栓作为立杆连接件固定扣 7～10 分 剪刀撑的斜杆接长不符合要求扣 5～8 分	10		
9		架体内封闭	作业层未用安全平网双层兜底，且以下每隔 10 m 未用安全平网封闭扣 7～10 分 作业层与主体结构间的空隙未封闭扣 5～8 分	10		
10		材质	钢管、构配件的规格、型号、材质或产品质量不符合规范要求扣 5 分 钢管弯曲、变形、锈蚀严重扣 5 分	5		
11		通道	未设置人员上下专用通道扣 5 分 通道设置不符合要求扣 3 分	5		
		小计		40		
检查项目合计				100		

表 B.9　高处作业吊篮检查评分表

序号	检查项目		扣分标准	应得分数	扣减分数	实得分数
1	保证项目	施工方案	未编制专项施工方案或未对吊篮支架支撑处结构的承载力进行验算扣10分 专项施工方案未按规定审核、审批扣10分	10		
2		安全装置	未安装安全锁或安全锁失灵扣10分 安全锁超过标定期限仍在使用扣10分 未设置挂设安全带专用安全绳及安全锁扣，或安全绳未固定在建筑物可靠位置扣10分 吊篮未安装上限位装置或限位装置失灵扣10分	10		
3		悬挂机构	悬挂机构前支架支撑在建筑物女儿墙上或挑檐边缘扣10分 前梁外伸长度不符合产品说明书规定扣10分 前支架与支撑面不垂直或脚轮受力扣10分 前支架调节杆未固定在上支架与悬挑梁连接的结点处扣10分 使用破损的配重件或采用其他替代物扣10分 配重件的重量不符合设计规定扣10分	10		
4		钢丝绳	钢丝绳磨损、断丝、变形、锈蚀达到报废标准扣10分 安全绳规格、型号与工作钢丝绳不相同或未独立悬挂每处扣5分 安全绳不悬垂扣10分 利用吊篮进行电焊作业未对钢丝绳采取保护措施扣6~10分	10		
5		安装	使用未经检测或检测不合格的提升机扣10分 吊篮平台组装长度不符合规范要求扣10分 吊篮组装的构配件不是同一生产厂家的产品扣5~10分	10		
6		升降操作	操作升降人员未经培训合格扣10分 吊篮内作业人员数量超过2人扣10分 吊篮内作业人员未将安全带使用安全锁扣正确挂置在独立设置的专用安全绳上扣10分 吊篮正常使用，人员未从地面进入篮内扣10分	10		
		小计		60		
7	一般项目	交底与验收	未履行验收程序或验收表未经责任人签字扣10分 每天班前、班后未进行检查扣5~10分 吊篮安装、使用前未进行交底扣5~10分	10		
8		防护	吊篮平台周边的防护栏杆或挡脚板的设置不符合规范要求扣5~10分 多层作业未设置防护顶板扣7~10分	10		
9		吊篮稳定	吊篮作业未采取防摆动措施扣10分 吊篮钢丝绳不垂直或吊篮距建筑物空隙过大扣10分	10		
10		荷载	施工荷载超过设计规定扣5分 荷载堆放不均匀扣10分 利用吊篮作为垂直运输设备扣10分	10		
		小计		40		
检查项目合计				100		

表 B.10 满堂式脚手架检查评分表

序号	检查项目		扣分标准	应得分数	扣减分数	实得分数
1	保证项目	施工方案	未编制专项施工方案或未进行设计计算扣10分 专项施工方案未按规定审核、审批扣10分	10		
2		架体基础	架体基础不平、不实、不符合专项施工方案要求扣10分 架体底部未设置垫木或垫木的规格不符合要求扣10分 架体底部未按规范要求设置底座每处扣1分 架体底部未按规范要求设置扫地杆扣5分 未设置排水措施扣5分	10		
3		架体稳定	架体四周与中间未按规范要求设置竖向剪刀撑或专用斜杆扣10分 未按规范要求设置水平剪刀撑或专用水平斜杆扣10分 架体高宽比大于2时未按要求采取与结构刚性连接或扩大架体底脚等措施扣10分	10		
4		杆件锁件	架体搭设高度超过规范或设计要求扣10分 架体立杆间距水平步距超过规范要求扣10分 杆件接长不符合要求每处扣2分 架体搭设不牢或杆件结点紧固不符合要求每处扣1分	10		
5		脚手板	脚手板不满铺或铺设不牢、不稳扣5分 脚手板规格或材质不符合要求扣5分 采用钢脚手板时挂钩未挂扣在水平杆上或挂钩未处于锁住状态每处扣2分	10		
6		交底与验收	架体搭设前未进行交底或交底未留有记录扣6分 架体分段搭设分段使用未办理分段验收扣6分 架体搭设完毕未办理验收手续扣6分 未记录量化的验收内容扣5分	10		
		小计		60		
7	一般项目	架体防护	作业层脚手架周边,未在高度1.2 m和0.6 m处设置上、中两道防护栏杆扣10分 作业层外侧未设置180 mm高挡脚板扣5分 作业层未用安全平网双层兜底,且以下每隔10 m未用安全平网封闭扣5分	10		
8		材质	钢管、构配件的规格、型号、材质或产品质量不符合规范要求扣10分 杆件弯曲、变形、锈蚀严重扣10分	10		
9		荷载	施工荷载超过设计规定扣10分 荷载堆放不均匀每处扣5分	10		
10		通道	未设置人员上下专用通道扣10分 通道设置不符合要求扣5分	10		
		小计		40		
检查项目合计				100		

表 B.11 基坑支护、土方作业检查评分表

序号	检查项目		扣分标准	应得分数	扣减分数	实得分数
1	保证项目	施工方案	深基坑施工未编制支护方案扣 20 分 基坑深度超过 5 m 未编制专项支护设计扣 20 分 开挖深度 3 m 及以上未编制专项方案扣 20 分 开挖深度 5 m 及以上专项方案未经过专家论证扣 20 分 支护设计及土方开挖方案未经审批扣 15 分 施工方案针对性差不能指导施工扣 12～15 分	20		
2		临边防护	深度超过 2 m 的基坑施工未采取临边防护措施扣 10 分 临边及其他防护不符合要求扣 5 分	10		
3		基坑支护及支撑拆除	坑槽开挖设置安全边坡不符合安全要求扣 10 分 特殊支护的做法不符合设计方案扣 5～8 分 支护设施已产生局部变形又未采取措施调整扣 6 分 砼支护结构未达到设计强度提前开挖，超挖扣 10 分 支撑拆除没有拆除方案扣 10 分 未按拆除方案施工扣 5～8 分 用专业方法拆除支撑，施工队伍没有专业资质扣 10 分	10		
4		基坑降排水	高水位地区深基坑内未设置有效降水措施扣 10 分 深基坑边界周围地面未设置排水沟扣 10 分 基坑施工未设置有效排水措施扣 10 分 深基础施工采用坑外降水，未采取防止临近建筑和管线沉降措施扣 10 分	10		
5		坑边荷载	积土、料具堆放距槽边距离小于设计规定扣 10 分 机械设备施工与槽边距离不符合要求且未采取措施扣 10 分	10		
		小计		60		
6	一般项目	上下通道	人员上下未设置专用通道扣 10 分 设置的通道不符合要求扣 6 分	10		
7		土方开挖	施工机械进场未经验收扣 5 分 挖土机作业时，有人员进入挖土机作业半径内扣 6 分 挖土机作业位置不牢、不安全扣 10 分 司机无证作业扣 10 分 未按规定程序挖土或超挖扣 10 分	10		
8		基坑支护变形监测	未按规定进行基坑工程监测扣 10 分 未按规定对毗邻建筑物和重要管线和道路进行沉降观测扣 10 分	10		
9		作业环境	基坑内作业人员缺少安全作业面扣 10 分 垂直作业上下未采取隔离防护措施扣 10 分 光线不足，未设置足够照明扣 5 分	10		
		小计		40		
检查项目合计				100		

表 B.12　模板支架检查评分表

序号	检查项目		扣分标准	应得分数	扣减分数	实得分数
1	保证项目	施工方案	未按规定编制专项施工方案或结构设计未经设计计算扣15分 专项施工方案未经审核、审批扣15分 超过一定规模的模板支架，专项施工方案未按规定组织专家论证扣15分 专项施工方案未明确混凝土浇筑方式扣10分	15		
2		立杆基础	立杆基础承载力不符合设计要求扣10分 基础未设排水设施扣8分 立杆底部未设置底座、垫板或垫板规格不符合规范要求每处扣3分	10		
3		支架稳定	支架高宽比大于规定值时，未按规定要求设置连墙杆扣15分 连墙杆设置不符合规范要求每处扣5分 未按规定设置纵、横向及水平剪刀撑扣15分 纵、横向及水平剪刀撑设置不符合规范要求扣5~10分	15		
4		施工荷载	施工均布荷载超过规定值扣10分 施工荷载不均匀，集中荷载超过规定值扣10分	10		
5		交底与验收	支架搭设（拆除）前未进行交底或无交底记录扣10分 支架搭设完毕未办理验收手续扣10分 验收无量化内容扣5分	10		
		小计		60		
6	一般项目	立杆设置	立杆间距不符合设计要求扣10分 立杆未采用对接连接每处扣5分 立杆伸出顶层水平杆中心线至支撑点的长度大于规定值每处扣2分	10		
7		水平杆设置	未按规定设置纵、横向扫地杆或设置不符合规范要求每处扣5分 纵、横向水平杆间距不符合规范要求每处扣5分 纵、横向水平杆件连接不符合规范要求每处扣5分	10		
8		支架拆除	混凝土强度未达到规定值，拆除模板支架扣10分 未按规定设置警戒区或未设置专人监护扣8分	10		
9		支架材质	杆件弯曲、变形、锈蚀超标扣10分 构配件材质不符合规范要求扣10分 钢管壁厚不符合要求扣10分	10		
		小计		40		
检查项目合计				100		

表 B.13   "三宝、四口"及临边防护检查评分表

序号	检查项目	扣分标准	应得分数	扣减分数	实得分数
1	安全帽	作业人员不戴安全帽每人扣 2 分 作业人员未按规定佩戴安全帽每人扣 1 分 安全帽不符合标准每项扣 1 分	10		
2	安全网	在建工程外侧未采用密目式安全网封闭或网间不严扣 10 分 安全网规格、材质不符合要求扣 10 分	10		
3	安全带	作业人员未系挂安全带每人扣 5 分 作业人员未按规定系挂安全带每人扣 3 分 安全带不符合标准每条扣 2 分	10		
4	临边防护	工作面临边无防护每处扣 5 分 临边防护不严或不符合规范要求每处扣 5 分 防护设施未形成定型化、工具化扣 5 分	10		
5	洞口防护	在建工程的预留洞口、楼梯口、电梯井口,未采取防护措施每处扣 3 分 防护措施、设施不符合要求或不严密每处扣 3 分 防护设施未形成定型化、工具化扣 5 分 电梯井内每隔两层(不大于 10 m)未按设置安全平网每处扣 5 分	10		
6	通道口防护	未搭设防护棚或防护不严、不牢固可靠每处扣 5 分 防护棚两侧未进行防护每处扣 6 分 防护棚宽度不大于通道口宽度每处扣 4 分 防护棚长度不符合要求每处扣 6 分 建筑物高度超过 30 m,防护棚顶未采用双层防护每处扣 5 分 防护棚的材质不符合要求每处扣 5 分	10		
7	攀登作业	移动式梯子的梯脚底部垫高使用每处扣 5 分 折梯使用未有可靠拉撑装置每处扣 5 分 梯子的制作质量或材质不符合要求每处扣 5 分	5		
8	悬空作业	悬空作业处未设置防护栏杆或其他可靠的安全设施每处扣 5 分 悬空作业所用的索具、吊具、料具等设备,未经过技术鉴定或验证、验收每处扣 5 分	5		
9	移动式操作平台	操作平台的面积超过 10 m² 或高度超过 5 m 扣 6 分 移动式操作平台,轮子与平台的连接不牢固可靠或立柱底端距离地面超过 80 mm 扣 10 分 操作平台的组装不符合要求扣 10 分 平台台面铺板不严扣 10 分 操作平台四周未按规定设置防护栏杆或未设置登高扶梯扣 10 分 操作平台的材质不符合要求扣 10 分	10		
10	物料平台	物料平台未编制专项施工方案或未经设计计算扣 10 分 物料平台搭设不符合专项方案要求扣 10 分 物料平台支撑架未与工程结构连接或连接不符合要求扣 8 分 平台台面铺板不严或台面层下方未按要求设置安全平网扣 10 分 材质不符合要求扣 10 分 物料平台未在明显处设置限定荷载标牌扣 3 分	10		
11	悬挑式钢平台	悬挑式钢平台未编制专项施工方案或未经设计计算扣 10 分 悬挑式钢平台的搁支点与上部拉结点,未设置在建筑物结构上扣 10 分 斜拉杆或钢丝绳,未按要求在平台两边各设置两道扣 10 分 钢平台未按要求设置固定的防护栏杆和挡脚板或栏板扣 10 分 钢平台台面铺板不严,或钢平台与建筑结构之间铺板不严扣 10 分 平台上未在明显处设置限定荷载标牌扣 6 分	10		
检查项目合计			100		

表 B.14 施工用电检查评分表

序号	检查项目		扣分标准	应得分数	扣减分数	实得分数
1		外电防护	外电线路与在建工程（含脚手架）、高大施工设备、场内机动车道之间小于安全距离且未采取防护措施扣 10 分 防护设施和绝缘隔离措施不符合规范扣 5~10 分 在外电架空线路正下方施工、建造临时设施或堆放材料物品扣 10 分	10		
2	保证项目	接地与接零保护系统	施工现场专用变压器配电系统未采用 TN-S 接零保护方式扣 20 分 配电系统未采用同一保护方式扣 10~20 分 保护零线引出位置不符合规范扣 10~20 分 保护零线装设开关、熔断器或与工作零线混接扣 10~20 分 保护零线材质、规格及颜色标记不符合规范每处扣 3 分 电气设备未接保护零线每处扣 3 分 工作接地与重复接地的设置和安装不符合规范扣 10~20 分 工作接地电阻大于 4Ω，重复接地电阻大于 10Ω 扣 10~20 分 施工现场防雷措施不符合规范扣 5~10 分	20		
3		配电线路	线路老化破损，接头处理不当扣 10 分 线路未设短路、过载保护扣 5~10 分 线路截面不能满足负荷电流每处扣 2 分 线路架设或埋设不符合规范扣 5~10 分 电缆沿地面明敷扣 10 分 使用四芯电缆外加一根线替代五芯电缆扣 10 分 电杆、横担、支架不符合要求每处扣 2 分	10		
4		配电箱与开关箱	配电系统未按"三级配电、二级漏电保护"设置扣 10~20 分 用电设备违反"一机、一闸、一漏、一箱"每处扣 5 分 配电箱与开关箱结构设计、电器设置不符合规范扣 10~20 分 总配电箱与开关箱未安装漏电保护器每处扣 5 分 漏电保护器参数不匹配或失灵每处扣 3 分 配电箱与开关箱内闸具损坏每处扣 3 分 配电箱与开关箱进线和出线混乱每处扣 3 分 配电箱与开关箱内未绘制系统接线图和分路标记每处扣 3 分 配电箱与开关箱未设门锁、未采取防雨措施每处扣 3 分 配电箱与开关箱安装位置不当、周围杂物多等不便操作每处扣 3 分 分配电箱与开关箱的距离、开关箱与用电设备的距离不符合规范每处扣 3 分	20		
		小计		60		
5	一般项目	配电室与配电装置	配电室建筑耐火等级低于 3 级扣 15 分 配电室未配备合格的消防器材扣 3~5 分 配电室、配电装置布设不符合规范扣 5~10 分 配电装置中的仪表、电器元件设置不符合规范或损坏、失效扣 5~10 分 备用发电机组未与外电线路进行连锁扣 15 分 配电室未采取防雨雪和小动物侵入的措施扣 10 分 配电室未设警示标志、工地供电平面图和系统图扣 3~5 分	15		
6		现场照明	照明用电与动力用电混用每处扣 3 分 特殊场所未使用 36V 及以下安全电压扣 15 分 手持照明灯未使用 36V 以下电源供电扣 10 分 照明变压器未使用双绕组安全隔离变压器扣 15 分 照明专用回路未安装漏电保护器每处扣 3 分 灯具金属外壳未接保护零线每处扣 3 分 灯具与地面、易燃物之间小于安全距离每处扣 3 分 照明线路接线混乱和安全电压线路接头处未使用绝缘布包扎扣 10 分	15		
7		用电档案	未制定专项用电施工组织设计或设计缺乏针对性扣 5~10 分 专项用电施工组织设计未履行审批程序，实施后未组织验收扣 5~10 分 接地电阻、绝缘电阻和漏电保护器检测记录未填写或填写不真实扣 3 分 安全技术交底、设备设施验收记录未填写或填写不真实扣 3 分 定期巡视检查、隐患整改记录未填写或填写不真实扣 3 分 档案资料不齐全、未设专人管理扣 5 分	10		
		小计		40		
检查项目合计				100		

表 B.15 物料提升机检查评分表

序号	检查项目		扣分标准	应得分数	扣减分数	实得分数
1	保证项目	安全装置	未安装起重量限制器、防坠安全器扣 15 分 起重量限制器、防坠安全器不灵敏扣 15 分 安全停层装置不符合规范要求，未达到定型化扣 10 分 未安装上限位开关的扣 15 分 上限位开关不灵敏、安全越程不符合规范要求的扣 10 分 物料提升机安装高度超过 30 m，未安装渐进式防坠安全器、自动停层、语音及影像信号装置每项扣 5 分	15		
2		防护设施	未设置防护围栏或设置不符合规范要求扣 5 分 未设置进料口防护棚或设置不符合规范要求扣 5~10 分 停层平台两侧未设置防护栏杆、挡脚板每处扣 5 分 设置不符合规范要求每处扣 2 分 停层平台脚手板铺设不严、不牢每处扣 2 分 未安装平台门或平台门不起作用每处扣 5 分 平台门安装不符合规范要求、未达到定型化每处扣 2 分 吊笼门不符合规范要求扣 10 分	10		
3		附墙架与缆风绳	附墙架结构、材质、间距不符合规范要求扣 10 分 附墙架未与建筑结构连接或附墙架与脚手架连接扣 10 分 缆风绳设置数量、位置不符合规范扣 5 分 缆风绳未使用钢丝绳或未与地锚连接每处扣 10 分 钢丝绳直径小于 8 mm 扣 4 分 角度不符合 45°~60° 要求每处扣 4 分 安装高度 30 m 的物料提升机使用缆风绳扣 10 分 地锚设置不符合规范要求每处扣 5 分	10		
4		钢丝绳	钢丝绳磨损、变形、锈蚀达到报废标准扣 10 分 钢丝绳夹设置不符合规范要求每处扣 5 分 吊笼处于最低位置，卷筒上钢丝绳少于 3 圈扣 10 分 未设置钢丝绳过路保护或钢丝绳拖地扣 5 分	10		
5		安装与验收	安装单位未取得相应资质或特种作业人员未持证上岗扣 10 分 未制订安装（拆卸）安全专项方案扣 10 分 内容不符合规范要求扣 5 分 未履行验收程序或验收表未经责任人签字扣 5 分 验收表填写不符合规范要求每项扣 2 分	10		
		小计		60		
6	一般项目	导轨架	基础设置不符合规范扣 10 分 导轨架垂直度偏差大于 0.15% 扣 5 分 导轨结合面阶差大于 1.5 mm 扣 2 分 井架停层平台通道处未进行结构加强的扣 5 分	10		
7		动力与传动	卷扬机、曳引机安装不牢固扣 10 分 卷筒与导轨架底部导向轮的距离小于 20 倍卷筒宽度，未设置排绳器扣 5 分 钢丝绳在卷筒上排列不整齐扣 5 分 滑轮与导轨架、吊笼未采用刚性连接扣 10 分 滑轮与钢丝绳不匹配扣 10 分 卷筒、滑轮未设置防止钢丝绳脱出装置扣 5 分 曳引钢丝绳为 2 根及以上时，未设置曳引力平衡装置扣 5 分	10		
8		通信装置	未按规范要求设置通信装置扣 5 分 通信装置未设置语音和影像显示扣 3 分	5		
9		卷场机操作棚	卷扬机未设置操作棚的扣 10 分 操作棚不符合规范要求的扣 5~10 分	10		
10		避雷装置	防雷保护范围以外未设置避雷装置的扣 5 分 避雷装置不符合规范要求的扣 3 分	5		
		小计		40		
检查项目合计				100		

序号	检查项目		扣分标准	应得分数	扣减分数	实得分数
1	保证项目	安全装置	未安装起重量限制器或不灵敏扣10分 未安装渐进式防坠安全器或不灵敏扣10分 防坠安全器超过有效标定期限扣10分 对重钢丝绳未安装防松绳装置或不灵敏扣6分 未安装急停开关扣5分 急停开关不符合规范要求扣3~5分 未安装吊笼和对重用的缓冲器扣5分 未安装安全钩扣5分	10		
2		限位装置	未安装极限开关或极限开关不灵敏扣10分 未安装上限位开关或上限位开关不灵敏扣10分 未安装下限位开关或下限位开关不灵敏扣8分 极限开关与上限位开关安全越程不符合规范要求的扣5分 极限限位器与上、下限位开关共用一个触发元件扣4分 未安装吊笼门机电连锁装置或不灵敏扣8分 未安装吊笼顶窗电气安全开关或不灵敏扣4分	10		
3		防护设施	未设置防护围栏或设置不符合规范要求扣1~8分 未安装防护围栏门连锁保护装置或连锁保护装置不灵敏扣8分 未设置出入口防护棚或设置不符合规范要求扣6~10分 停层平台搭设不符合规范要求扣5~8分 未安装平台门或平台门不起作用每一处扣4分 平台门不符合规范要求、未达到定型化每一处扣2~4分	10		
4		附着	附墙架未采用配套标准产品扣8~10分 附墙架与建筑结构连接方式、角度不符合说明书要求扣6~10分 附墙架间距、最高附着点以上导轨架的自由高度超过说明书要求扣8~10分	10		
5		钢丝绳、滑轮与对重	对重钢丝绳数少于2根或未相对独立扣10分 钢丝绳磨损、变形、锈蚀达到报废标准扣6~10分 钢丝绳的规格、固定、缠绕不符合说明书及规范要求扣5~8分 滑轮未安装钢丝绳防脱装置或不符合规范要求扣4分 对重重量、固定、导轨不符合说明书及规范要求扣6~10分 对重未安装防脱轨保护装置扣5分	10		
6		安装、拆卸与验收	安装、拆卸单位无资质扣10分 未制定安装、拆卸专项方案扣10分 方案无审批或内容不符合规范要求扣5~8分 未履行验收程序或验收表无责任人签字扣5~8分 验收表填写不符合规范要求每一项扣2~4分 特种作业人员未持证上岗扣10分	10		
		小计		60		
7	一般项目	导轨架	导轨架垂直度不符合规范要求扣7~10分 标准节腐蚀、磨损、开焊、变形超过说明书及规范要求扣7~10分 标准节结合面偏差不符合规范要求扣4~6分 齿条结合面偏差不符合规范要求扣4~6分	10		
8		基础	基础制作、验收不符合说明书及规范要求扣8~10分 特殊基础未编制作方案及验收扣8~10分 基础未设置排水设施扣4分	10		
9		电气安全	施工升降机与架空线路小于安全距离又未采取防护措施扣10分 防护措施不符合要求扣4~6分 电缆使用不符合规范要求扣4~6分 电缆导向架未按规定设置扣4分 防雷保护范围以外未设置避雷装置扣10分 避雷装置不符合规范要求扣5分	10		
10		通信装置	未安装楼层联络信号扣10分 楼层联络信号不灵敏扣4~6分	10		
		小计		40		
检查项目合计				100		

表 B.17 塔式起重机检查评分表

序号	检查项目		扣分标准	应得分数	扣减分数	实得分数
1	保证项目	载荷限制装置	未安装起重量限制器或不灵敏扣 10 分 未安装力矩限制器或不灵敏扣 10 分	10		
2		行程限位装置	未安装起升高度限位器或不灵敏扣 10 分 未安装幅度限位器或不灵敏扣 6 分 回转不设集电器的塔式起重机未安装回转限位器或不灵敏扣 6 分 行走式塔式起重机未安装行走限位器或不灵敏扣 8 分	10		
3		保护装置	小车变幅的塔式起重机未安装断绳保护及断轴保护装置或不符合规范要求扣 8~10 分 行走及小车变幅的轨道行程末端未安装缓冲器及止挡装置或不符合规范要求扣 6~10 分 起重臂根部绞点高度大于 50m 的塔式起重机未安装风速仪或不灵敏扣 4 分 塔式起重机顶部高度大于 30m 且高于周围建筑物未安装障碍指示灯扣 4 分	10		
4		吊钩、滑轮、卷筒与钢丝绳	吊钩未安装钢丝绳防脱钩装置或不符合规范要求扣 8 分 吊钩磨损、变形、疲劳裂纹达到报废标准扣 10 分 滑轮、卷筒未安装钢丝绳防脱装置或不符合规范要求扣 4 分 滑轮及卷筒的裂纹、磨损达到报废标准扣 6~8 分 钢丝绳磨损、变形、锈蚀达到报废标准扣 6~10 分 钢丝绳的规格、固定、缠绕不符合说明书及规范要求扣 5~8 分	10		
5		多塔作业	多塔作业未制定专项施工方案扣 10 分 施工方案未经审批或方案针对性不强扣 6~10 分 任意两台塔式起重机之间的最小架设距离不符合规范要求扣 10 分	10		
6		安装、拆卸与验收	安装、拆卸单位未取得相应资质扣 10 分 未制定安装、拆卸专项方案扣 10 分 方案未经审批或内容不符合规范要求扣 5~8 分 未履行验收程序或验收表未经责任人签字扣 5~8 分 验收表填写不符合规范要求每项扣 2~4 分 特种作业人员未持证上岗扣 10 分 未采取有效联络信号扣 7~10 分	10		
		小计		60		
7	一般项目	附着	塔式起重机高度超过规定不安装附着装置扣 10 分 附着装置水平距离或间距不满足说明书要求而未进行设计计算和审批的扣 6~8 分 安装内爬式塔式起重机的建筑承载结构未进行受力计算扣 8 分 附着装置安装不符合说明书及规范要求扣 6~10 分 附着后塔身垂直度不符合规范要求扣 8~10 分	10		
8		基础与轨道	基础未按说明书及有关规定设计、检测、验收扣 8~10 分 基础未设置排水措施扣 4 分 路基箱或枕木铺设不符合说明书及规范要求扣 4~8 分 轨道铺设不符合说明书及规范要求扣 4~8 分	10		
9		结构设施	主要结构件的变形、开焊、裂纹、锈蚀超过规范要求扣 8~10 分 平台、走道、梯子、栏杆等不符合规范要求扣 4~8 分 主要受力构件高强螺栓使用不符合规范要求扣 6 分 销轴连接不符合规范要求扣 2~6 分	10		
10		电气安全	未采用 TN-S 接零保护系统供电扣 10 分 塔式起重机与架空线路小于安全距离又未采取防护措施扣 10 分 防护措施不符合要求扣 4~6 分 防雷保护范围以外未设置避雷装置的扣 10 分 避雷装置不符合规范要求扣 5 分 电缆使用不符合规范要求扣 4~6 分	10		
		小计		40		
检查项目合计				100		

表 B.18 起重吊装检查评分表

序号	检查项目			扣分标准	应得分数	扣减分数	实得分数
1	保证项目	施工方案		为未编制专项施工方案或专项施工方案未经审核扣 10 分 采用起重拔杆或起吊重量超过 100 kN 及以上专项方案未按规定组织专家论证扣 10 分	10		
2		起重机械	起重机	未安装荷载限制装置或不灵敏扣 20 分 未安装行程限位装置或不灵敏扣 20 分 吊钩未设置钢丝绳防脱钩装置或不符合规范要求扣 8 分	20		
3			起重拔杆	未按规定安装荷载、行程限制装置每项扣 10 分 起重拔杆组装不符合设计要求扣 10~20 分 起重拔杆组装后未履行验收程序或验收表无责任人签字扣 10 分	10		
4		钢丝绳与地锚		钢丝绳磨损、断丝、变形、锈蚀达到报废标准扣 10 分 钢丝绳索具安全系数小于规定值扣 10 分 卷筒、滑轮磨损、裂纹达到报废标准扣 10 分 卷筒、滑轮未安装钢丝绳防脱装置扣 5 分 地锚设置不符合设计要求扣 8 分	10		
5		作业环境		起重机作业处地面承载能力不符合规定或未采用有效措施扣 10 分 起重机与架空线路安全距离不符合规范要求扣 10 分	10		
6		作业人员		起重吊装作业单位未取得相应资质或特种作业人员未持证上岗扣 10 分 未按规定进行技术交底或技术交底未留有记录扣 5 分	10		
	小计				60		
7	一般项目	高处作业		未按规定设置高处作业平台扣 10 分 高处作业平台设置不符合规范要求扣 10 分 未按规定设置爬梯或爬梯的强度、构造不符合规定扣 8 分 未按规定设置安全带悬挂点扣 10 分	10		
8		构件码放		构件码放超过作业面承载能力扣 10 分 构件堆放高度超过规定要求扣 4 分 大型构件码放未采取稳定措施扣 8 分	10		
9		信号指挥		未设置信号指挥人员扣 10 分 信号传递不清晰、不准确扣 10 分	10		
10		警戒监护		未按规定设置作业警戒区扣 10 分 警戒区未设专人监护扣 8 分	10		
	小计				40		
检查项目合计					100		

表 B.19 施工机具检查评分表

序号	检查项目	扣分标准	应得分数	扣减分数	实得分数
1	平刨	平刨安装后未进行验收合格手续扣3分 未设置护手安全装置扣3分 传动部位未设置防护罩扣3分 未做保护接零、未设置漏电保护器每处扣3分 未设置安全防护棚扣3分无人操作时未切断电源扣3分 使用平刨和圆盘锯合用一台电机的多功能木工机具,平刨和圆盘锯两项扣12分	12		
2	圆盘锯	电锯安装后未留有验收合格手续扣3分 未设置锯盘护罩、分料器、防护挡板安全装置和传动部位未进行防护每缺一项扣3分 未做保护接零、未设置漏电保护器每处扣3分 未设置安全防护棚扣3分 无人操作时未切断电源扣3分	10		
3	手持电动工具	Ⅰ类手持电动工具未采取保护接零或漏电保护器扣8分 使用Ⅰ类手持电动工具不按规定穿戴绝缘用品扣4分 使用手持电动工具随意接长电源线或更换插头扣4分	8		
4	钢筋机械	机械安装后未留有验收合格手续扣5分 未做保护接零、未设置漏电保护器每处扣5分 钢筋加工区无防护棚,钢筋对焊作业区未采取防止火花飞溅措施,冷拉作业区未设置防护栏每处扣5分 传动部位未设置防护罩或限位失灵每处扣3分	10		
5	电焊机	电焊机安装后未留有验收合格手续扣3分 未做保护接零、未设置漏电保护器每处扣3分 未设置二次空载降压保护器或二次侧漏电保护器每处扣3分 一次线长度超过规定或不穿管保护扣3分 二次线长度超过规定或未采用防水橡皮护套铜芯软电缆扣3分 电源不使用自动开关扣2分 二次线接头超过3处或绝缘层老化每处扣3分 电焊机未设置防雨罩、接线柱未设置防护罩每处扣3分	8		
6	搅拌机	搅拌机安装后未留有验收合格手续扣4分 未做保护接零、未设置漏电保护器每处扣4分 离合器、制动器、钢丝绳达不到要求每项扣2分 操作手柄未设置保险装置扣3分 未设置安全防护棚和作业台不安全扣4分 上料斗未设置安全挂钩或挂钩不使用扣3分 传动部位未设置防护罩扣4分 限位不灵敏扣4分 作业平台不平稳扣3分	8		

序号	检查项目	扣分标准	应得分数	扣减分数	实得分数
7	气瓶	氧气瓶未安装减压器扣5分 各种气瓶未标明标准色标扣2分 气瓶间距小于 5 m、距明火小于10 m又未采取隔离措施每处扣2分 乙炔瓶使用或存放时平放扣3分 气瓶存放不符合要求扣3分 气瓶未设置防振圈和防护帽每处扣2分	8		
8	翻斗车	翻斗车制动装置不灵敏扣5分 无证司机驾车扣5分 行车载人或违章行车扣5分	8		
9	潜水泵	未做保护接零、未设置漏电保护器每处扣3分 漏电动作电流大于 15 mA、负荷线未使用专用防水橡皮电缆每处扣 3 分	6		
10	振捣器具	未使用移动式配电箱扣4分 电缆长度超过 30 m 扣4分 操作人员未穿戴好绝缘防护用品扣4分	8		
11	桩工机械	机械安装后未留有验收合格手续扣3分 桩工机械未设置安全保护装置扣3分 机械行走路线地耐力不符合说明书要求扣3分 施工作业未编制方案扣3分 桩工机械作业违反操作规程扣3分	6		
12	泵送机械	机械安装后未留有验收合格手续扣4分 未做保护接零、未设置漏电保护器每处扣4分 固定式砼输送泵未制作良好的设备基础扣4分 移动式砼输送泵车未安装在平坦坚实的地坪上扣4分 机械周围排水不通畅的扣3分、积灰扣2分 机械产生的噪声超过《建筑施工场界噪声限值》扣3分 整机不清洁、漏油、漏水每发现一处扣2分	8		
检查项目合计			100		

11 安全教育培训

11.1 企业安全培训计划

企业员工培训工作重点是：对在施工过程中与质量、环境、职业安全健康有影响的员工进行的培训、新规程及规范培训、继续教育培训、特种作业人员培训、转岗职工、新进单位从业人员的培训等。

1. 培训计划任务

（1）相关员工及从业人员培训。

企业应计划对所有新进入施工现场的员工进行职业安全健康培训以及入场工人三级安全教育培训；对原有部分员工进行整合型管理体系的补充培训。

（2）新规程、规范培训。

贯彻执行国家、自治区建筑工程质量安全方面新的规程、规范及各项管理规定，以便使各工程的施工按新规程、规范及各项管理规定进行。拟定对在岗的部分专业技术人员进行以新规程、规范为内容的培训。

（3）继续教育培训。

根据企业发展的需要，对专业技术人员进行知识更新的培训。

（4）新招大中专毕业生教育。

每年度，企业对新招大中专毕业生，为了使他们对企业有一个全面的了解，能够尽快达到上岗要求，拟定对新招聘的学生进行以企业规章制度、安全知识为内容的知识教育培训。

（5）特种作业人员培训。

根据建设系统主管部门下发文件中"在特殊岗位作业人员必须持证上岗，并定期进行复检"的要求，组织在特种作业岗位工作已到复检期的作业工人到建设系统指定的培训点进行复检培训。复检培训时间根据建设培训中心的培训计划及开课时间而定。

（6）特殊工种培训。

根据施工生产的需要，对每年所有新开工程中的架子工、混凝土工、防水工、电工、焊工等进行特殊工种培训。培训安排根据各项目部新开工程而定，培训由各项目部项目工程师负责组织实施或参加建设培训中心年度的岗位培训。

2. 实施措施

（1）充分发挥企业各业务系统主管部室及项目部的作用：员工培训工作是一项综合性的工作，它涉及各业务系统、各项目部。充分发挥各业务系统主管部室及项目部的作用就可以保证员工培训工作计划实施，可以对员工培训工作进行综合管理，可以使员工培训工作更紧密与公司生产实际需要相结合。

（2）建立培训、考核与使用、待遇相结合的制度：凡上级行政机关要求持证上岗的岗位，未经培训、取证不准上岗；对企业提供培训机会未按要求接受培训的员工按公司有关培训管理规定进行处罚，逐步形成人才考核、培养、使用相结合的管理模式。

（3）不断完善和修订员工培训管理规定，加强对员工培训工作进行监控，保证各项培训工作按本企业的规定进行。

3. 工作要求

（1）企业各职能部室、项目部的主管领导应重视员工培训工作，要指定专人负责此项工作的日常管理，并根据公司的员工培训计划制定出实施计划，对所在单位的员工培训工作开展情况进行监控。

（2）各企业在开班之前应填写"开班报告"，报企业办公室备案后组织实施。培训结束后要填写"员工内培记录"，并连同办班资料（培训计划、开班报告、员工内培记录、试卷等）一起送劳动人事部门存档。

（3）外送员工参加培训，应填写"员工外送培训审批表"，经所在单位主管领导签署意见（注明本人实际工作岗位，符合何种培训规定，培训时间如何安排，学习费用是公费、自费）后，报公司办公室审批后组织实施。对已经参加培训或培训结束后再办理审批手续的员工按不符合培训管理规定对待。培训结束后，由所属单位持相关证书、评价材料等到公司办公室备案。

11.2 安全教育的内容

安全是生产赖以正常进行的前提，安全教育又是安全管理工作的重要环节，是提高全员安全素质、安全管理水平和防止事故从而实现安全生产的重要手段。

1. 安全生产思想教育

安全思想教育的目的是为安全生产奠定思想基础。通常从加强思想认识、方针政策和劳动纪律教育等方面进行。

（1）思想素质和方针政策的教育。一是提高各级管理人员和广大职工群众对安全生产重要意义的认识。从思想上、理论上认识社会主义制度下搞好安全生产的重要意义，以增强关心人、保护人的责任感，树立牢固的群众观点。二是通过安全生产方针、政策教育，提高各级技术、管理人员和广大职工的政策水平，使他们正确全面地理解党和国家的安全生产方针、政策，严肃认真地执行安全生产方针、政策和法规。

（2）劳动纪律教育。主要是使广大职工懂得严格执行劳动纪律对安全生产的重要性，企业的劳动纪律是劳动者进行共同劳动时必须遵守的法则和秩序。要反对违章指挥，反对违章作业，严格执行安全操作规程，遵守劳动纪律，贯彻安全生产方针，减少伤害事故。

2. 安全知识教育

企业所有职工必须具备安全基本知识。所以，全体职工都必须接受安全知识教育和每年按规定学时进行安全培训。安全基本知识教育的主要内容是：企业的基本生产概况；施工流程、方法；企业施工危险区域及其安全防护的基本知识和注意事项；机械设备，场内运输的有关安全知识；有关电气设备（动力照明）的基本知识；高处作业安全知识；生产（施工）中使用的有毒、有害物质的安全防护基本防护知识；消防制度及灭火器材应用的基本知识；个人防护用品的正确使用知识等。

3. 法制教育

法制教育就是采取各种有效形式，对全体职工进行安全生产法规和法制教育，从而提高职工遵法、守法的自觉性，以达到安全生产的目的。

4. 安全技能教育

安全技能教育，就是结合本工种专业特点，实现安全操作、安全防护所必需的基本技术知识要求。每个职工都要熟悉本工种、本岗位专业安全技术知识。安全技能知识是比较专门、细致和深入的知识，它包括安全技术、劳动卫生和安全操作规程。国家规定建筑登高架设、起重、焊接、电气、爆破、压力容器、锅炉等特种作业人员必须进行专门的安全技术培训。宣传先进经验，既是教育职工找差距的过程，又是学、赶先进的过程；事故教育可以从事故教训中吸取有益的东西，防止今后类似事故的重复发生。

11.3 施工项目安全教育的对象

（1）工程项目经理、项目执行经理、项目技术负责人：工程项目主要管理人员必须经过当地政府或上级主管部门组织的安全生产专项培训，培训时间不得少于24 h，经考核合格后，持《安全生产资质证书》上岗。

（2）工程项目基层管理人员：施工项目基层管理人员每年必须接受公司安全生产年审，经考试合格后，持证上岗。

（3）分包负责人、分包队伍管理人员：必须接受政府主管部门或总包单位的安全培训，经考试合格后持证上岗。

（4）特种作业人员：必须经过专门的安全理论培训和安全技术实际训练，经理论和实际操作的双项考核，合格者，持《特种作业操作证》上岗作业。

（5）操作工人：新入场工人必须经过三级安全教育，考试合格后持"上岗证"上岗作业。

11.4 施工现场安全教育形式

1. 三级安全教育的主要内容（不少于40 h）

（1）公司级教育内容：

① 党和国家的安全生产方针、政策。

② 安全生产法律法规、标准和规范、规程等。

③ 本单位施工过程及安全生产制度、安全纪律。

④ 本单位安全生产形势及历史上发生的重大事故及应吸取的教育。

⑤ 发生事故后如何抢救伤员、排险、保护现场和及时进行报告。

（2）工程处（队、项目部教育）：

① 本单位施工特点及施工安全基本知。

② 本单位安全生产制度、规定及安全注意事项。

③ 本工程安全技术操作规程。

④ 高处作业、机械设备电气安全基础知识。

⑤ 防火、防毒、防尘及紧急情况安全处置和安全疏散知识。

⑥ 防护用品发放标准及使用基本知识。

（3）班组级教育：

① 本班组作业特点及安全操作规程。

② 班组安全活动制度及纪律。

③ 爱护和正确使用安全防护装置（设施）及个人劳动防护用品。

④ 班岗位易发生的不安全因素及防范对策。

⑤ 本岗位作业环境及使用的机械设备、工具的安全要求。

2. 转场安全教育（不少于 8 h）

（1）本工程项目安全生产状况及施工条件。

（2）施工现场中危险部位的防护措施及典型事故案例。

（3）本工程项目的安全管理体系、规定及制度。

3. 变换工种安全教育（不少于 4 h），教育考核合格后方准上岗

（1）新工作岗位或生产班组安全生产概况、工作性质和职责。

（2）新工作岗位必要的安全知识，各种机具设备及安全防护设施的性能和作用。

（3）新工作岗位、新工种的安全技术操作规程。

（4）新工作岗位容易发生事故及有毒有害的地方。

（5）新工作岗位个人防护用品的使用和保管。

4. 特种作业人员安全教育（每月 1 次，每次教育时间不少于 4 h）

（1）特种作业所在岗位的工作特点，可能存在的危险、隐患和安全注意事项。

（2）特种作业人员的安全技术要领及个人防护用品的正确使用方法。

（3）本岗位曾发生的事故案例及经验教训。

5. 有下列疾病或生理缺陷者，不得从事特种作业

（1）器质性心脏血管病。包括风湿性心脏病、先天性心脏病（治愈者除外）、心肌病、心电图异常者。

（2）血压超过 160/90 mmHg，低于 86/56 mmHg。

（3）精神病、癫痫病。

（4）重症神经官能症及脑外伤后遗症。

（5）晕厥（近一年有晕厥发作者）。

（6）血红蛋白男性低于90%，女性低于80%。

（7）肢体残废，功能受限者。

（8）慢性骨髓炎。

（9）厂内机动驾驶类：大型车身高不足155 cm；小型车身高不足150 cm。

（10）耳全聋及发音不清者。厂内机动车驾驶听力不足5 m者。

（11）色盲。

（12）双眼裸视力低于0.4，矫正视力不足0.7者。

（13）活动性结核（包括肺外结核）。

（14）支气管哮喘（反复发作者）。

（15）支气管扩张病（反复感染、咳血）。

6. 班前安全活动交底（班前讲话）（不少于15 min）

（1）本班组的安全生产须知。

（2）本班工作中的危险点和应采取的对策。

（3）上一班工作中存在的安全问题和应采取的对策。

遇到特殊性、季节性和危险性较大的作业前，责任工长要参加安全讲话并对工作中应注意的安全事项进行重点交底。

7. 周一安全活动（1 h）

（1）上周安全生产形势、存在问题及对策。

（2）最新安全生产信息。

（3）重大和季节性的安全技术措施。

（4）本周安全生产工作的重点、难点和危险点。

（5）本周安全生产工作目标和要求。

8. 季节性安全教育（不少于2 h）

进入雨期及冬期施工前，在现场经理的部署下，对本施工队、分包队伍管理人员及操作工人进行专门的季节性安全教育。

9. 节假日安全教育

节假日前后应特别注意各管理人员及操作者的思想动态，有意识有目的地进行教育，稳定他们的思想情绪，预防事故的发生。

10. 出现下列情况时，必须对工人进行重新教育（不少于2 h）

（1）因故改变安全操作规程。

（2）实施重大和季节性安全技术措施。

（3）更新仪器、设备和工具，推广新工艺、新技术、新材料。

（4）发生因工伤亡事故、机械损坏事故及重大未遂事故。

（5）出现其他不安全因素，安全生产环境发生了变化。

12 建筑施工专项安全技术措施

12.1 土方开挖安全技术措施

土方开挖是基础工程中的一个重要分项工程，也是基坑工程设计的主要内容之一。当有支护结构时，通常将支护结构设计先完成，而对土方开挖方案提出一些限制条件。有时，土方开挖方案会影响支护结构设计的工况，土方开挖必须符合支护结构设计的工况要求。

1. 放坡开挖

（1）开挖深度不超过 4.0 m 的基坑，当场地条件允许，并经验算能保证土坡稳定性时，可采用放坡开挖。

（2）开挖深度超过 4.0 m 的基坑，有条件采用放坡开挖时，应设置多级平台分层开挖，且每组平台的宽度不宜小于 1.5 m。

（3）放坡开挖的基坑还要符合以下要求：

① 坡顶或坑边不宜堆土或堆载，遇有不可避免的附加荷载时，应将稳定性验算计入附加荷载的影响。

② 基坑边坡必须经过验算，以保证边坡稳定。

③ 土方开挖应在降水达到要求后，采用分层开挖的方法施工，分层厚度不宜超过 2.5 m。

④ 土质较差且施工期较长的基坑，边坡应采用钢丝网水泥或其他材料进行护坡。

⑤ 放坡开挖应采取相应有效措施降低坑内水位和排除地表水，防止地表水或基坑排出的水倒流回基坑。

（4）基坑开挖应严格按要求放坡，操作时应随时注意边坡的稳定情况，发现问题及时加固处理。

（5）机械挖土，多台阶同时开挖土方时，应验算边坡的稳定。根据规定和验算确定挖土机离边坡的安全距离。

（6）运土道路的坡度、转变半径要符合有关安全规定。

2. 有支护结构的基坑开挖

（1）采用机械挖土，坑底应保留 200～300 mm 厚基土，用人工挖除整平，并防止坑底土体扰动。

（2）采用机械挖土方式时，严禁挖土机械碰撞支撑、井点管、立柱、围护墙和工程桩。

（3）除设计允许外，挖土机械和车辆不得直接在支撑上行走操作。

（4）应尽量缩短基坑支撑暴露时间。对一、二级基坑，每一工况下挖至设计标高后，钢支撑的安装周期不应超过一昼夜，钢筋混凝土支撑的完成时间不应超过两昼夜。

（5）对面积较大的一级基坑，土方宜采用分块、分区对称开挖及分区安装支撑的施工方法，土方挖至设计标高后，立即浇筑垫层。

（6）基坑中若有局部加深的电梯井、水池等，土方开挖前应对其边坡做必要的加固处理。

3. 基坑开挖的安全技术措施

（1）施工机械使用前必须经过验收，合格后方能使用。

（2）在施工组织设计中，要有单项土方工程施工方案，对施工准备、开挖方法、排水、放坡、边坡支护应根据相关规范要求进行设计，边坡支护要有设计计算书。

（3）人工挖基坑时，操作人员之间要保持安全距离，一般大于 2.5 m；多台机械开挖，挖土机间距应大于 10 m；挖土要自上而下，逐层进行，严禁先挖坡脚的危险作业。

（4）挖土方前对周围环境要认真检查，不能在危险岩石或建筑物下面作业。

（5）深基坑四周设防护栏杆，人员上下要有专用爬梯。

（6）运土道路的坡度、转弯半径要符合有关安全规定。

（7）机械挖土，应严格控制开挖面坡度和分层厚度，防止边坡和挖土机下的土体滑动。挖土机作业半径内不得有人进入，司机必须持证作业。

（8）为防止基坑底的土被扰动，基坑挖好后应尽量减少暴露时间，及时进行下一道工序的施工。如不能立即进行下一道工序，要预留 15~30 cm 厚覆盖土层，待基础施工时再挖去。

（9）如开挖的基坑（槽）毗邻近建筑物基础深时，开挖应保持一定的距离和坡度，距离不得小于 1.5 m，以免在施工时影响邻近建筑物的稳定。如不能满足要求，应采取边坡支撑加固措施。并在施工中进行沉降和位移观测。

（10）为防止基坑浸泡，除做好排水沟外，要在坑四周做挡水堤，防止地面水流入坑内，坑内要做排水沟、集水井以利抽水。

（11）开挖低于地下水位的基坑（槽）、管沟和其他挖土时，应根据当地工程地质资料，挖方深度和尺寸、选用集水坑或井点降水。

4. 土方开挖其他安全技术措施

（1）基坑四周及栈桥临空面必须设置防护栏杆，栏杆高度不应低于 1.2m，并且不得擅自拆除、破坏防护栏杆。

（2）沿基坑适当布置上下基坑的爬梯，爬梯侧边设置护栏。

（3）在基坑围护顶部砌筑挡水坎，防止地面水流入基坑。

（4）严格控制坑边堆载。

（5）因工程建设规模越来越大，基坑面积也越来越大。为了方便，不少操作者或行人常常在支撑上行走，但如果支撑上无任何防护措施，便很容易发生事故。所以应合理选择部分支撑，采取一定的防护措施，作为坑内架空便道。其他支撑上一律不允许人员行走，要采取相应措施将其封堵。

5. 集水坑降水安全技术措施

（1）根据现场条件，应能保持开挖边坡的稳定。

（2）集水坑应与基础底边有一定距离。边坡如有局部渗出地下水时，应在渗水处设置过滤层，防止土粒流失，并应设置排水沟，将水引出坡面。

（3）采用井点降水，降水前应考虑降水影响范围内的已有建筑物和构筑物可能产生的附加沉降、位移。定期进行沉降和水位观测并做好记录。发现问题，采取措施。

12.2 人工挖孔桩安全技术措施

1. 人工挖孔桩的一般要求

（1）采用人工从上至下逐层用镐、锹进行挖土，挖土顺序是：先挖中间后挖周边，并以设计桩径加 2 倍护壁直径控制截面，尺寸的允许误差不超过 30 mm。

（2）扩底部分应先挖桩身圆柱体，再按扩底尺寸从上到下削土修成扩底形。

（3）弃土装入活底吊桶或箩筐内，其垂直运输，由孔上口安装的支架、工字轨道、电葫芦或搭三脚架，用 10 ~ 20 kN 慢速卷扬机提升解决。若桩孔较浅时，可用木吊架或木辘轳借粗麻绳提升。土吊至地面上后用机动翻斗车或手推车运出。同时应在孔口设水平移动式活动安全盖板，当土吊桶提升到离地面约 1.8 m 时，推活动盖板关闭孔口，将手推车推至盖板上使吊桶中的土卸于车中推走，再开盖板下吊桶装土。严防土块、操作人员掉入孔内伤人。采用电葫芦提升吊桶，桩孔四周应设安全栏杆。

（4）直径大于 1.2 m 以上的桩孔开挖，应设护壁，挖一节浇一节混凝土护壁，以保孔壁稳定和操作安全，护壁高出地面不少于 200 mm。

（5）孔内严禁放炮，以防振塌土壁造成事故，或振裂护壁造成事故。

（6）人员上下可利用吊桶，但要另配滑车、粗绳或绳梯，以供停电时应急使用。

（7）随时加强对土壁涌水情况的观察，发现异常情况，应及时采取处理措施。对于地下水要采取承受挖随用吊桶（用土堵缝隙）将泥水一起吊出。若大量渗水，可在一侧挖集水坑用高扬程潜水泵排出桩孔外。

（8）多桩孔开挖时，应采用间隔挖孔方法，以减少水的渗透和防止土体滑移。

（9）已扩底的桩，要尽快浇灌桩身混凝土，不能很快浇灌的桩，应暂不扩底，以防扩大塌方。

2. 人工挖孔桩的安全技术措施

（1）参加挖孔的工人，事先必须检查身体，凡患精神病、高血压、心脏病、癫痫病及聋哑的人员等不能参加施工。

（2）非机电人员，不允许操作机电设备。如翻斗车、搅拌车、电焊机和电葫芦等应由专人负责操作。

（3）每天上班前及施工过程中，应随时注意检查辘轳轴、支腿、绳、挂钩、保险装置和吊桶等设备的完好程序，发现有破损的现象时，应及时修复或更换。

（4）现场施工人员必须戴安全帽。井下人员工作时，井上配合人员不能擅离职守。孔口边 1 m 范围内不得有任何杂物，堆土应离孔口边 1.5 m 以外。

（5）井孔上、下应设可靠的通话联络，如对讲机等。

（6）挖孔作业进行中，当人员下班休息时，必须盖好孔口，或设 1 200 mm 高以上的护身栏。

（7）正在开挖的井孔，每天上班工作前，应对井壁、混凝土支护，以及井中空气等进行检查，发现异常情况，应采取安全措施后，方可继续施工。

（8）井底需抽水时，应在挖孔作业人员上地面以后再进行。

（9）夜间禁止挖孔作业，如遇特殊情况需要夜班作业时，必须经现场负责人同意，并必须要有领导和安全人员在现场指挥和进行安全检查与监督。

（10）井下作业人员连续工作时间，不宜超过 4 h，应勤轮换井下作业人员。

（11）照明、通风要求：

① 挖井至 4 m 以下时，需用可燃气体测定仪，检查孔内作业面是否有沼气，若发现有沼气应妥善处理后方可作业。

② 下井前，应对井孔内气体进行抽样检查，发现有毒气体含量超过允许值，应将毒气清除后，并不致再产生毒气时，方可下井工作。

③ 上班前，先用鼓风机向孔底通风，必要时应送氧气，然后再下井作业。在其他有毒物质存放区施工时，应先检查有毒物质对人体的伤害程度，再确定是否采用人工挖孔方法。

④ 井孔内设 100 W 防水带罩灯泡照明，并采用 12 V 的低电压用防水绝缘电缆引下。井上现场可用 24 V 低压照明，现场用电均应安装漏电装置。

12.3　模板支撑、拆除安全技术措施

（1）支撑和拆卸模板，应按规定的作业程序进行。前一道工序所支的模板未固定前，不得进行下一道工序。严禁在连接件和支撑件上攀登上下，并严禁在上下同一垂直面上装、卸模板。结构复杂的模板，其装、卸应严格按照施工组织设计的措施规定执行。支大空间模板的立柱的竖、横向拉杆必须牢固稳定。防止立柱走动发生坍塌等事故。

（2）支设高度在 2 m 以上的柱模板，四周应设斜撑，并设有操作平台。低于 2 m 的可使用马凳操作。

（3）支搭悬挑式模板时，应有稳固的立足点。支搭凌空构筑物模板时，应搭设支架或脚手架。模板面上有预留洞时，应在安装后将洞口盖严。混凝土板面拆模后，形成的临边或洞口，必须按有关规定予以安全防护。

（4）拆模高处作业，应配置登高用具或设施，不得冒险操作。

12.4　脚手架工程安全技术措施

为在扣件式钢管脚手架设计与施工中贯彻执行国家安全生产的方针政策，确保施工人员安全，做到技术先进、经济合理、安全适用，制定《建筑施工扣件式钢管脚手架安全技术规范》（JGJ130—2011）。

1. 脚手架地基与基础

（1）脚手架地基与基础的施工，应根据脚手架所受荷载、搭设高度、搭设场地土质情况与现行国家标准《建筑地基基础工程施工质量验收规范》GB50202 的有关规定进行。

（2）压实填土地基应符合现行国家标准《建筑地基基础设计规范》GB50007 的相关规定；灰土地基应符合现行国家标准《建筑地基基础工程施工质量验收规范》GB50202 的相关规定。

（3）立杆垫板或底座底面标高宜高于自然地坪 50～100 mm。

（4）脚手架基础经验收合格后，应按施工组织设计或专项方案的要求放线定位。

2. 脚手架搭设

（1）单、双排脚手架必须配合施工进度搭设，一次搭设高度不应超过相邻连墙件以上两步；如果超过相邻连墙件以上两步，无法设置连墙件时，应采取撑拉固定等措施与建筑结构拉结。

（2）每搭完一步脚手架后，应按《建筑施工扣件式钢管脚手架安全技术规范》（JGJ130—2011）表 8.2.4 的规定校正步距、纵距、横距及立杆的垂直度。

（3）底座安放应符合下列规定：

① 底座、垫板均应准确地放在定位线上。

② 垫板应采用长度不少于 2 跨、厚度不小于 50 mm、宽度不小 200 mm 的木垫板。

（4）立杆搭设应符合下列规定：

① 相邻立杆的对接连接应符合《建筑施工扣件式钢管脚手架安全技术规范》（JGJ130—2011）第 6.3.6 条的规定。

② 脚手架开始搭设立杆时，应每隔 6 跨设置一根抛撑，直至连墙件安装稳定后，方可根据情况拆除。

③ 当架体搭设至有连墙件的主节点时，在搭设完该处的立杆、纵向水平杆、横向水平杆后，应立即设置连墙件。

（5）脚手架纵向水平杆的搭设应符合下列规定：

① 脚手架纵向水平杆应随立杆按步搭设，并应采用直角扣件与立杆固定。

② 纵向水平杆的搭设应符合《建筑施工扣件式钢管脚手架安全技术规范》（JGJ130—2011）6.2.1 条的规定。

③ 在封闭型脚手架的同一步中，纵向水平杆应四周交圈设置，并应用直角扣件与内外角部立杆固定。

（6）脚手架横向水平杆搭设应符合下列规定：

① 搭设横向水平杆应符合《建筑施工扣件式钢管脚手架安全技术规范》（JGJ130—2011）6.2.2 条的规定。

② 双排脚手架横向水平杆的靠墙一端至墙装饰面的距离不应大于 100 mm。

③ 单排脚手架的横向水平杆不应设置在下列部位：

a. 设计上不允许留脚手眼的部位。

b. 过梁上与过梁两端成 60° 角的三角形范围内及过梁净跨度 1/2 的高度范围内。

c. 宽度小于 1 m 的窗间墙。

d. 梁或梁垫下及其两侧各 500 mm 的范围内。

e. 砖砌体的门窗洞口两侧 200 mm 和转角处 450 mm 的范围内，其他砌体的门窗洞口两侧 300 mm 和转角处 600 mm 的范围内。

 f. 墙体厚度小于或等于 180 mm。

 g. 独立或附墙砖柱，空斗砖墙、加气块墙等轻质墙体。

 h. 砌筑砂浆强度等级小于或等于 M2.5 的砖墙。

（7）脚手架纵向、横向扫地杆搭设应符合《建筑施工扣件式钢管脚手架安全技术规范》（JGJ130—2011）第 6.3.2、6.3.3 条的规定。

（8）脚手架连墙件安装应符合下列规定：

① 连墙件的安装应随脚手架搭设同步进行，不得滞后安装。

② 当单、双排脚手架施工操作层高出相邻连墙件以上两步时，应采取确保脚手架稳定的临时拉结措施，直到上一层连墙件安装完毕后再根据情况拆除。

（9）脚手架剪刀撑与单、双排脚手架横向斜撑应随立杆、纵向和横向水平杆等同步搭设，不得滞后安装。

（10）脚手架门洞搭设应符合本规范第 6.5 节的规定。

（11）扣件安装应符合下列规定：

① 扣件规格应与钢管外径相同。

② 螺栓拧紧扭力矩不应小于 40 N·m，且不应大于 65 N·m。

③ 在主节点处固定横向水平杆、纵向水平杆、剪刀撑、横向斜撑等用的直角扣件、旋转扣件的中心点的相互距离不应大于 150 mm。

④ 对接扣件开口应朝上或朝内。

⑤ 各杆件端头伸出扣件盖板边缘的长度不应小于 100 mm。

（12）作业层、斜道的栏杆和挡脚板的搭设应符合下列规定：

① 栏杆和挡脚板均应搭设在外立杆的内侧（图 12-1）。

② 上栏杆上皮高度应为 1.2 m。

③ 挡脚板高度不应小于 180 mm。

④ 中栏杆应居中设置。

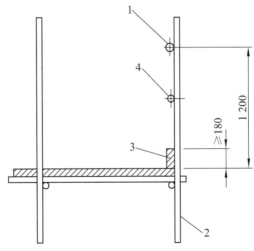

1—上栏杆；2—外立杆；3—挡脚板；4—中栏杆。

图 12-1　栏杆与挡脚板构造

（13）脚手板的铺设应符合下列规定：

① 脚手板应铺满、铺稳，离墙面的距离不应大于 150 mm。

② 采用对接或搭接时均应符合《建筑施工扣件式钢管脚手架安全技术规范》（JGJ130—2011）第 6.2.3 条的规定；脚手板探头应用直径 3.2 mm 的镀锌钢丝固定在支承杆件上。

③ 在拐角、斜道平台口处的脚手板，应用镀锌钢丝固定在横向水平杆上，防止滑动。

3. 脚手架拆除

（1）脚手架拆除应按专项方案施工，拆除前应做好下列准备工作：

① 应全面检查脚手架的扣件连接、连墙件、支撑体系等是否符合构造要求。

② 应根据检查结果补充完善脚手架专项方案中的拆除顺序和措施，经审批后方可实施。

③ 拆除前应对施工人员进行交底。

④ 应清除脚手架上杂物及地面障碍物。

（2）单、双排脚手架拆除作业必须由上而下逐层进行，严禁上下同时作业；连墙件必须随脚手架逐层拆除，严禁先将连墙件整层或数层拆除后再拆脚手架；分段拆除高差大于两步时，应增设连墙件加固。

（3）当脚手架拆至下部最后一根长立杆的高度（约 6.5 m）时，应先在适当位置搭设临时抛撑加固后，再拆除连墙件。当单、双排脚手架采取分段、分立面拆除时，对不拆除的脚手架两端，应先按《建筑施工扣件式钢管脚手架安全技术规范》（JGJ130—2011）第 6.4.4 条、6.6.4 条、6.6.5 条的有关规定设置连墙件和横向斜撑加固。

（4）架体拆除作业应设专人指挥，当有多人同时操作时，应明确分工、统一行动，且应具有足够的操作面。

（5）卸料时各构配件严禁抛掷至地面。

（6）运至地面的构配件应按本规范的规定及时检查、整修与保养，并应按品种、规格分别存放。

4. 安全管理

（1）扣件式钢管脚手架安装与拆除人员必须是经考核合格的专业架子工。架子工应持证上岗。

（2）搭拆脚手架人员必须戴安全帽、系安全带、穿防滑鞋。

（3）脚手架的构配件质量与搭设质量，应按本规范第 8 章的规定进行检查验收，并应确认合格后使用。

（4）钢管上严禁打孔。

（5）作业层上的施工荷载应符合设计要求，不得超载。不得将模板支架、缆风绳、泵送混凝土和砂浆的输送管等固定在架体上；严禁悬挂起重设备，严禁拆除或移动架体上安全防护设施。

（6）满堂支撑架在使用过程中，应设有专人监护施工。当出现异常情况时，应立即停止施工，并应迅速撤离作业面上人员。应在采取确保安全的措施后，查明原因，做出判断和处理。

（7）满堂支撑架顶部的实际荷载不得超过设计规定。

（8）当有六级强风及以上风、浓雾、雨或雪天气时应停止脚手架搭设与拆除作业。雨、雪后上架作业应有防滑措施，并应扫除积雪。

（9）夜间不宜进行脚手架搭设与拆除作业。

（10）脚手架的安全检查与维护，应按《建筑施工扣件式钢管脚手架安全技术规范》（JGJ130—2011）第8.2节的规定进行。

（11）脚手板应铺设牢靠、严实，并应用安全网双层兜底。施工层以下每隔10 m应用安全网封闭。

（12）单、双排脚手架，悬挑式脚手架沿架体外围应用密目式安全网全封闭，密目式安全网宜设置在脚手架外立杆的内侧，并应与架体绑扎牢固。

（13）在脚手架使用期间，严禁拆除下列杆件：

① 主节点处的纵、横向水平杆，纵、横向扫地杆。

② 连墙件。

（14）当在脚手架使用过程中开挖脚手架基础下的设备基础或管沟时，必须对脚手架采取加固措施。

（15）满堂脚手架与满堂支撑架在安装过程中，应采取防倾覆的临时固定措施。

（16）临街搭设脚手架时，外侧应有防止坠物伤人的防护措施。

（17）在脚手架上进行电、气焊作业时，应有防火措施和专人看守。

（18）工地临时用电线路的架设及脚手架接地、避雷措施等，应按现行行业标准《施工现场临时用电安全技术规范》（JGJ46—2005）的有关规定执行。

（19）搭拆脚手架时，地面应设围栏和警戒标志，并应派专人看守，严禁非操作人员入内。

12.5 施工现场临时用电安全技术措施

1. 临时用电工程安全技术要求

（1）严格执行《施工现场临时用电安全技术规范》（JGJ46—2005），按照施工用电组织设计架设三相四线制的电气线路，所有电线均应架空，过道或穿墙均要用钢管或胶套管保护，严禁利用大地作为工作零线。认真贯彻《建筑施工安全检查标准》（JGJ59—2011）中临时用电规定。

（2）配电箱、开关箱内电气设备完好无缺。箱体下方进出线，开关箱应符合"一机一闸一漏一箱"的要求，门、锁完善，有防雨、防尘措施，箱内无杂物，箱前通道畅通，并应对电箱统一编号，刷上危险标志。保护零线（PE、绿／黄线）中间和末端必须重复接地，严禁与工作零线混接；产生振动的设备的重复接地不少于两处。

（3）临时用电施工组织设计和临时安全用电技术措施及电气防火措施，必须由电气工程技术人员编制，技术负责人审核，经主管部门批准后实施。

（4）安装、维修或拆除临时用电工程，必须由持证电工完成，无证人员禁止上岗。电工等级应同工程的难易程度和技术复杂性相适应。

（5）使用设备必须按规定穿戴和配备好相应的劳动保护用品，并应检查电气装置和保护设施是否完好，严禁设备带病运转和进行运转中维修。

（6）停用的设备必须拉闸断电，锁好开关箱。负载线、保护零线和开关箱发现问题应及时报告解决。搬迁或移动的用电设备，必须由专业电工切断电源并作妥善处理。

（7）按规范做好施工现场临时安全用电的安全技术档案。

（8）在建工程与外电线路的安全距离及外电防护和接地与防雷等应严格按规范执行。

（9）配电线路的架空线必须采用绝缘铜线和绝缘铝线。架空线必须设置在专用电杆上，严禁架设在树木或脚手架、龙门架或井字架上。

（10）空线的接头、相序排列、档距、线间距离及横担的垂直距离和横担的选择及规格，严格执行规范规定。

（11）动力配电箱与照明配电箱应分别设置，如合置在同一配电箱内，动力和照明线路应分路设置。

（12）开关箱应由末级配电箱配电，配电箱、开关箱制作所用的材料、箱的规格设置要求及安装技术应按规范执行。配电箱、开关箱最好购合格的成品使用。

（13）配电箱、开关箱内的开关电器安装，绝缘要求和箱壳保护接零应按规范执行。

（14）每台用电设备应有各自专用的开关箱，必须实行"一机一闸"制。严禁用同一个开关电器直接控制 2 台及 2 台以上用电设备（含插座）。

（15）开关箱内必须装设漏电保护器，漏电保护器的选择应符合国家标准《剩余电流动作保护器的一般要求》（GB6829—1995）的要求。漏电保护器的安装要求和额定漏电动作应符合规范要求。

（16）总配电箱和开关箱中两极漏电保护器的额定漏电动作时间作合理配合，使之具有分段保护的功能。

（17）手动开关电器只许用于直接控制照明电器和容量不大于 5.5 kW 动力电路。容量大于 5.5 kW 的动力电路应采用自动开关电器或降压启动装置控制。各种开关电器的额定值与其控制用电设备的额定值相适应。

（18）所有配电箱、开关箱应由专人负责，且应每月定期检修一次。检查、维修人员必须是专业电工，检查、维修时必须按规定穿绝缘鞋、戴手套，必须使用电工绝缘工具。

（19）对配电箱、开关箱进行检查、维修时，必须将其前一级相应的电源开关分闸断电，并悬挂停电检修标志牌，严禁带电作业。

（20）移动的用电设备，使用的电源线路，必须使用绝缘胶套管式电缆。

（21）用电设备和电气线路必须有保护接零。

（22）严禁施工现场非正式电工乱接用电线和安装用电开关。

（23）残缺绝缘盖的闸刀开关禁止使用，开关不得采用铜、铁、铝线作熔断保险丝。

2. 配电箱、开关箱安全技术

（1）从现场总配电装置至各用电设备，应经过多级配电装置，各级配电装置的容量应与实际负载匹配，其结构型式、盘面布置和系统接线，要做到规范化：

① 箱内开关、熔断器、插座等设备齐全完好。

② 配线及设备排列整齐，压接牢固，操作面无带电体外露。

③ 总开关及各分路开关上端设熔断器。

④ 金属电箱外壳设接地保护；设接零排与接地排。

⑤ 每个回路设漏电开关。

⑥ 动力和照明分开控制，单独设置单相三眼不等距安全插座，上设漏电开关。

⑦ 门锁齐全、有防雨措施。

（2）Ⅰ型电源配电箱（下杆电箱）作为总变配电装置后的第二级配电装置，应靠近用电集中处。

（3）Ⅱ型电源配电箱（分电箱）作为第三级配电装置，可直接向负载供电，应做到一闸一机，开关应采用与用电设备相匹配的漏电开关。

（4）Ⅲ型电源配电箱，作为搅拌机、卷扬机等专用设备使用的第四级配电装置，应设在设备附近；箱内可设由漏电开关控制的备用插座，供维修时另接设备用。

（5）拖线箱作为移动式配电装置，必须有可靠的防雨措施和接地保护。开关或分路熔断器必须与用电设备匹配，同一箱内不得用单相三眼和三相四眼不同电源的插座。

（6）各类插座必须符合国家标准，并保护完好。单相电源的设备，必须使用单相三眼插座。插座上方应有单独分路熔断丝保护，插座的接地线不准串联。

（7）电力容量在 3 kW 以下的电源总开关可以采用瓷底胶木闸刀开关。用刀闸作直接控制操作用电设备时，应在刀闸出线侧加装瓷插入式熔断器作保护，并用铜丝将刀闸内熔丝部分直连。刀闸的静触头应接电源线，动触头接负载，严禁倒送电。

（8）各种熔断器的熔体必须严格按规定合理选用，各级熔体应相互匹配。熔体应采用合格的铅合金熔丝，严禁用铁丝、铝丝等非专用熔丝替代，严禁用多股熔丝代替一根较大的熔丝。

（9）各级配电箱应明确专人负责，做好检查维修和清洁工作。箱内应保持整洁，不准存放任何东西，箱周围应保持通道的畅通。

（10）施工现场的固定露天电箱、分电箱必须架空设置，其底边距地高度不小于 0.5 m。

3. 现场照明安全技术

（1）用电单位必须建立用电安全岗位责任制，明确各级用电安全负责人。

（2）用电作业人员必须持证上岗。

（3）照明灯具和器材必须绝缘良好，并应符合现行国家有关标准的规定。

（4）照明线路应布线整齐，相对固定。室内安装的固定式照明灯具悬挂高度不得低于 2.5 m，室外安装的照明灯具不得低于 3 m。安装在露天工作场所的照明灯具应选用防水型灯头。

（5）现场办公室、宿舍、工作棚内的照明线，除橡套软电缆和塑料护套线外，均应固定在绝缘子上，并应分开敷设，穿过墙壁时应套绝缘管。

（6）照明电源线路不得接触潮湿地面，并不得接近热源和直接绑挂在金属构架上。在脚手架上安装临时照明时，在竹、木脚手架上应加绝缘子，在金属脚手架上应设木横担和绝缘子。

（7）照明开关应控制相线。当采用螺口灯头时，相线应接在中心触头上。

（8）变电所及配电所内的配电盘、配电柜及母线的正上方，不得安装灯具（封闭母线及封闭式配电盘、配电柜除外）。

4. 安全用电和电气防火措施

1）安全用电技术措施

（1）临时用电工程的施工，严格按施工组织设计进行，总配电箱、分配电箱、设备开关箱、用电设备及供电线路的安装，使用与维护严格按本设计及建设部《施工现场临时用电安全技术规范》（JGJ46—2005）要求进行，增减用电设备改变配电装置，必须办理机关变更手续，并在补充设计中增补变更文件。

（2）施工现场周围外电线路与在建工程水平距离小于10 m的，必须采取防护措施，如增设屏障、遮栏、围栏或保护网等，并悬挂醒目的警告标志牌。

（3）做好用电设备的安全保护接地及在建工程的防雷击措施。

（4）配电系统采用三级配电三级保护方式，在总配电箱及设备开关箱内设漏电断路器，分配电箱内设空气断路器，设备开关箱实行"一机一闸一漏电"保护方式，漏电断分器，额定漏电动作电流和动作时间采用30 mA和0.1 s。危险场所、潮湿、大面积金属体上等易触电场所，漏电断路器额定漏电动作电流采用15 mA，动作时间0.1 s。各级配电箱、开关箱内的电气装置必须完好，安装整齐牢固，线头压接牢固，接触良好，不得有过热现象。各配电箱、开关箱应标明箱编号及各回路名称、编号、用途及责任人并全部设门加锁。

（5）水泵的负荷线采用YHS型防水橡皮护套电缆，不得承受任何外力。

（6）焊接机械：一次线长度不大于5 m，二次线采用YHS型橡皮护套铜芯多股软电缆，电缆长度不大于30 m。进出线处必须设置防护罩。使用焊接机械必须按规定穿戴防护用品。

（7）电动机械及手持电动工具的使用，必须满足安全使用要求，电动机械必须按要求装设配套的漏电断路器及隔离开关，焊接设备的电源线一般不大于5 m，二次焊线不超过30 m；手持式电动工具中的金属外壳型（Ⅰ）除采用漏电保护外还必须采用接零保护，Ⅱ类手持电动工具装设额定漏电动作电流为15 mA，动作时间0.1 s的漏电保护开关；在金属构件、潮湿场所作业必须采用Ⅱ类手持式电动工具；在特别狭窄场所如锅炉、金属容器、管道、地沟等处作业一律选用带隔离变压器的Ⅲ类手持式电动工具。

（8）照明要求，一般场所采用220 V的照明电器，为提高安全性，楼内施工面的局部照明一律采用36 V低压灯。在特别潮湿导电良好的地面、锅炉、金属容器内作业，照明电压一律采用12 V。现场大面积照明采用固定安装在塔吊、外脚手架上的大型投光灯，既能提高光效，又利于安全。

（9）配电室做到"五防一通"，即防火、防雨、防雪、防汛、防小动物，通风良好；门向外开并上锁，金属门做好保护接零。

（10）电缆线路敷设：电缆采用直埋或沿墙架空敷设。电缆直埋时敷设深度不小于0.6 m，并在电缆上下均匀铺设不少于60 mm厚的细砂，然后覆盖砖等硬质保护层；架空敷设时，采用绝缘子固定，严禁使用金属裸线作绑线。固定点加装绝缘子，间距应保证电缆能承受自重所带来的荷重；电缆穿越建筑物、构筑物、道路、易受机械损伤的场所及引出地面从2 m高度至地下0.2 m处，加设保护套管。保护套管的内径大于电缆外径的1.5倍。

2）电气防火措施

（1）科学合理配置、检修、更换各类保护电器，做到动作参数准确，确保对线路及设备的过载、短路、漏电进行可靠的保护，以便发生各类电气故障时，开关电器能及时迅速地切断电源，避免发生设备过热带电现象。

（2）加强检查巡视，防止出现线路接地短路及绝缘强度降低。线路与设备的压线端应牢固可靠，防止电弧闪烁及接触而产生高温高热，合理设置各类防雷击措施，防雷击引起的电气火灾。

（3）在电气装置及线路周围严禁堆放易燃、易爆和强腐蚀介质；不得在电气设备旁使用火源，进入油料仓库的线路及照明开关灯具一律采取防爆措施。

（4）为保证临时兼消防水泵在火灾发生时，不因现场断开配电线路而不能启动，延缓对火灾进行有效的扑救，需将消防水泵电源接在总配电断路器电源侧，保证消防电源不因任何情况而断开。

（5）在配电房、变压器房、柴油发电机房及用电设备较集中的地点，配备足够数量的干粉灭火器和二氧化碳灭火器。

（6）木工间和电焊棚是防火重点，必须设置足够数量的灭火器，而且要求干粉灭火器和二氧化碳灭火器及泡沫灭火器分开放置，标志明确，防止误用。

（7）灯具的架设要离开易燃物 30 cm 以上，固定架设高度不低于 3 m。

（8）油库、油漆库除通风良好外，其灯具必须是防爆型、拉线开关应装于库门外。

（9）配电箱、开关箱材质选用铁板或优质绝缘材料制作，不得采用木质材料，铁板的厚度应大于 1.5 mm。配电箱内的电器安装在金属或非木质的绝缘电器安装板上。

（10）配电箱、开关箱设置电器元件之间的距离和与箱体之间的距离应符合电气规范。

（11）熔断器的保险丝不宜过大，够用即可。严禁用铜丝替代保险丝。

（12）焊接机械放置在防雨和通风良好的地方。焊接现场不准堆放易燃易爆物品。

12.6　消防安全技术措施

为预防建设工程施工现场火灾，减少火灾危害，保护人身和财产安全，制定《建筑工程施工现场消防安全技术规范》（GB50720—2011）。建设工程施工现场的防火必须遵循国家有关方针、政策，针对不同施工现场的火灾特点，立足自防自救，采取可靠防火措施，做到安全可靠、经济合理、方便适用。建设工程施工现场的防火除应符合本规范外，尚应符合国家现行有关标准的规定。

1．一般规定

（1）施工现场的消防安全管理应由施工单位负责。

实行施工总承包时，应由总承包单位负责。分包单位应向总承包单位负责，并应服从总承包单位的管理，同时应承担国家法律、法规规定的消防责任和义务。

（2）监理单位应对施工现场的消防安全管理实施监理。

（3）施工单位应根据建设项目规模、现场消防安全管理的重点，在施工现场建立消防安全管理组织机构及义务消防组织，并应确定消防安全负责人和消防安全管理人员，同时应落实相关人员的消防安全管理责任。

（4）施工单位应针对施工现场可能导致火灾发生的施工作业及其他活动，制订消防安全管理制度。消防安全管理制度应包括下列主要内容：

① 消防安全教育与培训制度。

② 可燃及易燃易爆危险品管理制度。

③ 用火、用电、用气管理制度。

④ 消防安全检查制度。

⑤ 应急预案演练制度。

（5）施工单位应编制施工现场防火技术方案，并应根据现场情况变化及时对其修改、完善。防火技术方案应包括下列主要内容：

① 施工现场重大火灾危险源辨识。

② 施工现场防火技术措施。

③ 临时消防设施、临时疏散设施配备。

④ 临时消防设施和消防警示标识布置图。

（6）施工单位应编制施工现场灭火及应急疏散预案。灭火及应急疏散预案应包括下列主要内容：

① 应急灭火处置机构及各级人员应急处置职责。

② 报警、接警处置的程序和通信联络的方式。

③ 扑救初起火灾的程序和措施。

④ 应急疏散及救援的程序和措施。

（7）施工人员进场时，施工现场的消防安全管理人员应向施工人员进行消防安全教育和培训。消防安全教育和培训应包括下列内容：

① 施工现场消防安全管理制度、防火技术方案、灭火及应急疏散预案的主要内容。

② 施工现场临时消防设施的性能及使用、维护方法。

③ 扑灭初起火灾及自救逃生的知识和技能。

④ 报警、接警的程序和方法。

（8）施工作业前，施工现场的施工管理人员应向作业人员进行消防安全技术交底。消防安全技术交底应包括下列主要内容：

① 施工过程中可能发生火灾的部位或环节。

② 施工过程应采取的防火措施及应配备的临时消防设施。

③ 初起火灾的扑救方法及注意事项。

④ 逃生方法及路线。

（9）施工过程中，施工现场的消防安全负责人应定期组织消防安全管理人员对施工现场的消防安全进行检查。消防安全检查应包括下列主要内容：

① 可燃物及易燃易爆危险品的管理是否落实。

② 动火作业的防火措施是否落实。

③ 用火、用电、用气是否存在违章操作，电、气焊及保温防水施工是否执行操作规程。

④ 临时消防设施是否完好有效。

⑤ 临时消防车道及临时疏散设施是否畅通。

（10）施工单位应依据灭火及应急疏散预案，定期开展灭火及应急疏散的演练。

（11）施工单位应做好并保存施工现场消防安全管理的相关文件和记录，并应建立现场消防安全管理档案。

2. 其他防火管理

（1）施工现场的重点防火部位或区域应设置防火警示标识。

（2）施工单位应做好施工现场临时消防设施的日常维护工作，对已失效、损坏或丢失的消防设施应及时更换、修复或补充。

（3）临时消防车道、临时疏散通道、安全出口应保持畅通，不得遮挡、挪动疏散指示标识，不得挪用消防设施。

（4）施工期间，不应拆除临时消防设施及临时疏散设施。

（5）施工现场严禁吸烟。

3. 施工现场火灾急救措施

1）火灾急救

施工现场发生火警、火灾时，应立即了解起火部位，燃烧的物质等基本情况，迅速拨打火警电话"119"或向项目领导报告，同时组织撤离和扑救。

在消防部门到达前，对易燃、易爆的物质采取正确有效的隔离。如切断电源、撤离火场内的人员和周围的易燃易爆及一切贵重物品，根据火场情况，机动灵活地选择灭火工具。

在扑救现场，应行动统一。如果火势扩大，一般扑救不可能时，应积极组织人员撤退，避免不必要的伤亡。

扑灭火情可单独采用，也可同时采用几种灭火方法（冷却法、窒息法、化学中断法）进行扑救。灭火扑救的基本原理是破坏燃烧的三条件（可燃物、助燃物、火源）中的任一条件。在扑救的同时要注意周围情况，防止中毒、坍塌、坠落、触电、物体打击等二次事故的发生。在灭火后，要保护好现场，以便事后调查起火原因。

2）火灾现场自救注意事项

救火人员应注意自我保护，使用灭火器材救火时要站在上风头，以防因烈火、浓烟熏烤而受到伤害。

火灾袭来时要迅速疏散逃生，不要贪恋财物。

必须穿越浓烟逃走时，可用浸湿的衣物披裹身体，用湿毛巾捂住口鼻，或贴近地面爬行。身上着火时，可就地打滚，或用厚重衣物覆盖压灭火苗。大火封门无法逃生时，可用浸湿的被褥、衣物等塞住门缝，泼水降温，呼救待援。

3）烧伤人员的救治

在出事现场，立即采取急救措施，使伤员尽快与致伤因素脱离接触，以免继续伤害深层组织。

12.7 雨季施工安全技术措施

（1）根据总图利用自然地形确定排水方向，按照规定坡度挖好排水沟，以便确保施工工地和一切临时设施的安全。雨季应设专人负责，随时随地及时疏通，确保施工现场排水顺畅。

（2）临时道路起拱应为 5‰，两侧做宽 300 mm，深 200 mm 的排水沟，以防陷车和翻车事故的发生。对路基易受冲刷部分，应铺石块、焦渣、砾石等渗水防滑材料，或设函馆排泄，以便保证路基的稳固。雨期中应指定专人负责维修路面，对路面不平或积水处应抓紧抢修或晴天及时修好，以便消除隐患。

（3）施工现场的大型临时设施，在雨期前后应整个加固完毕，应保证不漏、不塌、不倒、周围不积水，脚手架、井架底脚的埋深，缆风绳的地锚等应进行全面检查。特别是大风大雨过后要及时检查，发现问题及时处理。雨季前应检查照明和动力线有无混线，电杆有无腐蚀，埋设是否牢靠等，保证雨季中正常供电。

（4）怕雨、怕潮、怕裂的原材料、构件和设备等，应放入室内或设立坚实的基础，堆放地较高处，或用篷布封盖严密等措施进行分别处理。

（5）根据土的性质、温度和挖槽深度按规程中规定放坡，并在建筑物四周做好截水沟或挡水堤，严防场内雨水倒灌。基槽也要挖引水沟、集水坑随时抽水，若基坑开挖发现地下水较多时，可沿槽底引挖同一方向的引水边沟，沟宽一般为 200～300 mm，沟深比槽底深 200 mm，将基槽地下水引向集水坑口，用抽水机排除。挖出的土方要及时运出场外，如要回填，应集中堆置于槽边 3 m 以外。若槽外有机械行驶，应距槽边 5 m，手推车距槽边应大于 1 m。

12.8　冬季施工安全技术措施

（1）冬季拌制混凝土时，水及骨料的加热温度应根据热工计算确定。

（2）冬季施工中，混凝土的入模温度除满足热工计算要求外，一般以 15～25 ℃为好。

（3）当温度低于 −20 ℃时，严禁对低合金钢进行冷弯，以避免在钢筋冷弯点处发生脆化，造成钢筋脆断。

（4）采用暖棚法以火炉为热源时，应注意加强消防和防止煤气中毒。

（5）各种有毒物品、油料、氧气、乙炔等要设专库存放，专人管理，并建立严格的领发料制度。

（6）脚手架和上人楼梯、斜道、浇筑混凝土的临时运输等应牢靠平稳，大风、雪后要认真清扫，并及时消除隐患。

（7）冬期混凝土强度必须有技术人员批准后，方可拆模。拆模过程中，如发现冻害，应暂停，经处理后，方可继续拆除；对已拆除的模板应用保温材料对混凝土加以遮盖。

（8）冬期施工前应组织现场职工进行冬期安全和消防的宣传教育，并建立安全生产、防滑、防冻、防火、防爆、防中毒等的各项规章制度，并教育职工严格遵守。

13　安全技术交底

13.1　安全技术交底制度

（1）为贯彻落实国家安全生产方针、政策、规程规范、行业标准及企业各种规章制度，及时对安全生产、工人职业健康进行有效预控，提高施工管理、操作人员的安全生产管理、操作技能，努力创造安全生产环境。根据《中华人民共和国安全生产法》《建筑工程安全生产管理条例》《施工企业安全检查标准》等有关规定，结合项目实际，制定本制度。

（2）工程开工前，由项目技术负责人向各工种进行安全技术首次交底。交底内容：

① 国家和地方有关安全生产的方针、政策、法律法规、标准、规范、规程和企业的安全规章制度。

② 本工程项目的安全管理目标、伤亡控制指标、安全达标和文明施工目标。

③ 危险性较大的分部分项工程及危险源的控制、专项施工方案清单和方案编制的指导、要求。

④ 施工现场安全质量标准化管理的一般要求。

⑤ 公司业务部门对本工程项目安全生产管理的具体措施要求。

（3）施工技术人员负责向各班组长进行书面安全技术交底。交底内容：

① 项目各项安全管理制度、办法，注意事项、安全技术操作规程、安全控制要点。

② 每一分部、分项工程施工安全技术措施和施工生产中可能存在的不安全因素以及防范措施等，确保施工生产安全。

③ 特殊工种的作业、起重机械设备的安拆与使用，安全防护设施的搭设等专业技术负责人均要对各工区操作班组做安全技术交底。

④ 两个以上工种配合施工时，项目技术负责人要按工程进度定期或不定期地向有关班组长进行交叉作业的安全交底。

（4）各班组长要根据交底要求，对操作工人进行针对性的班前作业安全交底，操作人员必须严格执行安全交底的要求。交底内容：

① 本工种安全操作规程。

② 现场作业环境要求本工种操作的注意事项。

③ 作业人员安全防护措施等。

（5）安全技术交底要全面、有针对性，符合有关安全技术操作规程的规定，内容要全面准确。安全技术交底要经交底人与接受交底人签字方能生效。交底字迹要清晰，必须本人签字，不得代签。

（6）安全交底后，铺架队技术负责人、安全员、班组长等要对安全交底的落实情况进行检查和监督，督促操作工人严格按照交底要求施工，制止和杜绝违章作业现象的发生。

13.2　安全技术交底内容

（1）本工程概况及特点。
（2）工程项目和分部分项工程的危险部位。
（3）针对危险部位采取的具体防范措施。
（4）作业中应注意的安全事项。
（5）作业人员应遵守的操作规程和规范。
（6）安全防护措施的正确操作。
（7）发生事故隐患采取的措施。
（8）发生事故后应及时采取的躲避和急救措施。

13.3　安全技术交底要求

（1）逐级交底，交底内容要全面，对不同工程的特点做出相应的安全措施和要求。
（2）交底必须有书面形式并签字。

14 安全管理的 4M 控制

事故的发生，是由于人的不安全行为、物的不安全状态，不良的环境和较差的管理（即事故的 4M 要素）。人、物、环境和管理四个因素是相互牵连的，其中的一个因素起变化，另外三个因素也就跟着变化。造成事故的直接原因是物的不安全状态和人的不安全行为的运动轨迹在一定的时空里发生交叉，并产生了超过人体承受能力的非正常能量转移。

从事故发生的过程看，要想不发生事故，首先，只有针对事故构成的 4M 要素，采取有效控制措施，消除潜在的危险因素（物的不安全状态），并使人不发生误判断、误操作（人的不安全行为），要制订各项制度、进行安全教育、开展安全检查、编制安全措施计划等，把事故隐患消除在萌芽状态，是施工安全动态管理的重要任务之一，是施工项目安全控制的重点。其次，在项目安全控制中，坚持 PDCA 循环（即计划、实施、检查与处理），形成一种良好的循环机制，不断提升各级管理人员在安全生产的管理水平，从而遏止安全事故的发生。一个工程项目不但要在 4M 因素上下功夫，而且也要坚持科学的管理手段，这是一个项目经理部，也是一个优秀的项目经理应该必备的条件之一。

14.1 控制人的不安全行为

大部分工伤事故都是现场作业过程中发生的，施工现场作业是人、物、环境的直接交叉点，在施工过程中人起着主导作用。人为因素导致的事故占 50% 以上。人的行为是可控的又是难控的，人员安全管理是安全生产管理的重点、难点。因此，在该工程中，为了保证不发生安全事故，保证达到既定的目标，我们主要从以下几个方面着手。

1. 安全心理调适法

安全心理调适法，实际上就是对施工现场的每位操作工人的安全素质的培养、安全意识的提高和安全操作技能的加强，以及维权意识的增强的培训和学习。在工程项目开工之前，首先每位工人都应接受"三级安全教育"，并考核合格后方可进行作业。其次，针对不同的时期、不同的季节应作安全教育。比如，在夏天天气比较炎热的情况下做季节性的安全教育，在节假日前后作了节假日的安全教育，针对施工现场违章的情况还要做经常性的安全教育，等等。通过一系列的安全教育和培训，操作工人的违章乱纪行为明显减少，取得很好的效果。

2. 奖惩控制法

精神激励是重要的激励手段，它通过满足员工的精神需求，在较高的层次上调动员工的安全生产积极性。项目的安全生产涉及每个人，要搞好安全生产也只有依靠大家。让员工参与各种安全活动过程，尊重他们，信任他们，让他们在不同层次和不同深度参与决策，吸收他们中的正确意见。在实际的操作过程中，我们奖励的手段进行控制，比如：施工现场划分了责任区，每个星期一都要进行责任区的评比，奖励第一名，奖励先进，处罚落后。开展劳动竞赛活动，提高每位参与者的积极性。通过参与，形成员工对安全生产的归属感、认同感，完成"要我安全"到"我要安全"最终到"我会安全"的质的转变。

当然，处罚违章操作、违章指挥、违章作人员，从"三宝"的正确使用，到"四口、五临边"的防护，施工现场的临时用电等，作业人员不服从管理，违规冒险作业造成严重后果的，按照项目部的相关制度追究责任。所以，很好地利用奖励机制，激发了工人的热情，杜绝了违章，这才是我们的根本所在。

3. 管理控制法

在施工现场实行三级管理，即公司级管理、项目级管理、班组级管理，各级管理部门均有相应的管理制度。企业应定期对施工现场的安全生产进行检查，对不符合要求的下发整改通知单并定期复查。项目管理班子的管理人员均有不同的安全生产职责，不定期地对施工现场进行检查，各班组长也不定期地对相应的区域和操作工人进行检查，对检查出的问题均下发整改通知单，并按照"五定"的要求，及时消除安全隐患，满足安全生产的需要。

工程项目部应积极营造安全氛围，引导广大员工树立正确的安全价值观，自觉遵守安全操作规程，使安全要求转化为大家的行为准则。应做到"不伤害自己，不伤害别人，不被别人伤害"。实现"三无"目标：个人无违章，岗位无隐患，班组无事故。

14.2　控制物的不安全状态

生产系统是人—机—环境系统，系统中的任何一个环节出现问题都可引发故障。随着生产的发展和科学水平的提高，施工现场使用的设备也越来越多。因此消除设备（机械、设备、装置、工具、物料等）的不安全状态是确保生产系统的物质基础。

1. 设备的本质安全化

本质安全是指操作失误和设备出现故障时，设备能自动发现并自动将其消除，从而确保人身和设备的安全。

针对生产中物的不安全状态的形成与发展，在进行施工设计、工艺安排、施工组织与具体操作，新材料、新设备的推广应用时，采取有效的控制措施，正确判断物的具体不安全状态，控制其发展，保持物的良好状态和技术性能，对预防和消除事故，保障安全生产有现实意义。

2. 设备的安全防护装置

安全装置是在设备性能结构中保证人机系统安全，而给主体设备设置的各种附加装置，是保证机械设备安全运转和保证在可能出现危险状态下保护人身安全的安全技术措施。如：隔离防护装置、联锁防护装置、超限保险装置、制动安全装置、监测控制与警示装置、防触电安全装置、保险装置等。

施工现场的各种机械设备比较多，钢筋切断机、钢筋弯曲机、切割机、木工刨、木工锯、搅拌机、打夯机、振动器等，都有外露转动部分，这是可能造成机械伤害的直接祸首，因此，我们应该对设备的安全防护装置进行检查和维护，防止安全事故的发生。

3. 加强施工设备的安全管理

施工现场机械设备由维修工专人进行管理和维修，任何人不得擅自启动和维修机械设备。维修工不定时地进行机械设备的检查，建立安全运行记录和维修记录。大型机械设备如塔吊编制有安装与拆卸方案，由具有资质的单位进行安全与拆卸，并有完整的安装、调试、检查、验收、备案记录。各机械设备实行定人操作，其他人员不得动用机械设备。

项目部采购、租赁的安全防护用具、机械设备、施工机具及配件，均具有生产（制造）许可证、产品合格证，并在进入施工现场前进行查验。在使用过程中，必须由专人管理，定期检查、维修和保养，建立资料档案，按国家规定及时报废。

14.3　安全生产的科学管理

科学的安全管理是实现目标的关键，这不但是安全目标，也关系到质量目标、进度目标和成本目标，在安全生产管理中主要坚持《建筑施工安全检查标准》（JGJ59—2011），严格按照标准进行管理。因为建筑施工活动是一个劳动密集型行业，是在特定空间进行人、材、物动态组合的过程。随着施工楼层的增加，人员也在增加，施工难度也越来越大，危险源也就增加，这必须在安全管理中加大力度。因此我们主要采取计划、实施、检查与处置的方法进行管理，在保证安全生产的前提下，才能进行施工，才能创造产值。施工现场采用商品混凝土，减少半成品的倒运，钢筋采用对接焊，模板采用钢支撑等，减小劳动强度，提高劳动效率，减少甚至杜绝不安全事故的发生。

1. 制定工程项目安全管理目标

控制目标：杜绝重大伤亡事故和机械设备事故，一般负伤控制在 10‰ 以内，无环境污染和严重的扰民事件。

管理目标：及时消除重大事故隐患，一般整改率达到 95% 以上；扬尘、噪声、职业危害作业点合格率 100%。

工作目标：施工现场实现全员安全教育、特种作业人员持证上岗率 100%；操作人员三级安全教育率 100%；按期开展安全检查活动，隐患整改做到"四定"，即：定整改责任人、定整改措施、定整改完成时间、定整改验收人；认真把好安全生产"七关"，即：教育关、措施关、交底关、防护关、文明关、验收关、检查关。

总体目标是：创建"自治区安全文明施工现场"。

由于目标大，工作的责任也就重，工作的信心也增强。在实现目标的过程中，也要付出很多，也要投入相应的安全资金，只有全体人员的共同努力才能够实现。

2. 完善施工项目安全管理体系

成立以项目经理为首的安全生产小组，并形成安全管理网络，全面负责该工程的安全生产。安全生产管理覆盖整个施工过程的点、线、面，横向到底、纵向到边。项目经理是安全生产的第一责任人，配备专职安全管理人员，建立健全安全生产管理体系。工程的安全管理体系主要由以下人员组成：项目经理、项目技术负责人、施工员、质检员、安全员、资料员、核算（统计）员、财务人员、各班组长。

3. 建立健全安全生产管理制度

根据《建设工程安全生产管理条例》的规定和要求，项目部建立六项安全生产制度：安全生产责任制度、安全生产教育培训制度、专项施工方案专家论证审查制度、施工现场消防安全责任制度、意外伤害保险制度和生产安全事故应急救援制度。安全生产管理制度还应包括：安全生产检查制度、安全生产奖罚制度、设备安全管理制度、动火审批制度、安全生产值班制度、因公伤亡事故报告统计制度等。

14.4 改善作业环境

由于环保意识的增强，施工现场的环境、卫生越发重要，"安全生产、文明施工"，是国家强制性的要求。施工场地的硬化、在办公区和生活区种植花草、现场使用商品混凝土、控制施工机械噪声等措施，以减少和消除对环境的损害。

1. 施工平面布置

施工现场平面布置图是安全施工组织设计（方案）的重要组成部分，必须科学合理地规划、绘制施工现场平面布置图。在施工实施阶段，我们根据要求设置道路，组织排水，搭建临时设施，堆放材料和设置机械设备、土方及建筑垃圾、围墙与入口位置等。做到分区明确，合理定位。

2. 施工现场功能区划分

施工现场应根据具体情况对各作业区进行划分，功能划分不但要满足施工的需求，而且应满足消防安全的要求。

不得在尚未竣工的建筑物内设置员工集体宿舍。

3. 安全警示标志

根据工程进度以及施工的不同阶段，在危险部位有针对性地设置、悬挂明显的安全警示标志。主要危险部位是指施工现场入口处、施工起重机械、临时用电设施、脚手架、出入通道口、楼梯口、阳台口、电梯井口、基坑边沿及有害危险气体和液体存放处等。在塔吊、脚手架、施工现场临时设施、通道口等粘贴了安全标语，不但美化了施工现场，也起到了警示的作用。

4. 封闭管理

根据《建筑施工安全检查标准》（JGJ59—2011）的要求，施工现场出入口应标有企业名称或标识，设置车辆冲洗设施、进入施工现场佩戴工作卡、施工现场出入口设置大门、设门卫并建立门卫制度。

15   绿色施工管理

15.1   绿色施工的定义

绿色施工是指工程建设中，在保证质量、安全等基本要求的前提下，通过科学管理和技术进步，最大限度地节约资源并减少对环境负面影响的施工活动，实现节能、节地、节水、节材和环境保护（"四节一环保"）。实施绿色施工，应依据因地制宜的原则，贯彻执行国家、行业和地方相关的技术经济政策。绿色施工应是可持续发展理念在工程施工中全面应用的体现，绿色施工并不仅仅是指在工程施工中实施封闭施工，没有尘土飞扬，没有噪声扰民，在工地四周栽花、种草，实施定时洒水等这些内容，它涉及可持续发展的各个方面，如生态与环境保护、资源与能源利用、社会与经济的发展等内容。

15.2   绿色施工的施工原则

1. 减少场地干扰、尊重基地环境

工程施工过程会严重扰乱场地环境，这一点对于未开发区域的新建项目尤其严重。场地平整、土方开挖、施工降水、永久及临时设施建造、场地废物处理等均会对场地上现存的动植物资源、地形地貌、地下水位等造成影响，还会对场地内现存的文物、地方特色资源等造成破坏，影响当地文脉的继承和发扬。因此，施工中减少场地干扰、尊重基地环境对于保护生态环境，维持地方文脉具有重要的意义。业主、设计单位和承包商应当识别场地内现有的自然、文化和构筑物特征，并通过合理的设计、施工和管理工作将这些特征保存下来。可持续的场地设计对于减少这种干扰具有重要的作用。就工程施工而言，承包商应结合业主、设计单位对承包商使用场地的要求，制订满足这些要求的、能尽量减少场地干扰的场地使用计划。计划中应明确：

（1）场地内哪些区域将被保护，哪些植物将被保护，并明确保护的方法。

（2）怎样在满足施工、设计和经济方面要求的前提下，尽量减少清理和扰动的区域面积，尽量减少临时设施、减少施工用管线。

（3）场地内哪些区域将被用作仓储和临时设施建设，如何合理安排承包商、分包商及各工种对施工场地的使用，减少材料和设备的搬动。

（4）各工种为了运送、安装和其他目的对场地通道的要求。

（5）废物将如何处理和消除，如有废物回填或填埋，应分析其对场地生态、环境的影响。

（6）怎样将场地与公众隔离。

2. 施工结合气候的原则

承包商在选择施工方法、施工机械，安排施工顺序，布置施工场地时应结合气候特征。这可以减少因为气候原因而带来施工措施的增加、资源和能源用量的增加，有效地降低施工成本，可以减少因为额外措施对施工现场及环境的干扰，可以有利于施工现场环境质量品质的改善和工程质量的提高。承包商要能做到施工结合气候，首先要了解现场所在地区的气象资料及特征，主要包括：降雨、降雪资料，如全年降雨量、降雪量、雨季起止日期、一日最大降雨量等；气温资料，如年平均气温、最高气温、最低气温及持续时间等；风的资料，如风速、风向和风的频率等。

3. 绿色施工要求减少环境污染

施工结合气候的主要体现有：

（1）承包商应尽可能合理地安排施工顺序，使会受到不利气候影响的施工工序能够在不利气候来临时完成。如在雨季来临之前，完成土方工程、基础工程的施工，以减少地下水位上升对施工的影响，减少其他需要增加的额外雨季施工保证措施。

（2）安排好全场性排水、防洪，减少对现场及周遍环境的影响。

（3）施工场地布置应结合气候，符合劳动保护、安全、防火的要求。产生有害气体和污染环境的加工场（如沥青熬制、石灰熟化）及易燃的设施（如木工棚、易燃物品仓库）应布置在下风向，且不危害当地居民；起重设施的布置应考虑风、雷电的影响。

（4）在冬季、雨季、风季、炎热夏季施工中，应针对工程特点，尤其是对混凝土工程、土方工程、深基础工程、水下工程和高空作业等，选择适合的季节性施工方法或有效措施。

4. 绿色施工要求节水节电环保

节约资源（能源）建设项目通常要使用大量的材料、能源和水资源。减少资源的消耗，节约能源，提高效益，保护水资源是可持续发展的基本观点。施工中资源（能源）的节约主要有以下几方面内容：

（1）水资源的节约利用。通过监测水资源的使用，安装小流量的设备和器具，在可能的场所重新利用雨水或施工废水等措施来减少施工期间的用水量，降低用水费用。

（2）节约电能。通过监测利用率，安装节能灯具和设备，利用声光传感器控制照明灯具，采用节电型施工机械，合理安排施工时间等降低用电量，节约电能。

（3）减少材料的损耗。通过更仔细的采购，合理的现场保管，减少材料的搬运次数，减少包装，完善操作工艺，增加摊销材料的周转次数等降低材料在使用中的消耗，提高材料的使用效率。

（4）可回收资源的利用。可回收资源的利用是节约资源的主要手段，也是当前应加强的方向。主要体现在两个方面：一是使用可再生的或含有可再生成分的产品和材料，这有助于将可回收部分从废弃物中分离出来，同时减少了原始材料的使用，即减少了自然资源的消耗；二是加大资源和材料的回收利用、循环利用，如在施工现场建立废物回收系统，再回收或重复利用在拆除时得到的材料，这可减少施工中材料的消耗量或通过销售来增加企业的收入，也可降低企业运输或填埋垃圾的费用。

5. 减少环境污染，提高环境品质

绿色施工要求减少环境污染，工程施工中产生的大量灰尘、噪声、有毒有害气体、废物等会对环境品质造成严重的影响，也将有损于现场工作人员、使用者以及公众的健康。因此，减少环境污染，提高环境品质也是绿色施工的基本原则。提高与施工有关的室内外空气品质是该原则的最主要内容。施工过程中，扰动建筑材料和系统所产生的灰尘，从材料、产品、施工设备或施工过程中散发出来的挥发性有机化合物或微粒均会引起室内外空气品质问题。许多这些挥发性有机化合物或微粒会对健康构成潜在的威胁和损害，需要特殊的安全防护。这些威胁和损伤有些是长期的，甚至是致命的。而且在建造过程中，这些空气污染物也可能渗入邻近的建筑物，并在施工结束后继续留在建筑物内。这种影响，尤其对于那些需要在房屋使用者在场的情况下进行施工的改建项目，更需引起重视。常用的提高施工场地空气品质的绿色施工技术措施可能有：

（1）制定有关室内外空气品质的施工管理计划。

（2）使用低挥发性的材料或产品。

（3）安装局部临时排风或局部净化和过滤设备。

（4）进行必要的绿化，经常洒水清扫，防止建筑垃圾堆积在建筑物内，储存好可能造成污染的材料。

（5）采用更安全、健康的建筑机械或生产方式。如用商品混凝土代替现场混凝土搅拌，可大幅度地消除粉尘污染。

（6）合理安排施工顺序，尽量减少一些建筑材料，如地毯、顶棚饰面等对污染物的吸收。

（7）对于施工时仍在使用的建筑物而言，应将有毒的工作安排在非工作时间进行，并与通风措施相结合，在进行有毒工作时以及工作完成以后，用室外新鲜空气对现场通风。

（8）对于施工时仍在使用的建筑物而言，将施工区域保持负压或升高使用区域的气压，会有助于防止空气污染物污染使用区域。

对于噪声的控制也是防止环境污染、提高环境品质的一个方面。当前中国已经出台了一些相应的规定对施工噪声进行限制。绿色施工也强调对施工噪声的控制，以防止施工扰民。合理安排施工时间，实施封闭式施工，采用现代化的隔离防护设备，采用低噪声、低振动的建筑机械如无声振捣设备等，是控制施工噪声的有效手段。

6. 实施科学管理，保证施工质量

实施绿色施工，必须要实施科学管理，提高企业管理水平，使企业从被动地适应转变为主动的响应，使企业实施绿色施工制度化、规范化。这将充分发挥绿色施工对促进可持续发展的作用，增加绿色施工的经济性效果，增加承包商采用绿色施工的积极性。企业通过ISO14001认证是提高企业管理水平，实施科学管理的有效途径。

实施绿色施工，尽可能减少场地干扰，提高资源和材料利用效率，增加材料的回收利用等，但采用这些手段的前提是要确保工程质量。好的工程质量，可延长项目寿命，降低项目日常运行费用，利于使用者的健康和安全，促进社会经济发展，本身就是可持续发展的体现。

7. 绿色施工要求

绿色施工要求消除噪声污染。

（1）在临时设施建设方面，现场搭建活动房屋之前应按规划部门的要求取得相关手续。建设单位和施工单位应选用高效保温隔热、可拆卸循环使用的材料搭建施工现场临时设施，并取得产品合格证后方可投入使用。工程竣工后 1 个月内，选择有合法资质的拆除公司将临时设施拆除。

（2）在限制施工降水方面，建设单位或者施工单位应当采取相应方法，隔断地下水进入施工区域。因地下结构、地层及地下水、施工条件和技术等，采用帷幕隔水方法很难实施或者虽能实施，但增加的工程投资明显不合理的，施工降水方案经过专家评审并通过后，可以采用管井、井点等方法进行施工降水。

（3）在控制施工扬尘方面，工程土方开挖前施工单位应按《绿色施工规程》的要求，做好洗车池和冲洗设施、建筑垃圾和生活垃圾分类密闭存放装置、沙土覆盖、工地路面硬化和绿色施工生活区绿化美化等工作。

（4）在渣土绿色运输方面，施工单位应按照相关要求，选用已办理"散装货物运输车辆准运证"的车辆，持"渣土消纳许可证"从事渣土运输作业。

（5）在降低声、光排放方面，建设单位、施工单位在签订合同时，注意施工工期安排及已签合同施工延长工期的调整，应尽量避免夜间施工。因特殊原因确需夜间施工的，必须到工程所在地区县建委办理夜间施工许可证，施工时要采取封闭措施降低施工噪声并尽可能减少强光对居民生活的干扰。

8. 措施与途径

（1）建设和施工单位要尽量选用高性能、低噪声、少污染的设备，采用机械化程度高的施工方式，减少使用污染排放高的各类车辆。

（2）施工区域与非施工区域间设置标准的分隔设施，做到连续、稳固、整洁、美观。硬质围栏/围挡的高度不得低于 2.5 m。

（3）易产生泥浆的施工，须实行硬地坪施工；所有土堆、料堆须采取加盖防止粉尘污染的遮盖物或喷洒覆盖剂等措施。

（4）施工现场使用的热水锅炉等必须使用清洁燃料。不得在施工现场熔融沥青或焚烧油毡、油漆以及其他产生有毒、有害烟尘和恶臭气体的物质。

（5）建设工程工地应严格按照防汛要求，设置连续、通畅的排水设施和其他应急设施。

（6）市区（距居民区 1 000 m 范围内）禁用柴油冲击桩机、振动桩机、旋转桩机和柴油发电机，严禁敲打导管和钻杆，控制高噪声污染。

（7）施工单位须落实门前环境卫生责任制，并指定专人负责日常管理。施工现场应设密闭式垃圾站，施工垃圾、生活垃圾分类存放。

（8）生活区应设置封闭式垃圾容器，施工场地生活垃圾应实行袋装化，并委托环卫部门统一清运。

（9）鼓励建筑废料、渣土的综合利用。

（10）对危险废弃物必须设置统一的标识分类存放，收集到一定量后，交有资质的单位统一处置。

（11）合理、节约使用水、电。大型照明灯须采用俯视角，避免光污染。

（12）加强绿化工作，搬迁树木须手续齐全；在绿化施工中科学、合理地使用余处置农药，尽量减少对环境的污染。

15.3　绿色施工评价

1. 绿色施工评价基本要求

根据《建设工程绿色施工评价标准》（GB/T50640—2010），绿色施工项目评价应符合以下规定：

绿色施工评价应以建筑工程施工过程为对象进行评价。

（1）建立绿色施工管理体系和管理制度，实施目标管理。

（2）根据绿色施工要求进行图纸会审和深化设计。

（3）施工组织设计及施工方案应有专门的绿色施工章节，绿色施工目标明确，内容应涵盖"四节一环保"要求。

（4）工程技术交底应包含绿色施工内容。

（5）采用符合绿色施工要求的新材料、新技术、新工艺、新机具进行施工。

（6）监理绿色施工培训制度，并有实时记录。

（7）根据检查情况，制定持续改进措施。

（8）采集和保存过程管理资料、见证资料和自评价记录等绿色施工资料。

（9）在评价过程中，应采集反映绿色施工水平的典型图片或影像资料。

评价阶段宜按地基与基础工程、结构工程、装饰装修与机电安装工程三个阶段进行。建筑工程绿色施工应依据环境保护、节材与材料资源利用、节水与水源资源利用、节能与能源利用和接地与土地资源保护五个要素进行评价。评价要素由控制项、一般项、有选项三类指标组成。评价等级分为不合格、合格、优良。

2. 绿色施工评价组织

（1）单位工程绿色施工评价应由建设单位组织，项目施工单位和监理单位参加，评价结果应由建设、监理、施工单位三方签认。

（2）单位工程施工阶段评价应由监理单位组织，项目施工单位和建设单位参加，评价结果应由建设、监理、施工单位三方签认。

（3）单位工程施工批次评价应由项目施工单位组织，监理和建设单位参加，评价结果应由建设、监理、施工单位三方签认。

3. 绿色施工评价程序

（1）单位工程绿色施工评价应在批次评价和阶段评价的基础上进行。

（2）单位工程绿色施工评价应由在施工单位书面申请，在工程竣工验收前进行评价。

（3）单位工程绿色施工评价应检查相关技术和管理资料，并应听取施工单位《绿色施工总体情况报告》，综合确定绿色施工评价等级。

（4）单位工程绿色施工评价结果应在有关部门备案。

4. 绿色施工评价表

见表 15-1 ~ 15-4。

表 15-1　绿色施工要素评价表

工程名称			编号		
			填表日期		
施工单位			施工阶段		
评价指标			施工部位		
控制项	标准编号及标准要求			评价结论		
一般项	标准编号及标准要求	计分标准		应得分	实得分
优选项	标准编号及标准要求	计分标准		应得分	实得分
评价结果					
签字栏	建设单位		监理单位		施工单位

表 15-2 绿色施工批次评价汇总表

工程名称		编 号	
		填表日期	
评价阶段			
评价要素	评价得分	权重系数	实得分
环境保护		0.3	
节材与材料资源利用		0.2	
节水与水资源利用		0.2	
节能与能源利用		0.2	
节地与施工用地保护		0.11	
合 计		1	
评价结论	1. 控制项 2. 评价得分： 3. 优选项： 结论：		
签字栏	建设单位	监理单位	施工单位

表 15-3 绿色施工阶段评价汇总表

工程名称		编 号	
		填表日期	
评价阶段			
评价批次	批次得分	评价批次	批次得分
1		9	
2		10	
3		11	
4		12	
5		13	
6		14	
7		15	
8			
小 计			
签字栏	建设单位	监理单位	施工单位

注：阶段评价得分 $G = \sum$ 批次评价得分 E/评价批次数

表 15-4　单位工程绿色施工评价汇总表

工程名称		编　号	
		填表日期	
评价阶段	评价得分	权重系数	实得分
地基与基础		0.3	
结构工程		0.5	
装饰装修与机电安装		0.2	
合　计		1	
评价结论	1. 控制项 2. 评价得分： 3. 优选项： 结论：		
签字 盖章栏	建设单位	监理单位	施工单位

16　因工伤亡事故的报告、调查和处理

16.1　伤亡事故的定义与分类

1. 伤亡事故的定义及"五大伤害"事故

事故是指人们在进行有目的的活动过程中，发生了违背人们意愿的不幸事件，使其有目的的行动暂时或永久地停止。伤亡事故是指职工在劳动生产过程中发生的人身伤害、急性中毒事故。

建设工程施工现场易发生的伤亡事故，主要是"五大伤害"，即高处坠落、触电、物体打击、机械伤害、坍塌事故等。

（1）高处坠落。高处坠落是指在高处作业中发生坠落造成的伤亡事故。凡在坠落高度基准面 2 m 以上（含 2 m）有可能坠落的高处进行的作业。

高处坠落的主要类型：

① 因被踩踏材料材质强度不够，突然断裂。

② 高处作业移动位置时，踏空、失稳。

③ 高处作业时，由于站位不稳或操作失误被物体碰撞坠落等。

（2）触电事故。

人体是导体，当人体接触到具有不同电位两点时，由于电位差的作用，就会在人体内形成电流，这种现象就是触电。因触电而发生的人身伤亡事故，即触电事故。

触电事故的主要类型：单相触电；两相触电；跨步电压触电等。

（3）物体打击。物体打击是指施工过程中的砖石块、工具、材料、零部件等在高空下落时对人体造成的伤害，以及崩块、锤击、滚石等对人身造成的伤害，不包括因爆炸而引起的物体打击。物体打击的主要类型：

① 高空作业中，由于工具零件、砖瓦、木块等物从高处掉落伤人。

② 人为乱扔废物、杂物伤人。

③ 起重吊装、拆装、拆模时，物料掉落伤人。

④ 设备带病运行，设备中物体飞出伤人。

⑤ 设备运转中，违章操作，铁棍飞弹伤人等。

（4）机械伤害。机械伤害是指机械的强大功能作用于人体的伤害。

（5）坍塌事故。坍塌事故是指物体在外力和重力的作用下，越过自身极限强度的破坏成因，结构稳定失衡塌落造成物体高处坠落，物体打击、挤压伤害及窒息的事故。

坍塌事故主要类型：

① 土方坍塌。

② 模板坍塌。

③ 脚手架坍塌。

④ 拆除工程的坍塌。

⑤ 建筑物及构筑物的坍塌事故等。

2. 伤亡事故分类

（1）伤亡事故等级，根据《企业职工伤亡事故报告和处理规定》（国务院令第75号），按照事故的严重程度，伤亡事故分为：轻伤、重伤、死亡、重大死亡事故、急性中毒事故。

根据《企业职工伤亡事故分类》（GB6441—86）规定的伤亡事故"损失工作日"即：

轻伤：损失1个工作日至不能超过105个工日的失能伤害。

重伤：损失工作日等于和超过105工作日的失能伤害。

死亡：损失工作日定为6 000工日。

① 轻伤和轻伤事故。轻伤是指造成职工肢体伤残，或某些器官功能性或器质性轻度损伤，表现为劳动能力轻度或暂时丧失的伤害。一般指受伤职工歇工在1个工作日以上，但够不上重伤者。

轻伤事故是指一次事故中只发生轻伤的事故。

② 重伤和重伤事故。重伤是指造成职工肢体残缺或视觉、听觉等器官受到严重损伤，一般能引起人体长期存在功能障碍，或劳动能力有重大损失的伤害。凡有下列情形之一的均作为重伤处理：

a. 医师诊断成为残废或可能成为残废的。

b. 伤势严重，需要进行较大的手术才能挽救的。

c. 人体要害部位严重灼伤、烫伤或虽非要害部位灼伤、烫伤占全身面积1/3以上的。

d. 严重骨折（胸骨、肋骨、脊椎骨、锁骨、肩胛骨、腕骨、腿骨和脚骨等因受伤引起骨折），严重脑震荡等。

e. 眼部受伤较剧、有失明可能的。

f. 手部受伤，大拇指轧断1节的；食指、中指、无名指、小指任何一只轧断2节或任何2只轧断1节的；局部肌腱受伤甚剧，引起机能障碍，有不能自由伸曲的残废可能的。

g. 脚部受伤：脚趾轧断3只以上的；局部肌腱受伤甚剧，引起机能障碍，有不能自由伸曲的残废可能的。

h. 内部伤害：内脏损伤、内出血或伤及腹膜等。

i. 凡不在上述范围以内的伤害，经医院诊察后认为受伤较重，可根据实际情况参考上述各点，由企业行政会同基层工会作个别研究，提出初步意见，由当地劳动部门审查确定。

重伤事故是指一次事故中发生重伤、无死亡的事故。

③ 重大死亡事故。指一次死亡1～2人的事故。

④ 特大死亡事故。指一次死亡3人以上（含3人）的事故。

⑤ 急性中毒事故。急性中毒事故是指生产性毒物一次或短期内通过人的呼吸道、皮肤或消化道大量进入体内，使人体在短时间内发生病变，导致职工立即中断工作，并需进行急救或死亡的事故。急性中毒事故的特点是发病快，一般不超过1个工作日。

（2）根据《工程建设重大事故报告和调查程序规定》（建设部令第3号），对工程建设过程中事故伤亡和损失程度的不同，把重大事故分为4个等级：

① 一级重大事故，死亡 30 人以上或直接经济损失 300 万元以上的。

② 二级重大事故，死亡 10 人以上，29 人以上或立接经济损失 100 万元以上，不满 300 万元的事故。

③ 三级重大事故，死亡 3 人以上，9 人以下，重伤 20 人以上或直接经济损失 30 万元以上，不满 100 万元的。

④ 四级重大事故，死亡 2 人以下的，重伤 3 人以上、19 人以下或自接经济损失 10 万元以上，不满 30 万元的。

（3）根据新《工伤保险条例》（2011 年 1 月 1 日起施行）第十四条规定，职工有下列情形之一的，应当认定为工伤：

① 在工作时间和工作场所内，因工作原因受到事故伤害的。

② 工作时间前后在工作场所内，从事与工作有关的预备性或者收尾性工作受到事故伤害的。

③ 在工作时间和工作场所内，因履行工作职责受到暴力等意外伤害的。

④ 患职业病的。

⑤ 因工外出期间，由于工作原因受到伤害或者发生事故下落不明的。

⑥ 在上下班途中，受到非本人主要责任的交通事故或者城市轨道交通、客运轮渡、火车事故伤害的。

⑦ 法律、行政法规规定应当认定为工伤的其他情形。

新《工伤保险条例》第十五条职工有下列情形之一的，视同工伤：

① 在工作时间和工作岗位，突发疾病死亡或者在 48 小时之内经抢救无效死亡的。

② 在抢险救灾等维护国家利益、公共利益活动中受到伤害的。

③ 职工原在军队服役，因战、因公负伤致残，已取得革命伤残军人证，到用人单位后旧伤复发的。

职工有前款第（一）项、第（二）项情形的，按照本条例的有关规定享受工伤保险待遇；职工有前款第（三）项情形的，按照本条例的有关规定享受除一次性伤残补助金以外的工伤保险待遇。

新《工伤保险条例》第十六条职工符合本条例第十四条、第十五条的规定，但是有下列情形之一的，不得认定为工伤或者视同工伤：

① 故意犯罪的。

② 醉酒或者吸毒的。

③ 自残或者自杀的。

16.2 施工伤亡事故处理程序

施工生产场所发生伤亡事故后，负伤人员或最先发现事故的人应立即报告项目领导。项目安技人员根据事故的严重程度及现场情况立即上报上级业务系统，并及时填写伤亡事故表上报企业。

企业发生重伤和重大伤亡事故，必须立即将事故概况（含伤亡人数、发生事故时间、地点、原因等），用最快的办法分别报告企业主管部门、行业安全管理部门和当地劳动部门、公安部门、检察院及工会。发生重大伤亡事故，各有关部门接到报告后应立即转告各自的上级管理部门。其处理程序如下。

1. 迅速抢救伤员，保护事故现场

事故发生后，现场人员切不可惊慌失措，要有组织地统一指挥。首先抢救伤亡和排除险情，尽量制止事故蔓延扩大。同时注意，为了事故调查分析的需要，应保护好事故现场。如因抢救伤亡和排除险情而必须移动现场构件时，还应准确做出标记，最好拍出不同角度的照片，为事故调查提供可靠的原始事故现场。

2. 组织调查组

企业在接到事故报告后，经理、主管经理、业务部门领导和有关人员应立即赶赴现场组织抢救，并迅速组织调查组开展调查。发生人员轻伤、重伤事故，由企业负责人或指定的人员组织施工生产、技术、安全、劳资、工会等有关人员组成事故调查组，进行调查。死亡事故由企业主管部门会同现场所在地区的市（或区）劳动部门、公安部门、人民检察院、工会组成事故调查组进行调查。重大死亡事故应按企业的隶属关系，由省、自治区、直辖市企业主管部门或国务院有关主管部门，公安、监察、检察部门、工会组成事故调查组进行调查。也可邀请有关专家和技术人员参加。调查组成员中与发生事故有直接利害关系的人员不得参加调查工作。

3. 现场勘察

调查组成立后，应立即对事故现场进行勘察。因现场勘察是项技术性很强的工作，它涉及广泛的科学技术知识和实践经验。因此，勘察时必须及时、全面、细致、准确、客观地反映原始面貌，其勘察的主要内容有：

1）做出笔录

发生事故的时间、地点、气象等；
现场勘察人员的姓名、单位、职务；
现场勘察起止时间、勘察过程；
能量逸散所造成的破坏情况、状态、程度；
设施设备损坏或异常情况及事故发生前后的位置；
事故发生前的劳动组合，现场人员的具体位置和行动；
重要物证的特征、位置及检验情况等。

2）实物拍照

方位拍照：反映事故现场周围环境中的位置；
全面拍照：反映事故现场各部位之间的联系；
中心拍照：反映事故现场的中心情况；
细目拍照：揭示事故直接原因的痕迹物、致害物等；

人体拍照：反映伤亡者主要受伤和造成伤害的部位。

3）现场绘图

根据事故的类别和规模以及调查工作的需要应绘制出下列示意图：

建筑物平面图、剖面图；

事故发生时人员位置及疏散（活动）图；

破坏物立体图或展开图；

涉及范围图；

设备或工、器具构造图等。

4. 分析事故原因，确定事故性质

事故调查分析的目的，是通过认真调查研究，搞清事故原因，以便从中吸取教训，采取相应措施，防止类似事故重复发生，分析的步骤和要求是：

（1）通过详细的调查查明事故发生的经过。要弄清事故的各种产生因素，如人、物、生产和技术管理、生产和社会环境、机械设备的状态等方面的问题，经过认真、客观、全面、细致、准确地分析，确定事故的性质和责任。

（2）事故分析时，首先整理和仔细阅读调查材料，按 GB6411—86 标准，对受伤部位、受伤性质、起因物、致害物、伤害方法、不安全行为和不安全状态等 7 项内容进行分析。

（3）在分析事故原因时，应根据调查所确认的事实，从直接原因入手，逐步深入到间接原因。通过对原因的分析，确定出事故的直接责任者和领导责任者，根据在事故发生中的作用，找出主要责任者。

（4）确定事故的性质。工地发生伤亡事故的性质通常可分为责任事故、非责任事故和破坏性事故。事故的性质确定后，也就可以采取不同的处理方法和手段了。

（5）根据事故发生的原因，找出防止发生类似事故的具体措施，并应定人、定时间、定标准，完成措施的全部内容。

5. 写出事故调查报告

事故调查组在完成上述几项工作后，应立即把事故发生的经过、原因、责任分析和处理意见及本次事故的教训、估算和实际发生的损失，对本事故单位提出的改进安全生产工作的意见和建议写成文字报告，经全调查组同志会签后报有关部门审批。如组内意见不统一，应进一步弄清事实，对照政策法规反复研究，统一认识。不可强求一致，但报告上应言明情况，以便上级在必要时进行重点复查。

6. 事故的审理和结案

事故的审理和处理结案，同企业的隶属关系及干部管理权限一致。一般情况下县办企业和县以下企业，由县审批；地、市办的企业由地、市审批；省、直辖市企业发生的重大事故，由直属主管部门提出处理意见，征得劳动部门意见，报主管委、办、厅批复。

建设部对事故的审理和结案的要求有以下几点：

（1）事故调查处理结论报出后，须经当地有关有审批权限的机关审批后方能结案。并要求伤亡事故处理工作在 90 天内结案，特殊情况也不得超过 180 天。

（2）对事故责任者的处理，应根据事故情节轻重、各种损失大小、责任轻重加以区分，予以严肃处理。

（3）清理资料进行专案存档。事故调查和处理资料是用鲜血和教训换来的，是对职工进行教育的宝贵资料，也是伤亡人员和受到处罚人员的历史资料，因此应完整保存。

存档的主要内容有：

① 职工伤亡事故登记表。

② 职工重伤、死亡事故调查报告书，现场勘察资料记录、图纸、照片等。

③ 技术鉴定和试验报告。

④ 物证、人证调查材料。

⑤ 医疗部门对伤亡者的诊断及影印件。

⑥ 事故调查组的调查报告。

⑦ 企业或主管部门对其事故所做的结案申请报告。

⑧ 受理人员的检查材料。

⑨ 有关部门对事故的结案批复等。

17 施工现场安全资料的编制、收集和整理

为加强施工现场安全管理资料的规范化管理，确保施工现场的生产安全、文明施工，防止生产安全事故，依据《建设工程安全生产管理条例》等生产安全法规制定《建设工程施工现场安全资料管理规程》（CECS266—2009）。

17.1 安全管理资料管理要求

（1）施工现场安全管理资料的管理应为工程项目施工管理的重要组成部分，是预防安全生产事故和提高文明施工管理的有效措施。

（2）建设单位、监理单位和施工单位应负责各自的安全管理资料管理工作，逐级建立健全施工现场安全资料管理岗位责任制，明确负责人，落实各岗位责任。

（3）建设单位、监理单位和施工单位应建立安全管理资料的管理制度，规范安全管理资料的形成、收集、整理、组卷等工作，应随施工现场安全管理工作同步形成，做到真实有效、及时完整。

（4）施工现场安全管理资料应字迹清晰，签字、盖章等手续齐全，计算机形成的资料可打印、手写签名。

（5）施工现场安全管理资料应为原件，因故不能为原件时，可为复印件。复印件上应注明原件存放处，加盖原件存放单位公章，有经办人签字并注明时间。

（6）施工现场安全管理资料应分类整理和组卷，由各参与单位项目经理部保存备查至工程竣工。

17.2 安全管理资料分类与整理

施工现场安全管理资料分类：

（1）安全管理资料分类应以形成资料的单位来划分。

（2）安全管理资料的代号应为 A，安全资料共分 13 个项，它们分别是：

A01 安全生产责任制

A02 目标管理

A03 施工组织设计

A04 分部（分项）工程安全技术交底

A05 安全检查

A06 安全教育

A07 班前安全活动

A08 特种作业持证上岗

A09 工伤事故处理

A10 安全标志

A11 安全防护用品、临时设施费管理

A12 各类设备、设施验收及检查记录

A13 文明施工

在每一个大项中存在多个子项，则按编号为在大项的编号中依次编为01、02、03……排列，如：在 A01 安全生产责任制共有 13 各子项，第一个子项为 A0101 各级管理人员安全生产责任制，第二个子项为 A0102 管理人员花名册，第三个子项为 A0103 各部门及各管理人员安全生产责任制考核办法，等等。

在每一个子项中，存在多份相同的资料表格时，在资料编号中的大项子项依次编为01、02、03……排列，如：在第一个大项 A01 安全生产责任制中的第四个子项 A0104 安全责任制、目标考核记录，要对项目经理每月进行安全责任制和目标考核，四月份（第一次）考核时的编号应为 A010401，在五月份考核时的编号应为 A010402，在六月份考核时的编号应为 A010403，等等。

17.3　安全管理资料整理及组卷

（1）施工现场安全管理资料整理应以单位工程分别进行整理及组卷。

（2）施工现场安全管理资料组卷应按资料形成的参与单位组卷。一卷为建设单位形成的资料；二卷为监理单位形成的资料；三卷为施工单位形成的资料，各分包单位形成的资料单独组成为第三卷内的独立卷。

（3）每卷资料排列顺序为封面、目录、资料及封底。封面应包括工程名称、案卷名称、编制单位、编制人员及编制日期。案卷页号应以独立卷为单位顺序编写。

17.4　施工现场安全管理资料目录

A01　安全生产责任制

A0101 各级管理人员安全生产责任制

A0102 管理人员花名册

A0103 各部门及各管理人员安全生产责任制考核办法

A0104 安全责任制、目标考核记录

A0105 各项安全生产管理制度

A0106 经济承包合同

A0107 各工种安全技术操作规程

A0108 项目经理、安全员安全资格审查

A0109 安全值班制度

A0110 安全值班记录

A0111 建设工程施工安全监督备案表

A0112 建设工程开工前施工安全条件审查表

A0113 建设工程施工安全评价报告书

A02 目标管理

A0201 安全管理目标

A0202 安全责任目标分解

A0203 安全责任目标考核规定

A0204 安全生产责任制、目标考核记录

A03 施工组织设计

A0301 安全施工组织设计（专项方案）审批表

A04 分部（分项）工程安全技术交底

A0401 分部/分项/工种及其他安全技术交底

A05 安全检查

A0501 安全检查制度

A0502 定期安全检查制度

A0503 安全检查记录

A0504 建筑施工安全检查评分表

A0505 隐患整改（停工）通知

A0506 隐患整改（停工）报告书

A06 安全教育

A0601 安全教育培训制度

A0602 施工现场从业人员安全教育档案

A0603 新入场工人安全教育记录

A0604 变换工种安全记录

A0605 安全教育记录

A0606_____年度安全培训考核记录

A07 班前安全活动

A0701 班前安全活动制度

A0702 班前安全活动记录

A08 特种作业持证上岗

A0801 特种作业人员管理制度

A0802 特种作业人员花名册

A0803 特种作业人员证件管理

A09 工伤事故处理

A0901 工伤事故报告、调查处理和统计制度

A0902 施工现场职工伤亡事故月报表

A0903 职工意外伤害保险凭证

A10 安全标志

A1001 安全标志台账

A1002 施工现场安全标志布置总平面图

A11 安全防护用品、临时设施费管理

A1101 安全防护、临时设施费管理制度

A1102 安全防护、临时设施费统计表

A1103 安全防护用品验收记录

A1104 安全防护用品验收资料附件

A12 各类设备、设施验收及检查记录

A1201 脚手架验收表

（落地式 L、悬挑式 X、吊篮式 D、附着式 F、门型 M）

A1202 悬挑式平台验收表

A1203 落地式平台验收表

A1204 模板工程验收表

A1205 模板拆除申请报告

A1206 基坑支护验收表

A1207 安全防护用品及设施验收表

A1208 临时用电验收表

A1209 塔吊安装验收表

A1210 塔式起重机顶升验收表

A1211 塔机安全保护装置检查表

A1212 塔式起重机附着锚固验收表

A1213 物料提升机（龙门架、井字架）安装验收表

A1214 物料提升机（龙门架、井字架）安全装置检查表

A1215 外用电梯（人货两用电梯）安装验收表

A1216 外用电梯（人货两用电梯）安全装置检查表

A1217 外用电梯（人货两用电梯）接高安装验收表

A1218 外用电梯（人货两用电梯）附着锚固验收表

A1219 施工机具安装验收表

A1220 施工机械维修保养记录

A1221 接地电阻测试记录

电 12 窗体底端

A1222 设备绝缘电阻测试记录

A1223 电工巡视维修记录

A1224 垂直运输机械试车检查记录

A1225 机械设备交接班记录

A13 文明施工

A1301 文明施工管理制度

A1302 五牌二图（工程概况牌，安全纪律牌，防火须知牌，安全无重大事故计时牌，安

全生产、文明施工牌；施工总平面图、项目经理部组织构架及主要管理人员名单图。）

A1303 门卫制度及外来人员登记

A1304 施工现场门卫交接班记录

A1305 宿舍管理制度

A1306 消防管理制度及责任制

A1307 动火审批表

A1308 治安保卫制度及责任分解

A1309 食堂管理制度

A1310 食堂卫生许可证及食堂人员健康证

A1311 卫生防病宣传教育材料

A1312 事故应急救援预案及急救人员上岗证

A1313 夜间施工许可证

A1314 施工防尘防噪声及不扰民措施等

施工现场安全管理资料
目录及表格

参考文献

[1] 中华人民共和国国家标准. JGJ59—2011 建筑施工安全检查标准[S]. 北京：中国建筑工业出版社，2011.

[2] 张瑞生. 建筑工程质量与安全管理[M]. 北京：中国建筑工业出版社，2013.

[3] 曾跃飞. 建筑工程质量检验与安全管理[M]. 北京：高等教育出版社，2010.

[4] 梁立峰. 建筑工程安全生产管理及安全事故预防[J]. 广东建材，2011.

[5] 全国建筑施工企业项目经理培训教材编写委员会. 施工项目质量与安全管理[M]. 北京：中国建筑工业出版社，2007.

[6] 建设部工程质量安全监督与行业发展司. 建设工程安全生产管理[M]. 北京：中国建筑工业出版社，2004.

[7] 建设部工程质量安全监督与行业发展司. 建设工程安全生产技术[M]. 北京：中国建筑工业出版社，2004.

[8] 杨玉红. 建筑工程质量检测与安全[M]. 北京：中国建筑工业出版社，2014.

[9] 中国建筑工业出版社. 建筑施工安全规范[M]. 北京：中国建筑工业出版社，2008.

[10] 冯森波. 建筑工程质量与安全管理[M]. 长春：吉林大学出版社，2015.

[11] 徐蕾. 安全员必知要点（建筑工程施工现场管理人员必备系列）[M]. 北京：化学工业出版社，2014.

[12] 闫军. 建筑施工允许偏差速查便携手册[M]. 北京：中国建筑工业出版社，2014.

[13] 陈春秀. 建筑工程施工中的安全管理[J]. 科技资讯，2011.

[14] 罗恒. 建筑工程管理质量与安全控制[J]. 黑龙江科技信息，2016.

[15] 王宗昌. 建筑工程施工质量控制与实例分析[M]. 北京：中国电力出版社，2011.

[16] 王亚妮. 论建筑工程施工安全问题及控制措施[J]. 黑龙江科技信息，2017.

[17] 梁立峰. 建筑工程安全生产管理及安全事故预防[J]. 广东建材.

[18] 宁娟红. 建筑工程施工安全管理工作探究[J]. 中国标准化，2016.